林锦◎编著

高敏感与高情商

中国纺织出版社有限公司

内 容 提 要

有人说，过度敏感是焦虑与恐惧的罪魁祸首，敏感的人总是喜欢多想，很难有轻松的状态，但其实，高敏感也是一种天赋。高敏感的人能走在人前、能发现潜在危险，他们有更深刻的思考力和大智慧，能更快、更早地实现人生理想。但是高敏感者凡事也要追求适度，否则会在心理上如负重荷，难有轻松快乐的生活状态。

本书是一本心灵指导用书，它对高敏感的人具有疏导作用，一改人们对高敏感者的负面认识，帮助他们重塑一个全新的自我，并告诉高敏感者，拥有健康的生活状态，还要靠自己的主动认知与积极应对，才能跟不好的自己说“再见”，才会让生活更加美好。

图书在版编目（CIP）数据

高敏感与高情商 / 林锦编著. -- 北京：中国纺织出版社有限公司，2022.7
ISBN 978-7-5180-9393-9

Ⅰ.①高… Ⅱ. ①林… Ⅲ. ①成功心理－通俗读物 Ⅳ. ①B848.4-49

中国版本图书馆CIP数据核字（2022）第037482号

责任编辑：闫　星　　责任校对：高　涵　　责任印制：储志伟

中国纺织出版社有限公司出版发行
地址：北京市朝阳区百子湾东里A407号楼　邮政编码：100124
销售电话：010—67004422　传真：010—87155801
http://www.c-textilep.com
中国纺织出版社天猫旗舰店
官方微博http://weibo.com/2119887771
三河市延风印装有限公司印刷　各地新华书店经销
2022年7月第1版第1次印刷
开本：880×1230　1/32　印张：6.5
字数：188千字　定价：49.80元

前言

生活中，不知道你是否也有这样的体验：

在与人交流的过程中，是否因为过度在意对方的反应而无法好好表达自己的想法？

一旦对方出现情绪波动，你是否也会情不自禁地感到焦虑，或者担忧对方误解了自己话里的意思？有时明知道对方根本不会在意，但还是会很在意对方的反应。

……

如果你有类似这样的烦恼，那么，你很有可能是高敏感（HSP）人群。

什么是HSP呢？HSP全拼是Highly Sensitive Person，是由美国心理学家伊莱恩·阿伦（Elain Aron）博士经过相关研究并结合了自身经验，提出的一个神经心理学概念，是一种人格特征。高敏感人群拥有一种与生俱来的神经系统，可以更深入地感知、处理内部与外部的信息，并且拥有更强大的洞察力与觉察力。

伊莱恩·阿伦博士提出，全球有15%~20% 的人，他们天生性格比一般人更细腻，所以会过度在意周遭的反应。在他看来，高敏感者的个性特质并不是在后天成长过程中形成的，而是由先天的生理结构所决定的。

生活中，很多人认为，高敏感人群注定不快乐。他们常把别人一句简单的话想得太复杂了、把别人一个简单的玩笑想得太复杂了、把别人的一个小小的举动想得太复杂了……因为想得太复杂，所以过得很累。

然而，人们往往忽略了高敏感者身上存在的优势，比如他们更勤奋、观察力更强，能洞悉潜在的危险，能比别人思考得更深刻，能更有警惕心来保护自己等。当然，凡事有度，高敏感者也要调整自我，因为人的期望与实际不符合时，就会产生心灵上的痛苦，而对于任何事，只要我们关注自己、关注内心就好，这样我们就能保存一份怡然自得。

生活中的你，如果也属于高敏感类型的人，在与人交流、生活、学习上时常感到身心疲惫的话，请不要担心，本书可以帮助你了解自身倾向，并且掌握相关的对策，让你能以一种更加阳光的心态迎接未来的每一天！

当然，要想做到这点，你还需要一位心灵导师——引导你揭开“高敏感”的心理学面纱，帮你挖掘出高敏感身上存在的无限潜能。而本书就是这样一位导师，跟随它的脚步走，能学会如何从对高敏感的负面认知中走出来，正确处理与他人的关系，进而追求到真正的幸福。

编著者

2021年12月

目录

第一章

对时间足够敏感，辨别虚假繁忙

珍惜时间，积极向前

人生短暂，岁月匆匆，时间就是生命，时间对于每个人来说，都是一种既公平又宝贵的资源。一个人如果没有了时间，除了无比灰暗外，就是等着死亡时刻的到来了。我们永远也无法留住时间，它会在不经意间溜走，而当你觉醒时，已经晚了。然而，正是因为时间的不可逆转性，很多人产生了反正人总有一死，还不如做一天和尚撞一天钟的消极想法，而实际上，正是因为时间有限，我们更应该让每一分每一秒都活得精彩。因此，哲人曾提醒我们，要珍惜时间，积极向前。

一次，恩格斯坐船去英国。

一路上，船上的其他人都在无聊饮酒作乐和聊天，以此来消磨时光，但恩格斯却一直坐在甲板上，拿着一个小本子，不时地往本子上记录太阳的位置、风向及海潮涨落的情况。原来，他利用乘船时机正在研究航海学。

达尔文是个非常珍惜时间的人。

一次，一名青年男子从达尔文门口路过，当他知道躺在门口晒太阳的那个生病的老人就是著名的达尔文时，他很诧异地问道：“达尔文先生，你这样体弱多病，怎么还可以做出那么多的成就呢？”

达尔文回答说：“因为我在任何一个三十分钟里都能做出

有用的事来。”

曾经，在给苏珊·达尔文的信中，他这样写道：“一个竟会白白浪费一小时的人，是不懂得生命的价值的。”

智者总是劝我们珍惜时间、努力充实自己，而我们常常称没时间，有人算过这样一笔账：只要每天在临睡前挤出15分钟看书，一年就可以读20本书，这个数目是可观的，远远超过了世界上人均年阅读量。然而这并不难实现。

因此，我们生活中的每个人，都要培养自己对时间的紧迫感，具体来说，我们应该这样做：

1.制订计划，按计划做事

每日为自己制订一个工作计划，做一个工作列表，把每日需要做的具体工作按照轻重缓急排列，另外相似的工作最好排在一起，便于思考，先处理紧急的工作，再处理重要的工作，最后处理简单、缓慢的工作。制订每日的工作计划才有方向，才不走冤枉路，车好不如方向对，没有方向瞎忙活，再努力也是枉然。

2.集中精力

工作时一定要集中精力，全身心地投入工作，避免分心，要学会善于集中精力做一件事，而且是做好这件事。工作切忌不能三心二意，那样只会捡了芝麻掉了西瓜，甚至每件事都做不好，让别人否定你的能力。

3.简化工作

将简单的东西复杂化不是本事，将复杂的东西简单化才是能耐。当工作像山一样堆在面前，不要着急硬着头皮干，那样根本做不好。首要的任务就是将工作简化，当面前的大山被你简化成小山丘，就会豁然开朗，起到事半功倍的效果。

4.使用辅助工具

现代社会，办公室工作早已脱离了纸笔，会工作的人都擅长运用一些辅助工具，比如，电脑、手机等，简单的电脑办公软件有word、excel、ppt等，有帮助我们编辑文件、分析统计数据等功能，有的公司还会使用财务软件、库存软件等，我们还可以使用手机的记事本、闹钟、计算机等功能，帮助我们记录、提醒重要事件。

5.经常充电

多学习知识，尤其是专业知识，只有不断更新知识，不断学习，才能更有效地应对日新月异的职场问题，处理高难度的工作难题，才能比别人更优秀，才能提高工作的应对能力，比别人更有效率。

6.保证睡眠

保证充足的睡眠，不仅能恢复当天体力，还能为第二天提供充沛的精力。睡眠在人的生活中占据相当重要的地位，在一天的24小时中，睡眠至少占1/3的时间，可见睡眠是不能应付的。只有身体、大脑得到充分的休息，我们才能有旺盛的精力投入工作中，才能提高工作效率。

7.劳逸结合，会休息才会工作

不能一味地埋头工作，就像老牛拉犁一样，人的体能是有限的，大脑也是需要休息的，超负荷的工作只能降低工作效率，产生事倍功半的结果。不会休息就不会工作，适当的放松下，工作间站起来活动15分钟，喝杯水，听听音乐都可以让身心放松下来。工作时要为自己保留弹性时间。

8.平衡工作和家庭

我们除了要工作外，还有家庭，对此，我们要做到平衡处理：

第一，工作和家庭生活要划清界限。对家人做出承诺后，一定要做到。制定较低的期望值以免造成失望。

第二，学会忙中偷闲。不要一投入工作就忽视家人，有时10分钟的体贴比10小时的陪伴更受用。

第三，学会怎么利用碎片时间。例如：家人没起床的时候，你就可以利用这段空闲时间去做你需要的工作。

第四，注重有质量的时间。时间不是每一分钟都是一样的，有时需要全神贯注，有时坐在旁边上网就可以了。要记得家人平时为你牺牲很多，度假、周末是你补偿的机会。

总之，我们需要明白的是，时间不能消费，也不能买卖。我们工作和生活时一定要有时间意识，消耗时间就是消耗青春，虚度光阴。连工作都做不好更谈不上效率，没有人会赏识这种人。所以一定要加强紧迫感，在做每一项工作时都要有紧迫的意识，不断的督促自己。

合理安排，做事分清轻重缓急

我们都知道，现代社会，时间已成为一种有限的资源，时间就是金钱，时间就是生命，于是，忙碌的人们总是不断地与时间赛跑，高度紧张的神经让人们开始疲乏，甚至身心俱疲，而我们不妨反问一下自己，难道真的做不到让脚步放慢一点吗？事实上，人们之所以忙乱，是因为他们不懂得合理安排时间，这就是他们做事效率低下的缘故。如果我们在做事之前先静下心来，厘清思绪，合理安排，列出事务处理的先后顺序，那么，事情往往会达到意想不到的效果。

罗先生是一家机械公司老总，这天，他会见了一名效率专家。

这名效率专家叫皮埃尔，他声称自己可以帮助罗先生管理好这家机械公司，罗先生以为这名皮埃尔先生是市井之徒，于是，他赶紧称自己不相信那些书本上的管理知识了，而需要的是实际的执行计划。

皮埃尔知道让罗先生相信自己就要拿出真本事来，于是，他说："只要10分钟就好。"接下来，他拿出一张白纸，然后递给罗先生说："罗总，你先在这张纸上写下你明天要做的你认为的最重要的6件事。"罗先生照做了。然后，皮埃尔又说："现在，按照你认为的重要性进行排序，在它们后面标上数字。"罗先生又照做了，就这样，5分钟过去了。

"现在，请把你手里的这张纸放到你的口袋里，明天早上起来的时候，什么都不要想，做第一项事，直到你认为已经完美做好为止，然后再按照顺序来逐一处理其他事。即便你其他事一件没做也没事，因为你始终在做最重要的事。”

罗先生若有所思地点头，皮埃尔赶紧说：“记住，以后每天你都要这样做，如果你觉得这个方法有用的话，请将它在你的员工中间推行开来，让他们也这样做。”

这场会面不到半个小时，但却对罗先生的工作起到了重大的作用，他一直认为这是自己最近几年来上过的最重要的一课。

正如故事中的皮埃尔所说，提高效率的唯一方法就是我们要保证自己正在做最重要的事。生活中，很多人都感到时间不够用，这意味着我们更应该学会巧妙利用时间，而不是眉毛胡子一把抓，结果什么都抓不住。

我们常常有这样的感触：一天内，我们除了工作外，还需要生活、休息，还需要娱乐，我们要做到的事情实在是太多了。单以工作为例，我们也有做不完的报表，开不完的会，见不完的客人……

于是，我们会选择做个时间计划表，时间被安排得满满当当，所有事务也都被安排进去，但实际上，我们在执行的时候，依然很难完成。这是为什么呢？因为这份计划表缺乏条理性。

无论是工作还是生活，都是有章法的，要分轻重缓急！这样才能一步一步地把事情做得有节奏、有条理，达到良好结果。

法国哲学家布莱斯·巴斯卡所说：“把什么放在第一位，是人们最难懂得的。”那么，我们该如何有计划地安排时间呢？

以下是两个建议：

1.每天开始都有一张优先表，把事情按先后顺序写下来

每天一大早挑出最重要的三件事，当天一定要能够做完。而且每天这三件事里最好有一件重要但是不急的，这样才能确保你没有成为急事的奴隶。

把一天的事情安排好，这对于你成就大事情是很关键的。这样你可以每时每刻集中精力处理要做的事。但把一周、一个月、一年的时间安排好，也是同样重要的。这样做给你一个整体方向，使你看到自己的目标。

真正的高效人士都是明白轻重缓急的道理的，他们在处理一年或一个月、一天的事情之前，总是按分清主次的办法来安排自己的时间。

2.再按照事务紧急和重要程度来安排时间

大致来说，事务可以分为四种类型，管理者应该根据每种事务类型来安排工作的先后顺序。

第一，紧急且重要。这类事指的是火烧眉毛之事，比如，事关企业效益的事、重要会议、亲人生病急需送医院等。对于这类事，一般都不可马虎，在众多事中，理应首先处理，一般都不能马虎，必须花上整天的时间来处理解决。

第二，紧急但不重要。对于接打电话、批阅文件、日常会

议等事务，也需要管理者赶快处理，但不宜花去过多的时间。

第三，重要但不紧急。有些事务，诸如人才培养、远景规划等，看起来并不紧急，可以从容地去做，但却是管理者要下苦功夫、花大精力去做的事，是管理者的第一要务。

第四，不紧急也不重要。包括无意义的会议、可不去的应酬等。对于这类事务，管理者可先想一想：“这件事如果根本不去理会它，会出现什么情况呢？”如果答案是“什么事都没发生。”那你就应该放慢脚步甚至是停止了。

总之，在工作和生活中每天都有干不完的事，唯一能够做的就是分清轻重缓急。要理解急事不等于重要的事情。只要我们合理安排时间，完全可以不慌不乱，甚至有一些充裕的时间享受生活。

拥有正确的时间观念，提高执行力

时间观念的改变，会使一个人的生活更丰富、更充实，在管理时间、利用时间的过程中，你的做事效率必定也会有一个很大的提升。时间对于每一个人来说，都是无法挽留的，它就像东逝之水，一去不复返。

当一天结束时，时间不会留作明天待用。一个有所作为的人，必须学会有效地安排时间，有效地利用时间，更为重要的是优化自己的时间观念，提升自己的做事效率。

萧伯纳则说："世界上只有两种做事状态：高效率和低效率；世界上只有两种人：高效率的人和低效率的人。"如果你不想做一个低效率的人，你就需要获得比别人更多的知识、方法和思维。只有当你找到了世界上最有效率的方法时，你才能赢得世界的尊重和梦寐以求的成功。

高效率意味着高投入，没有投入就没有产出，低投入只能带来低产出。对大脑的投资是一种决定命运的投资，只能以最大、最优先的投入对待。对大脑的投资也是一种产生最大效率和最大收益的投资，永远不会亏本。

明白了这个道理，你才能拥有正确的时间观念，才会有获得财富和社会地位的能力。你才能获得比别人更高的效率，你才能跑在赛道的最前面。

诺斯古德·帕金森是英国著名的历史学家，他在分析了为何"大型组织大而无当，毫无生气"时，指出："事情增加是为了填满完成工作所剩的多余时间。"这个定律告诉我们，工作效率低，是因为我们给了这个工作太多的时间。

帕金森描述了一位老太太花了一整天时间，寄一张明信片给他侄女的过程：花1个小时找那张明信片；花1个小时找眼镜；花半个小时查地址；花1个半小时写明信片；用20分钟考虑寄信时要不要带伞。就这样，一个人只需花3分钟就能干完的事情，却让另一个人花了一整天时间才干完，并且犹豫不决，疲惫不堪。

帕金森得出结论："做一份工作所需要的资源，与工作本身并没有太大的关系，一件事情膨胀出来的重要性和复杂性，与完成这件事花的时间成正比。换句话说，给自己很多时间做一件事，不一定能提高工作的效率。时间多反而越容易使人懒散，缺乏动力，效率低。一个学生平均成绩一直较低，家长只好让他修学分最低的功课。儿童心理学家却建议这个学生多修一些课。结果出乎大家意料，这个学生多修课后，所有功课成绩不降反升。事实上，这个学生要做的就是打起精神，提高学习效率。

我们常说，观念决定思路，思路决定出路。对待一件事情，一堆事情，一天的事情，甚至是更为长远的规划，能做到帕金森那样对利用时间、提高效率有如此清晰的认识，你投资大脑的工作将会取得卓越的成效和可喜的转变。

一些成功的企业家告诫年轻人，有什么样的思想观念，就有什么样的工作效果。不断地更新观念，不断分析自己、认识自己、提高自己，才能改变不执行和浪费时间的不良习惯，提高整个企业的运转效率，自动自发地做好本职工作。

在这个世界上，做同一种工作的人不计其数，做同一种工作的方法更是数不胜数，其中不乏效率高的方法。这就需要自己去寻找、去借鉴。在这个追求高效率的社会里，抓不住效率的绳索，就会被高效率的机器甩出十万八千里。没有效率意味着死亡。不投资大脑也就意味着没有效率。

提高做事效率，其中重要的一项是提高执行力。要提高执行力就要做到加强学习，更新观念。日常工作中，我们在执行某项任务时，总会遇到一些问题。而对待问题有两种选择。一种是不怕问题，想方设法解决问题，千方百计消灭问题，结果是圆满完成任务；另一种是面对问题，一筹莫展，不思进取，结果是问题依然存在，任务也不会完成。反思对待问题的两种选择和两种结果，我们会不由自主地问道，同是一项工作，为什么有的人能够做得很好，有的人却做不到呢？关键是思想观念和对待时间的态度。

成功的优势是：知识和能力上很小的一点差距就能够带来迥然不同的结果。其中，对于时间观念的正确认识、对于做事效率的掌控是人与人之间能力和知识差别的重点。

投资大脑，为未来准备知识，知识和经验能使你在新的形势中迅速找出规律，你找出规律越多，你的效率提升越快，你在各种情况下作出抉择、采取行动的速度就越快，你的时间也就节省得越多，这就会使你迅速走入成功者的行列。

拖延与懒惰，总是狼狈为奸

我们都知道，每个人都有懒惰的心理，这是人类的天性。只是有些人能克服自己的惰性，并能以勤奋代之，最终取得成功；而有些人则任由懒惰这条又粗又长的枯藤来缠着自己，阻挡着自己前进。

英国地质学家史密斯曾说："懒惰如果不产生恶习或祸患，那就一定产生沮丧。"从他的这句话中，我们能看出来懒惰这一恶习所带来的负面影响。事实上，我们所讨论的拖延与懒惰是一对孪生兄弟，他们总是狼狈为奸，阻碍我们积极向上。

人们常说，人生苦短，行色匆匆，有的人青云直上、事业有成，有的人庸庸碌碌、毫无作为，这两种完全不同的人生情景，实则源于截然不同的两种人生态度。前者珍惜时间、勤奋拼搏；后者则懈怠拖延、行动迟缓。勤奋可以使聪明之人更具实力，而相反，懒惰则会使聪明之人江郎才尽，最终成为时代的弃儿。生活中的人们，如果你是个懒惰的人，那么，从现在起，你最大的任务就是赶走惰性。

美国前总统威尔逊出生在一个贫苦的家庭，当他还在摇篮里牙牙学语的时候，贫穷就已经向他露出了狰狞的面孔。威尔逊10岁的时候就离开了家，在外面当了11年的学徒工，每年只能接受一个月的学校教育。

但是在经过11年的艰辛工作之后，他已经设法读了1000本好书——这对一个农场里的孩子，是多么艰巨的任务啊！在离开农场之后，他徒步到100英里之外的马萨诸塞州的内蒂克去学习皮匠手艺。

在度过了21岁生日后的第一个月后，他就带着一队人马进入了人迹罕至的大森林，在那里采伐圆木。威尔逊每天都是在天际的第一抹曙光出现之前起床，然后就一直辛勤地工作到星星出来为止。在一个月夜以继日的辛劳努力之后，他获得了6美元的报酬。

在这样的穷途困境中，威尔逊暗下决心，不让任何一个发展自我、提升自我的机会溜走。很少有人能像他一样深刻地理解闲暇时光的价值。他像抓住黄金一样紧紧地抓住了零星的时间，不让一分一秒无所作为地从指缝间白白流走。

12年之后，他在政界脱颖而出，进入了国会，开始了他的政治生涯。

威尔逊是任何一个美国人乃至世界人瞩目的对象，而他的成功，就是勤奋学习的结果。学习是向成功前进的营养元素。而当今社会，竞争的日益激烈告诉每个孩子，只有知识才能改变命运，只有学习才能突破，才能具备竞争力。

懒惰是现代社会中很多人共同的缺点，他们总是为自己的懒惰找借口，而正是因为如此，他们最终也丧失了很多成功的机会。因为人的一生，可以有所作为的时机只有一次，那就是现在。的确，一个人只有坚持“不找借口找方法”的信念，才能对自己的事业有热情，不管遇到什么事，都能以办法代替借口。

你会发现，那些你不愿意做的工作，往往是你不喜欢做的事或者是难做的事，因此，要克服拖延心理，你首先要克服惰性，万事开头难，要把不愿做但又必须做的事情放在首位，而对于难做的事可以试着把困难分解开，各个击破；对于那些难做决定的事，则要当机立断，因为最坏的决定是没有决定。

在工作和生活中，不少人都有过这样的体验：你本来打算做某件事，但是过了好久还是没有开始；或者觉得自己想去但就是不想动手。其实，这些情况反映到日常的生活中，就是生活好像总是被一种惰性缠绕，知道懒惰不好，但是就是不知道从何处入手、该怎样开始。

以心理学操作性反射的原则为基础，对于人类的行为方式进行观察后，心理学家提出这样一种改进方式，以纠正惰性生活方式，并由这种惰性生活方式的结束而带来整个人生的良性改变。这也叫普瑞马法则。

要克服惰性心理，你首先就要认识到它的负面效应。懒惰拖延并不能帮助我们解决问题，也不会让问题凭空消失，它只是一种逃避，甚至会让问题变得更严重，那么，你为什么还要逃避呢？接下来，我们该怎样克服惰性呢？你如果有兴趣，尝试以下方式并坚持一周，你会发现你整个人都不同了：

你可以先给自己的行为做一个记录，把你每天都要做的事情记录在册，记住，是所有的事。当然，吃饭、穿衣这样的事还是剔除，你会发现，即便粗略地记录大概也有十几件，然后你可以按照自己的兴趣将这些事进行排序，比如，你最讨厌的事可以放到第一位，最喜欢的放在最后。

然后，就按照你所列举的顺序来行动吧。早上，当你起床的时候，你就先做那些你最讨厌的事，然后接着是第二件、第三件……到最后，你所做的是你最喜欢的事。

这是一个可能让你觉得操作起来有难度的事，不过坚持就是顺利，千万别在中途放弃转而去做你喜欢的事了。

为什么这样做能帮你克服惰性呢？因为这种方式是一种强化作用——先处理困难的事情，再处理稍困难的事情，这样，就能对前面所做的事情起到一种强化的作用，并且，在这个过程中，强化的效果会越来越明显，直到你认为自己完全有能力可以控制自己将一件事做好。

这是效果极好的改变惰性的方法。并且，对于容易出现心情抑郁的人，这种方法也有助于调节心情，不过，这都需要你坚持去做。

最后，当你真正做到能自制的时候，你可以自我奖励一番，当你能坚持一段时间的时候，你可以及时肯定自己，然后记录进步，在获得某种成就感之后，你会找到继续努力的动力。如果你试试，并且多一些坚持，你将发现，生活着，工作着，是多么轻松有趣的事情！

拖延，并不能真正给你带来安全感

我们都知道，拖延是一种不良的行为习惯，然而，任何人的拖延行为，其实都是在一定的内因驱使下形成的。我们周围有这样一些聪明的人，无论是生活还是工作中，只要是与人打交道，他们总是会在看清楚他人的“招数”前拖延一段时间，因为他们坚信“谁先出手，谁就失利”。这类人拖延的内在动因是为了保护自己。

杨青是这样一个人，他并不懒惰，但却喜欢拖延，用他的话说就是：“我觉得人生就是一盘棋局，谁先出棋，谁就更容易被看破。无论是工作还是生活，我都会慢半拍，在我搞清楚别人的想法之前，我会把自己的手放在胸前，不让别人看清楚我的心。如果我看到一个心仪的女孩，我不会热情地追求她，因为假如她对我没兴趣，那么我再努力也是徒劳，我会等待她先对我表达好感，我不打没把握的仗。我不会主动提出工作调动，因为我不想让别人看清楚我对什么部门最感兴趣。我也不会针对什么事情立即做决定，因为那样会被别人看清楚我的想法，进而从中捞到好处，要知道，我们周围到处都是这样猜来猜去的游戏……”

想必，在我们的生活中，带有这样心理的人不少。在他们需要做决定的情况下，他们认为拖延能起到保护自己的作用，因为这样别人就看不清他们的想法，也就不会立即采取制约措施。换言之，他们认为，捉摸不定更能让他们产生安全感，而一旦暴露自己，就好比成为别人宰割的对象。

事实上，我们的一生，越是拖延，越是四处躲避，越是让我们殚精竭虑，越是让我们忧心忡忡，我们总是在担心会被他人算计，总是提心吊胆，这样真的会有安全感吗？任何一个处于自我保护状态下的拖延者的经历都告诉我们，有时候，主动出击更能赢得主动权。与其总是猜测他人的想法，还不如先走出去，随时做好最坏的打算，这样才会更有安全感。这样，你也会在最短的时间内看清楚谁是和你站在同一阵营内的朋友，谁是敌人，而不是空耗生命。另外，你的需求也会被他人知晓，关爱你的人也会出现。其实，很多情况下，人与人之间隔阂的加深就是因为拖延造成的。

我们需要更正一个观点：拖延并不一定会真的起到保护自我的目的，真正的安全感是随时为危险做好准备，而不是逃避危险。

拖延者总喜欢为自己找借口

人生在世，每个人都必须具备责任感，这不仅是对他人负责，也是对自己负责。而借口与托词，则是责任的天敌。然而，在我们的生活中，总是在为自己的拖延行为找借口的人到处都是，这就是不负责任的表现。当他们接收到任务以后，并不是立即、主动地处理，而是不断地拖延，并为自己的拖延找借口。致使工作无绩效，业务荒废。可想而知，这样的人怎么可能有工作和事业上的突破？

习惯性拖延者总是能为自己找出各种各样的借口：

“因为我资源不足，所以我做不了。”

“我没有完成这些工作，是因为这段时间太忙，毕竟我是一个人，不是机器。”

“我没有做好，是因为我从来没有过这方面的培训。”

“如果其他人更好地配合我的话，我想我会完成的。”

无所不在的借口，像空气一样弥漫在我们周围。借口变成了拖延的一面挡箭牌，事情一旦没完成，就能找出一些冠冕堂皇的借口，以换得他人的理解和原谅。找到借口的好处是能把自己的懒惰掩盖掉，心理上得到暂时的平衡。但长此以往，因为有各种各样的借口可找，人就会疏于努力，不再想方设法争取成功，而把大量的时间和精力放在如何寻找一个合适的借口上。

有命令就要去执行，这是我们每个人都应该遵循的做事准则。因为懒惰，你的那些借口能为你带来一时的安逸，些许的心灵慰藉，但是却会让你付出更昂贵的代价。

徐翔是某机械公司的员工，已经有5年的工作经验了，5年来，他一直与单位的同事相处融洽，与领导也相安无事。可是这天，他却失控了，居然与领导拍桌对骂。

对这一点，同事和领导都没觉得意外，因为徐翔对待工作实在太马虎了事了，无论做什么事，都是一拖再拖，经常还会耽误其他人的工作。其实，原来的徐翔并不是这样的，他的改变是从一次意外事故后开始的。那天，徐翔上夜班，可能是因为太困了，一不小心，他从架子上摔了下来，幸亏架子不高，腿只是有点轻微的骨折，到现在，徐翔走路也看不出异样。

然而，从那以后，领导安排徐翔做什么事情，他都借口自己的腿不方便，毕竟是因为工作出的意外，领导也不好说什么。

不过时间久了，领导也对他有意见了。一天，他还是和往常一样，比正常上班时间晚了半个小时来到单位，到了以后，他却接到一个电话，主任安排他随兄弟部门的车去下乡一趟。于是，原本准备上楼的他就在单位门口等车。可是，一个多小时过去了，却没见到车的影子。于是，他就给主任打电话。谁知道，下乡的车早已经开走了。他立即打电话给主任说明情况。对此，主任说："那你为什么迟到呢？"

徐翔赶紧来到主任办公室，想当面向他解释清楚。主任却说："今天，你必须得去。要不然就自己坐公共汽车去。"说完，又忙自己的了。徐翔的怒火"腾"地一下蹿得更高了。这明摆着就是在惩罚自己，而自己错在哪儿了？"我不去。"他冷冷地说。"嘭"，主任猛地一拳捶在桌上，咬牙切齿地说："今天你去也得去，不去也得去。"徐翔气急了，也砸了一下桌子。

这一瞬间，主任吃惊地望着徐翔，这时，主任办公室外也已经挤满了来看热闹的人。

从那件事以后，好像主任有意冷落徐翔，他把办公室能处理的事情都交给别人做，这让徐翔寝食难安。最后，徐翔还是决定辞职，因为这家公司他确实待不下去了。

这则职场故事中，职员徐翔总是拿曾经因工受伤这一借口拖延工作，因为拖延，他也与领导产生了纠葛，最终只能辞职离开。

在做事的过程中，经常找借口的后果就是逐渐养成拖延的坏习惯，初始阶段，也许你会有点自责，但随着拖延次数的增加，你会变得盲目，甚至到最后，你也认为自己的确做不到。

在很多人羡慕的美国西点军校，“保证完成任务！”是学员们的标志性话语。“保证完成任务！”绝不是一句简单的口号，它是一名军人对命令的承诺，它是勇士对责任的崇敬，它是全世界的军人、战士对理想的执着。在西点军校中，任何命令都是言必信、行必果的军令状，只有执行，没有任何借口。因为西点军人的字典里从来没有“借口”两字，在执行任务中，遇到困难总是想尽办法克服困难，不惜一切代价坚决完成任务。

在墨西哥城的一个漆黑的夜晚，来自坦桑尼亚的奥运马拉松选手艾克瓦里吃力地跑进了奥运体育场，他是最后一名抵达终点的选手。

其实，这场比赛早就宣告结束，优胜者也早就领了奖，因此，艾克瓦里一个人孤零零地抵达体育场时，整个体育场几乎空无一人。埃克瓦里此时，双腿绑着绷带、染红了血，他努力地绕完体育场一圈，跑到了终点。在体育场的一个角落，享誉国际的纪录片制作人格林斯潘远远看着这一切。在好奇心的驱使下，格林斯潘走了过来，问艾克瓦里，为什么要这么吃力地跑到终点。

这位来自坦桑尼亚的年轻人吃力但坚韧地说：“我的国家从两万多公里之外送我来这里，不是叫我在这场比赛中弃跑的，而是派我来完成这场比赛的。”

这是让人振奋的一句话：没有任何借口，没有任何抱怨，职责就是他一切行动的准则！处在平凡岗位的人们，或许经常感叹为什么成功的机遇总是不光顾你？为什么领导不愿意让你担当重大事件的处理工作？为什么同事们不愿意信任你？那么，不妨从现在开始反省，你是否有拖延、找借口的习惯？如果有，就从现在开始，彻底把借口从你人生的字典中永远剔除，立即执行吧。我们要从以下三个方面努力：

1.要克服懒惰，选择行动

一个人之所以懒惰，并不是能力的不足和信心的缺失，而是平时养成了轻视工作、马虎拖延的习惯，以及对工作敷衍塞责的态度。要想克服懒惰，必须要改变态度，以诚实的态度，负责、敬业的精神，积极、扎实的努力对待工作。

2.要端正态度，直面责任

“积极高昂的态度能使你集中精力完成自己想要的东西”。在工作中，应始终保持平常心态，在任何时候，工作和责任始终捆绑在一起，工作越好，责任越大，没有工作也就无所谓责任，要敢于负责。

3.不找借口，立即行动

工作的最终目的就是把工作做好，在相应的时间里，实现最大的效益，任何的借口和拖延都将成为工作的敌人。工作的选择、工作的态度、工作的热情都建立在立即工作和立即行动上，只有行动才会让这一切变成现实。

第二章

敏锐捕捉坏情绪，不被情绪左右

强者绝不被糟糕的情绪控制

曾经认识这么一个对自我情绪控制能力特别强的姑娘，一直都让我很是佩服。暂且称呼她成成吧。

成成可以说是一个非常优秀的姑娘，不论是外貌、家境、工作还是自己的为人处世，各方面表现得都很出众。但是，就是这么一个优秀的姑娘，她的人生却十分坎坷。就在她三十岁那年，年仅两岁的儿子被查出患有罕见的恶性肿瘤，为了给儿子治病，成成殚精竭虑，花光了自己所有的积蓄。但就在那个时候，本应该给她最多依靠的丈夫却出轨了，带着怀孕的小三上门，直接要求离婚。可怜的成成当时已经连续照顾儿子有半个月没有睡过整觉，一气之下竟然直接晕了过去。所有人都以为成成醒了以后绝对不会善罢甘休，但是醒来以后，成成出奇的冷静，没有哭，也没有闹，直接去找了一个律师，干净利索地办理了离婚。后来卖了房子，拿着钱带着儿子去了北京治病。

在北京这座陌生的城市里面，成成一路打拼，吃了很多苦受了很多罪。但是就算在最艰难的时刻，我们也从没有听到过成成的任何抱怨之语，她一直在用自己的乐观和坚强不断坚持，不断向上。

后来，她儿子的病看好了，又重新在北京买了一套房，遇到了一个爱自己的人，据说下半年就要结婚了。我们得知成成的这个好消息时，都由衷地替成成高兴，她是我们身边的一个良好榜样，真正做到了管理好自己的情绪，掌握好了自己的人生。

不知你有没有听过心理学上那个出名的“费斯汀格法则”：每个人生活的10%都是由发生在自己身上的事情组成的，而另外的90%则是由你对所发生的事情如何反应所决定的。也就是说，生活中的10%都是既定事实，我们无法掌握，更无从控制。但另外的90%却完全是由我们自己决定的，我们可以选择自暴自弃，更可以选择通过自己的努力，一步步让事情变得更好。

就像是上文中的成成，如果她当时在儿子病重、丈夫出轨的情况下，一直沉溺于痛苦之中无法自拔，而不是积极乐观地不断向上，那么，她的人生恐怕也不会有这后面的峰回路转。由此，希望你能够知道，有情绪是我们每一个人的本能，人生在世，我们每个人都会有自己的喜怒哀乐，也会有自己濒临崩溃接近绝望的时候。但是，不管在任何一种处境下，我们都应该要学会管理好自己的情绪，歇斯底里其实是解决不了任何问题的。因为生活中真正的强者，哪怕是遇到再糟糕的情况，都不会任由自己陷于情绪之中，而是告诉自己努力保持理智，在既定的事实之外，为自己争取到更好的改变。

著名的情感学家李尚龙曾经说过：“生活的高手，从来不会让情绪控制自己，然后做出后悔的举动，他们只会控制住自己的情绪，然后做自己生活的主宰者。”由此，请你相信，一个能够管理好自己情绪的人，必定不会将自己的人生过的多差。反之，一个人看似生活优渥，但是如果掌握不了自己的情绪，他的生活必定也不会美满到什么程度。

我们的生活其实就是一个不断寻找自我的过程。在这过程当中，我们倡导你努力地向上，不光是想要通过自己的努力能够让世界看到我们，更是为了让我们自己看到更广阔的世界。而当我们面对生活中的各种突发状况，选择稳定好自己的情绪积极向上，一步一个脚印往前走的时候，你一定会发现：我们生活中的每一点点进步，都是在让我们的人生变得更加辽阔；我们生活中的每一点点忍耐，都是在让我们的人生变得更加有分量；我们生活中的每一点点克制，都是在让我们的人生变得更加有格局。

如果你希望自己的生活一切都能够变得更加美好，那就从改变自己的情绪开始。就像著名小说家狄更斯曾经说过的：“一个健全的心态往往比一百种智慧更加有力量。”抛开其他的一切外在条件，你的心态和面对困难所产生的情绪，其实才是你最好的本钱。而心态的“态”字，拆解开来，其实就是心大一点 。所以，面对自己的人生，面对人生中的各种突发和意外，让自己尽可能地学会淡定和从容，不要情绪无常，更不要歇斯底里，因为这些除了令你的处境变得更加艰难以外，没有其他任何好处。

换个角度，就能看到问题的积极面

文豪苏轼曾经说过："横看成岭侧成峰，远近高低各不同。不识庐山真面目，只缘身在此山中。"所谓当局者迷，旁观者清。生活中的我们其实很多时候都是"身在此山中"，当自己陷于一件事情的时候，我们总是很容易会被眼前的障碍所蒙蔽而陷于自己的纠结和难过之中。但其实，如果我们能够学会从当前的环境中脱离出来，尝试着从另一个新的角度去看待问题，去认识问题，或许，我们就会有不一样的想法，你的处境很有可能也会立刻柳暗花明。

曾经听说过这么一个小故事：有一个父亲，自己钟爱的一块手表找不到了。父亲很着急，非常恼火，不断的在屋里四处翻找，却怎么也找不到。后来，父亲出去以后，儿子悄悄地进了父亲的房间，没一会儿就找到了手表。父亲在惊喜之余连忙问儿子是怎么迅速找到手表的，却听儿子说道："我就是在里面安静地坐着，一会儿就听到了手表滴答滴答的声音……"

你看，很多时候，我们就跟这个故事中的父亲一样，总是在焦躁地寻找一样东西，但很多时候，我们越是焦躁，内心越是着急，我们却越是找不到自己想要的。而只有让自己平静下来，才能够让自己听到内心的声音。这又何尝不是"换个角度看世界，却看到了一个更加辽阔的世界呢"？

曾经有两只老虎，一只自小就被关在动物园的笼子里，另一只却自幼生活在荒野中。关在笼子里的老虎不愁吃喝，却抱怨自己没有自由。而生活在荒野中的老虎倒是有自由，却总是为如何能够填饱自己的肚子而发愁。就这样，两只老虎都认为自己的处境实在是说不上好，总是互相羡慕着对方所处的环境。后来，他们想，既然我们彼此羡慕，为什么不交换一下身份呢，这样，我们不就能够过上各自想要的生活了吗？他们是这么想的，也的确这么做了。一直生活在笼子里的老虎跑去了荒野，尽情享受自己想要的自由。自幼生活在荒野中的老虎也去了笼子，过上了吃喝不愁的日子。然而，出乎意料的是没过多久，这两只老虎却都死掉了。向往自由的老虎如愿得到了自由，却因为缺乏最基本的捕猎能力，生活在荒野中根本吃不饱，居然被活活地饿死了。而向往吃喝不愁的老虎如愿去了笼子，整天悠哉悠哉，却因为实在太过无聊，最终抑郁死了。

你看，这也是换个角度看世界的一种。很多时候，我们总是喜欢对自己的幸福视若无睹，而总是把目光看向别人的幸福。殊不知，其实，你所拥有的往往正是别人羡慕的。你所羡慕的别人的幸福，如果没有一定的能力，即便真的降临到了你的头上，或许最终也只能变成一个悲剧。由此，学会成为自己，学会享受自己的生活，遇上糟心事的时候，尽量让自己能够跳脱出来，换个角度想想，其实，一切真的没什么大不了的。

老人对他的孩子说：“攥紧你的拳头，告诉我，你有什么感觉？”孩子听话攥紧自己的拳头，对老人说：“有点累。”

老人接着说：“你再试着更用力一些。”孩子听话照做了，说：“我更累了，现在还感觉有点呼吸不上来了。”老人听了，对孩子说道：“那你就把手松开吧。”孩子照做，长出了一口气：“现在轻松多啦。”老人说：“你看，当你感到累的时候，手攥的越紧，只会更累，只有放了它，你自己才能轻松下来。”

这个小故事揭示的道理，你看懂了吗？很多时候，我们的人生就是这样，你感觉到累，其实不过是因为你想要的太多，想攥住的也太多。如果你能够换个角度来想想，许多不必要的追究和执着其实也就失去了意义，只有让自己学会放手，我们的人生才会更加轻松。这是多么简单的道理，却不见得我们每个人都能做到。

人生在世，我们能遇上的事情，不如意的事情十之八九，如果每遇上一件棘手的事情，我们就钻进一个牛角尖，不懂得变通与释怀，最终辛苦的也只有我们自己。其实，遇上事情的时候告诉自己先冷静一下，换种角度，或许，你会发现解决问题的另一个方法，整个事件的走向也就会有大不同。由此，很多时候，人生就是这样，多运用一些逆向思维，让自己换个角度去思考，该放手的时候果断放手不要纠结，你会发现：其实，很多时候，失去或许也是另一种拥有，而你的失意，可能也会变成生活的诗意。这一切，其实全在你的一念之间，无关其他。

理智一点，学做情绪的主人

前段时间，公司突然给部门加塞了一个紧急任务。而那段时间刚好是部门最忙的时候，每个人手上都有好几个项目，每个人都忙得焦头烂额，有点濒临崩溃的边缘。

有一天晚上，大家加班到接近凌晨才走。岂料，第二天早上刚进办公室，就感受到了剑拔弩张的紧张气氛，每个人都坐在座位上噤若寒蝉。一看，原来是晨晨正在跟领导争吵。事情的起因正是晨晨昨天熬夜做出来并提交的一份PPT，领导认为方向不对，需要晨晨重新做。但是晨晨却觉得自己这么辛苦熬夜做出来的成果，不但没有得到领导的认可反而还被领导一句话就从根本上否认掉了，这简直就是对她的极度不认可。按理说，像这种设计单位，大家对同一个项目的评估方向会有争议实在是一件特别寻常的事情。晨晨也不至于因为一份PPT就动怒。这回，或许是因为疲累到了极点，情绪太多反而冲动，最后，晨晨竟然一把将U盘拿出来摔在办公桌上，拿起自己的背包，径直就往单位的门口方向走过去。领导一边喊着一边追出去竟也没追上。最后，这件事情惊动了上面的总监，总监亲自给晨晨打了电话还是没有人接听。几经周折，在我们整个部门同事的合力配合下，才在单位附近的一家奶茶店里找到了晨晨。

这件事情轰动了整个总部，因为晨晨的个人行为而直接影响了我们整个部门集体的工作进度。在总监的开导下，晨晨最终才意识到了自己这次行为的后果有多么严重。后来，开周例会的时候，晨晨主动上台向大家道了歉，承认是自己在遇到问题的时候太过情绪化，不光没有能够以最快的速度解决问题，反而是给自己的情绪找了一个发泄口，影响了整件事情的进展，是一种非常不负责任的行为。

经过这次事件以后，晨晨学会了收敛自己的脾气，再也不会随便发泄自己的情绪。也懂得适时地控制好自己的情绪，不再任性。

情绪是我们每个人最直观的一种内心表现，我们每个人也都会有心情不好、情绪不稳定的时候。但是，不是每一个人都应该成为你情绪发泄的承担者和倾听者。有些人懂得控制住自己的情绪，给人的感觉就会是舒服的、成熟的。而那些从不懂得该如何控制自己情绪的人，一直放任着自己的情绪随意发泄，给人的感觉只能是任性的、无礼貌的，这类人最终也只会被自己的情绪所伤害。因此，请学会做一个懂得控制自我情绪、懂得不动声色的大人，而不是任由自己成为情绪的奴隶。就像是有人曾经说过的："你要做一个不动声色的大人了，不准情绪化，不准偷偷想念，不准回头看，去过自己另外的生活。你要听话，因为，不是所有的鱼都会生活在同一片海里。"人生在世，多的是不能任由我们摆布的无可奈何，如果你应对每一个无可奈何的方法都是自己的情绪化和无理化，那么我想，你一定永远长不大。所谓的成熟，一定就是遇事的时候你能够沉着冷静地去应对，不情绪化，不让冲动摧毁你的理智，这样的你才会更懂得如何才能做一个不动声色的大人。

你我都会有这样的经历：我们总是会在盛怒的情况下，容易失去自己的理智。我们的情绪在那一刻也更容易会失去控制，做出一些日后连自己都无法理解的事情。情绪能够在一定程度上唤醒一个人，情绪也能够在一瞬间就摧毁一个人。拥有情绪是人之常情，重要的是我们对待情绪的态度是否理智。当你遇到一件事情想要大发雷霆的时候，其实不妨让自己冷静三秒想一下，你是决定要做一个能够控制自己情绪的人，还是要放任情绪的发展，最终成为情绪的奴隶。所以，盛怒的时候，冲动的时候，不要轻易地做出任何决定。自己在心中进行自我调整，当你情绪归于平静的时候再做出对应的决定。若我们一味地被自己的情绪牵引着走，最终我们只能成为情绪的奴隶；而只有学会主动控制和调节，我们才能够成为情绪的主人。相信我：一个人只有能够管理好自己的情绪，避免成为情绪的奴隶，做出一些超乎常理的决定，最终才能有本事管理好自己的人生。

冷静面对，学会控制自己的糟糕情绪

有一次吃完晚饭以后，我下楼去散步，回来的时候顺便在楼下的小商店里买了一袋橙子。当天太晚了，我就没有吃。第二天早上上班的时候，我打开袋子伸进去随手拿了一个，却一瞬间被惊到了。我手上拿的这个橙子皮已经变色了，不光有霉斑，刚刚我手指捏到的地方都已经开始流出坏汁了。腐烂的气味弥漫在整个屋子里，尤其是我又弄了一手的坏汁，可以说，在那一瞬间，我的坏情绪立刻被点燃。

我将袋子里的所有橙子全部都倒了出来，放在地板上挨个检查，发现昨晚买的这一袋橙子共有十八个，但是有霉斑开始腐烂的居然就有十个。我回忆起昨晚买橙子的情形，当时自己刚刚散步回来，走的有点累，便没有精力去一个个挑，直接从老板手里接过来付了账便匆忙走了，到家不想吃便也没有打开一个个的看。所以直到第二天自己要吃了才发现原来有问题。于是，理所当然的，我将心里的怨气直接都归结于楼下老板趁着天黑以次充好的将坏橙子卖给了我。

我决定要找老板去索赔，于是快速捡起地上的橙子，胡乱装进了袋子里，便气呼呼的准备下楼和老板理论。没想到起身的时候，一个不小心将放在桌子上的杯子打碎了，这一下我的情绪更加糟糕了。于是，我一路都在心里想着要怎么去跟老板陈述这个事实，又想着老板万一不承认退款怎么办。

就在我拿着手里的橙子站在商店门口准备大闹一番的时候，老板却面带笑容，很不好意思的先开了口："姑娘，是不是你昨晚买的橙子也有坏的呀。真是不好意思呢，今天已经有好几个人来跟我说橙子有坏的了。你放心，坏橙子我都可以免费帮你换成好的，你快数数坏了几个。”我听了老板这一番话，心中的怒气瞬间消失了。想起来其实自己也有错，当时买橙子的时候，如果能够细心去检查一下，便也不会出现这样的情况。最后，老板给我换了十个好的橙子。临走的时候，为了表示歉意和补偿，又递给我一个小香瓜。

那一刻，我彻底意识到了自己内心的狭隘，在遇到事情的第一瞬间不是想着冷静下来寻找解决方案，差点还因为自己情绪控制力的薄弱而引起一番争吵。我能够感受到那时在气头上的我，在内心怒火的驱使下，自己的脸色一定很难看。但这件事情后来也让我开始明白：无论遇到什么样的情况，都能够让自己冷静的去面对并沉稳地去处理，这才是人生的一个大智慧。

有这么一则寓言故事：有一个猎人将自己的孩子和猎犬一起放在家里，自己出去集镇上售卖猎物。等他回来的时候却发现自己的孩子不见了，而猎犬的嘴上、身上到处都是血。猎人的第一反应就是猎犬咬死了自己的孩子。于是，猎人盛怒，拿起猎枪就直接将猎犬打死了。等到打死猎犬以后，猎人却听到了孩子的哭声，原来自己的孩子就在床底下，在床的另一面还躺着一只狼。很明显，在猎人不在家的这段时间里面，这只狼想进来吃了孩子，是猎犬勇敢地和狼搏斗并咬死了狼，还将孩子藏在了床底下保护他。可怜的猎犬同狼搏斗受了伤，才会在身上和嘴上留下了血渍。没等到猎人的拥抱和奖赏，却被当成是作恶的凶手而丢失了生命。得知真相的猎人抱着猎犬痛哭，但是却于事无补。猎人心里十分难过，知道自己被愤怒冲昏了头脑，在没有弄明白事情的始末便妄下断语，冤枉了一直跟随自己忠心耿耿的猎犬，还让它丢失了生命。从此以后，猎人再也不养猎犬打猎了，带着孩子厚葬了猎犬回到城镇去生活。

我们在盛怒的时候总是容易将事情往最坏的一方面去想。但很多时候，我们就有可能跟故事中的猎人一样，对自己冲动之下犯的错，再也没有一个能够赎过的机会。毕竟时光不能倒流，这世上也没有后悔药可以售卖。因此，遇事的时候要学会控制自己的坏情绪，将那些已经盘踞在你脑海里的坏情绪赶紧清理干净。而不是任由他们肆意扩大，直至控制你的心性，做出一些超乎常理的不可思议的，甚至令你终身后悔的事情出来。

情绪对于每个人而言都没有好坏之分，它只是人们对于环境的一种反应。而所谓环境，不光有外界事物组成的环境，更有我们自己内心的一种环境。任何环境都不会是一成不变的，那些看得见的、看不见的以及外在的、内在的任何变动其实都会让我们产生一种反应，而这个反应就是情绪的根源。所谓先入为主，你的第一反应是好还是坏，你的主导情绪是良好的还是糟糕的，这对于后续事情的进展都有直接的引导作用。所以，请你相信人之初，性本善；请你相信所有的事情都会越来越好，只要你学会控制自己的糟糕情绪。

找到合理的宣泄方式，把坏情绪赶走

生活中，你是否遇到过这样的情况：一大早，六点钟的闹钟就把你惊醒，因为八点钟之前你就要到公司，而你还必须得为孩子准备早饭、开车把他送到学校。然而，你叫了几次，孩子都不起床，正当你为此生气时，你又不小心打翻了为孩子做好的早饭，你更是火冒三丈，眼看着你就快要失控了；当你好不容易赶到办公室，却发现自己已经迟到了，你的名字已经挂在了迟到者名单上，这月奖金又没了，你心里备感委屈，生活怎么这么艰辛？

其实，生活、工作中，类似于这样的让我们产生负面情绪的事情实在太多，孩子不听话、同事不合作、上司没来由的批评等，都会成为我们情绪的导火索。此时，如果我们处理不当，就很有可能造成人仰马翻的惨剧。

当然，如果一味地压制这些情绪，问题也并不会因此解决，同时，积压在身体内部的负面能量反而不利于我们的身心健康，比如会引发头痛、胃病等，所以压抑绝不是消解愤怒的最好方法。

每个人都会对身边的事情产生情绪，人类本身就是情绪化的生物，都有喜怒哀乐，那些脾气好的人也并不是没有情绪，也并不是一味地压制自己的情绪，而是懂得以正确的方式排解心中的不快，而不是将情绪传染给身边的人，让他们成为我们情绪发泄的对象，面对情绪，我们可以适时找到合理的宣泄方式，把情绪赶走。

小彭和小李在同一家公司上班，两个人关系很好，可是两个人在公司的人缘却不一样，小彭在公司里的人缘很好，待人和善，几乎没人看她生过气。可是，小李却是个把喜怒哀乐都挂在脸上的人，为此和很多同事都闹过矛盾。小李不知道小彭是怎样做到这么好的情绪管理的。

有一次，小李准备去小彭家玩，却发现她正在顶楼上对着天上飞过来的飞机吼叫，于是就好奇地问她原因。

她说："我住的地方靠近机场，每当飞机起落时都会听到巨大的噪声。后来，当我心情不好或是受了委屈、遇到挫折，想要发脾气时，我就会跑上顶楼，等待飞机飞过，然后对着飞机放声大吼。等飞机飞走了，我的不快、怨气也被飞机一并带走了！"

怪不得她脾气这么好，原来她知道如何适时宣泄自己的情绪。这下子小李明白了，小彭还告诉小李很多可以发泄自己情绪的方法，比如，她常常就会到无人的地方大声呼喊，从而不把这些情绪带到公司和其他场合。

从此以后，小李就尝试着用这些办法发泄自己的不良情绪。果然，这些方法很有效，小李为自己的不良情绪找到了一个出口，把心中堵塞之处疏通了。很多时候，她带给大家的是欢乐，而不是不良情绪，她在公司的人缘一下子好了很多，她的修养也提升了很多。

这里，小彭对于发泄愤怒情绪有自己的一套方法——呐喊法。

的确，每个人都会产生不良情绪，这很正常，我们不要把这些情绪压抑在心中，因为一味地压抑心中不快，只能暂时解决问题，负面情绪并不会消失。久而久之，坏情绪可能会填满我们的内心世界，使我们的身心越来越疲惫。因此，除了自我调节和消化外，我们还应该给不良情绪找个宣泄的出口，让它尽快释放出来，正所谓“堵不如疏”。宣泄的方法有很多种，比如：

1.呐喊法

据说日本有个很具规模的呐喊节。每年到了这个时节，全国各地的参赛者或观众云集于大山深处，有组织地按规则和程序呐喊。举办呐喊节，旨在引导人们认识和体验呐喊的心理调适作用，鼓励大家在需要时去身体力行。正是人们通过呐喊而受益，呐喊节才被越来越多的人所认可并积极参与。

2.哭出眼泪

哭是人类宣泄不良情绪的一种本能行为。有研究表明，女性之所以比男性长寿，除了女性身材矮小代谢消耗低和生活工作环境相对安全以外，主要的原因是女性喜欢倾诉与哭泣。还有研究表明，哭得多的人比哭得少的人要健康。因此，当我们心中积压了不愉快的情绪时，不要强忍着故作“坚强”，该哭时不妨尽情地哭出来。

3.倾诉法

当你心情不好时，可以找自己最信任的朋友倾诉，但你最好找那些比较冷静、理智的朋友，因为他们能给你提出一些疏导情绪的意见。

4.摔打安全的器物

如枕头、皮球、沙包等，狠狠地摔打，你会发现当你精疲力竭时，内心是多么畅快。

5.高歌法

唱歌尤其是高歌除了愉悦身心外，它还是宣泄紧张和排解不良情绪的有效手段。

6.环境调节法

心情不好或感到压力大、郁闷不乐时，你可以走出办公室，走出家，去大自然中呼吸新鲜的空气，我们的心情往往就能很快得到舒缓。如果有条件，还可以进行短期旅游，从而彻底放松自我。

7.注意力转移法

当出现不良情绪时，可以将注意力放到其他事情上去，做自己喜欢做的事，比如，打球、上网、跑步等，从而将心中的苦闷、烦恼、愤怒、忧愁、焦虑等不良情绪通过这些有情趣的活动得到宣泄。

可见，一个成熟的人应该有很强的情绪控制能力。无论遇到什么事情，哪怕是违背自己本意的事情，都得控制自己的情绪，不能有过激的言行。唯有如此，才能成就大事，从而达到自己的目标。

这里需提醒大家的是，心理宣泄虽然有积极的作用，但也可能引起不良后果。我们所说的“宣泄”并不是指纵情发泄，不能把宣泄误解为“想说就说，想做就做”或“想打就打，想骂就骂”的“尽情发泄”。因为这种只顾一时痛快的宣泄虽然可使我们一时解气，但很有可能导致更加糟糕的后果。另外，我们在宣泄不良情绪的时候，还要注意不要给自己和他人造成伤害。而且宣泄情绪也不能没有节制，以免养成一种不顾后果的随意发泄的习惯。

别将坏情绪“传染”给身边的人

生活中，我们总会遇到一些影响我们情绪的事，我们平静的心会被扰乱，我们或开心、或悲伤、或愤怒，但这些激动的情绪若不进行排解，那么，就会产生一个“情绪链”，因为情绪是会传染的，而我们就是这个循环反应的罪魁祸首。

老板骂了员工小王；小王很生气，回家跟丈夫大吵一架；丈夫觉得很窝火，正好儿子回家晚了，“啪”给了儿子一记耳光；儿子捂着脸，看见自家的猫在身边，不分青红皂白就狠狠地给猫一脚；那可怜的猫不知所措，转身就跑，冲到外面街上，正遇上街上的一辆车，司机为了避让猫，却把旁边的一个小孩撞伤了。

这就是我们的不良情绪带来的循环反应，相反，如果我们能做到控制自己的糟糕情绪，那么，就不会把它传染给身边的人，也就不会引发这一连串的问题。

其实，激动本身并没有任何破坏性，但在激动的情况下，人们会做出失去理智的事，它给人带来的负面影响可能远远大于我们的想象，会给我们的生活带来深远的影响。

迈瑞是一家外企公司的职员，她心地善良，也受到很多同事的欢迎，可是令她不明白的是，为什么许多和自己一起进公司的同事都晋升了，而自己还在原来的位置上原地不动。

有一次，公司准备派一个女职员去接待合作公司的代表，迈瑞想："这次该是我去了吧，我是公司外语最好的，该没有理由不让自己去了"。可是，第二天，公司还是没让她去，而是让一个新手去了。这让迈瑞很不舒服，她这次忍无可忍了。她准备找主管问清楚，当她正准备进主管办公室时，她在门外听到主管和经理的对话。

"经理，这样不好吧，迈瑞的确能力挺强的，这次是不是太伤她的心了。"

"就她那个火暴脾气，万一她和合作方的代表两句话不对头吵起来都说不定，我可不能让她砸了公司的生意，你们有时间也多去劝劝迈瑞改改自己的情绪，能力好也总不能工作情绪化，这是我们公司员工必备的素质和修养。”

这些话被门外的迈瑞听见了，她终于知道自己的致命弱点了，怪不得以前大家都说在这家公司必须得养个好性子，否则别想升职，她算是明白了。

后来，迈瑞尝试着控制自己的情绪，每次当自己要发作时，她都会选择以写字的方法来转移情绪。当她写了满满一页纸的时候，她的心情也就好了。一段时间以后，她的谈吐果然不一样了，整个人的气质也由内而外改变了很多。不到几个月，这些改变都被领导看在了眼里，当然她的晋升梦实现了，关键的是，她的品质和修养得到了提升。

人类最大的敌人永远是自己，坏情绪就像弹簧，假如你一次又一次地失控，坏情绪就会一次又一次地前进，直到最后占据你心灵的高地，全盘操纵你的一切，你的正义、勇敢、上进、积极、坚毅的品格全都遭受最无情的蹂躏和践踏，直至这一切消失殆尽，于是走向失败。

其实，有时候，我们周围发生的事，和我们并无多大关系，不要让别人的言行激起你的负面情绪。比如，当你逛街时，本来心情很好，但却看到有人在街上谩骂，你马上就感到他是在骂你，或是认为他不应该这样做，你也跟着掺和进去，跟他对骂，结果，显然心情变得很糟。又比如，你穿了一件漂亮的衣服去上班，有同事看到了不仅没称赞你的衣服漂亮，还说你看起来“更胖”，你的心情马上大打折扣。

其实想想，万千烦恼事，我们不必太过计较，大度一点，情绪就不会爬上眉梢，也不会掌控我们，我们就能更显雍容和优雅。

“风吹屋檐瓦，瓦坠破我头；我不恨此瓦，此瓦不自由。”的确，砸到我们头的那片瓦，是被风吹落的，并不是有意为之，生活中的那些触犯你的人何尝不是如此呢？不要生气，多为对方考虑考虑，你就能赢得尊敬和赞美，培养自己良好的品质。

人们在遇到一些或悲或喜的事情时都会激动，并且很难一下子冷静下来，所以当你察觉到自己的情绪非常激动，眼看控制不住时，可以用及时转移注意力等方法自我放松，鼓励自己克制冲动的情绪，对此，我们可以尝试一下深呼吸方法。

在深呼吸后，你可以通过自我暗示来平息情绪。比如，当你遇到有人超车时，你能对自己说：“这个人大概有什么急事吧。”或者说：“也许我的车开得的确太慢了。”那么，你就不至于会发火了。事实证明，“重新判断”的确是一种极为有效的控制不良情绪的方法。

最后还有一点，就是在我们控制住冲动的情绪后，还要重新思考，努力打开心结，为什么会有冲动的情绪，为什么自己不能从一开始就看开点，为什么不能很好地控制情绪，这样才能从源头遏制冲动。

总之，在生活中，应该懂得自己掌握情绪，既不要让别人的坏情绪影响到自己，也不要让自己的坏情绪影响他人；同时，要把自己快乐、积极的情绪传递给他人。因为每个人都希望自己是快乐的，当你的积极情绪传递给他人的时候，必然会被他人所接受。

第三章

做人别太单纯，多点敏感少栽跟头

把握同情心的分寸，别被人利用

每个人的心灵，都有其柔软的地方，再强势的人，也有他人不易察觉的弱点，这就是同情心。同情心是人与生俱来的本性。做人要善良、要有同情心，这是公认的道理。但如果放到某些具体的、特殊的场合中去考察，则不可简单了之，而是要把握同情心的分寸。单纯的人就是容易好坏不分，一味善良，结果常被别人利用。

一天，若冰出去逛街，在商场外面遇到了一个抱着小孩的女人。她向若冰诉说着生活的困苦以及在这个城市谋生的艰难，想让若冰给她一点钱，给小孩买一点吃的东西。

若冰看着她怀中那面黄肌瘦的小孩，动了恻隐之心，她给了那女人一百块钱。那女人道谢之后，带着小孩离开了。望着远去的母子，若冰叹息说："为什么世界上总有那么多的可怜之人呢？"或许，人生就是这样无奈。

当她准备进商场时，被一位大姐叫住了。她自我介绍说是社区的工作人员，她向若冰介绍了在商场外遇到的那个女人的情况。从她那里，若冰得知：那女人是一个骗子，每天都会带着小孩在这一带利用人们的同情心来骗取钱财，社区已经警告过多次。一不小心，那女人又钻了一个空子，把若冰也骗了一次。

若冰非常气愤，并不是因为被骗走的钱，而是因为被骗走的同情心。

带着小孩行骗，岂不是在教小孩以后继续行骗？如此反复下去，被骗的人越来越多，人们之间又谈何信任？在这种情况下，当遇到真正需要帮助、但又无法确定的人时，我们又将怎样选择？拒绝吗？那么那些真正需要帮助的人在得不到外界援助的情况下，他们该有多难呢？

真正需要帮助的人得不到社会的帮助，别有用心的人处心积虑地骗取着世人的同情，这到底是不良的世风，还是人性的堕落？生活在当今年代，有些人变得更爱依赖他人，更愿意不劳而获。我们富有同情心，却于不知不觉间陷入了别人设计的圈套；我们的同情心、正义感随时都可能被滥用，被当作他人创收的来源。

玛丽和贝沙是多年的老相识了。贝沙最近离婚了，独自生活了一段时间。最近，贝沙因经济情况将自己的房子卖了。于是玛丽邀请她搬到自己的家中居住。

玛丽同情贝沙，总是尽己所能地帮助她。为了减少她的生活开支，玛丽管她吃喝，分文不收。玛丽用自己的积蓄来满足贝沙的一切需要。半年后，贝沙搬走了，从此以后再没跟玛丽说过话。这一事件使玛丽感到，自己受到了伤害和不合理的对待。她告诉朋友说：“我太快而且毫无保留地敞开自己的胸怀和钱包，慷慨地给予一切。我难以抑制自己的同情心，可是贝沙最后却翻脸不认人。”

为人单纯者认识不到给人同情应该适当节制，容易过分地表示同情。同情是一种良好的心态，而不是盲目地去为别人做很多事。为了真正做到与人为善，而不被伤害，务必要抑制自己过分行善的欲望。

同情心有时可以发挥很大的感化力量，但“过分同情”有时也会成为一个人生存的负担，甚至是致命弱点。“过分同情”容易动摇意志与理性，因此常会在我们放弃自己的立场之后，伤害了自己。例如：有些不怀好意的借债者，你在他苦苦哀求之后借给他许多钱，结果却一块钱也要不回来！

“过分同情”会成为你的弱点，成为人人想利用的把柄，在眼泪、温情、请求、孩子似的无辜与可怜之下，你将立场不稳，是非不分，成为最大的受害者。

可是，天生心软的人怎么办？难道注定要做个被利用者吗？答案是否定的。这样的人应该训练自己的思考与判断能力，用理性和智慧来指导自身的行为，而不要轻易被感情左右；要经过某种历练，才能成长、成熟，变得越来越果断。

对于我们来说，同情心不是说不应该有，而是要在施予中认清对象是否值得去给。真正的善良的人大多懂得把握同情的分寸，不会不分对象不加节制地慷慨付出一切。否则，一不小心，不但会使宝贵的同情心白白浪费掉，自己也容易深受其害。

把握适度距离，亲密也应有间

在现实生活中，我们应该都有这样的经验和体会：一个你原来非常敬佩或喜欢的人，与其亲密接触一段时间后，对方的缺点就日益显露出来，你就会在不知不觉中改变自己对其原有的感情，甚至变得非常讨厌对方。恋人、朋友以及师生之间都不例外。按理说应该是交往得越深，相互之间的人际关系也越好，可事实上并非如此。原因何在？这是因为在人际交往中存在着“距离法则”。

“距离法则”是指人与人之间的相处不能距离太远，太远了关系会显得生疏、冷淡；但也不能距离太近，太近了关系太过亲密，势必会出现摩擦、厌烦，同样也不能更好地施加影响。

葛菲和顾俊是世界羽坛的“黄金搭档”。她们曾经在亚特兰大奥运会和悉尼奥运会上两次夺得女双金牌。尽管两个人的特点和球风都不一样，但技术的互补使得这对组合战术全面、相得益彰，比赛时更是默契十足。这对号称“无敌”的搭档，虽然在球场上共同训练了十几年，在场外却是私交甚少，不仅不住在一起，私底下竟然只一起吃过一次饭。

这是教练故意安排的，他生怕两位性格迥异的女孩由于脾气秉性的不同，相处过于亲密而发生矛盾，继而影响比赛成绩。事实证明，教练的做法是正确的。由于生活上极少来往，避免了这两个性格迥异的女孩发生种种矛盾的可能，保证了两人在比赛场上珠联璧合、连创佳绩。

在人际交往中，亲密一旦达到过分的程度就意味着疏远的开始。所以，为了避免这种过分亲密而带来的危机，就必须在心理上保持一定的距离，在经济上保持相对独立，在行动上不形影相随。人与人之间的相处，的确需要有一些自由的空间，有时太过亲近，不小心失了分寸，就会造成彼此的紧张和伤害。所以与其与对方太接近而彼此伤害，不如保持距离，以免碰撞。

沈岚跟同事紫寒同时期进入公司，她俩以前的关系，简直可以用“如胶似漆”来形容。两个人一起吃工作餐，有时下班还会一起找个地方坐坐，逛街。沈岚对紫寒像闺蜜一样，什么心里话都会和盘托出，当时她根本就没有意识到这么做的危险。

上个月，部门领导找到沈岚，告诉她有可能会被提拔，所以要她马上给出一份部门工作意见。沈岚马上就把这个好消息告诉了紫寒，当时紫寒听到这个消息还祝贺她，并给了她一些建议。哪知当沈岚拿出自己的工作意见时，领导竟然说不用了。领导还指出她以往工作当中的一些失误，还说她在背后抱怨领导是不对的。沈岚马上就意识到发生了什么，因为领导指出自己的失误、指出她在背后的抱怨，她只跟紫寒说过。领导还告诉她，主管的职位决定给紫寒。

沈岚当时就觉得五雷轰顶，被欺骗的痛一直折磨着她。现在她俩已经从昔日的密友变成了陌路。从那以后，沈岚再没有和同事吃过饭，平常与同事也刻意保持着距离。因为她已知道，职场是危险的，绝对不能与同事成为朋友。想要那种无话不说的闺蜜，只能在远离工作场所的地方找！

像这种事情经常会发生在关系亲密的双方之间。所以不论多么亲密的朋友，最好还是要保持一定的距离比较安全。在现实生活中，由于利益得失关系到个人的生存和发展，人与人之间就会产生内心的竞争和排斥，即使是最好的朋友之间，也可能在切身利益面前取利而弃义。明枪易躲，暗箭难防。要记住，这个世界并不是总充满着温馨怡人的亲情和友情，在许多时间和场合还充满着伪情和欺骗。

因此，不要时刻把自己的透明度设置为百分之百。内心没有隐秘虽然能够显示自己的坦诚，但也会因此失去了应有的人际距离，无形中为以后的人际矛盾埋下祸根，从而导致人际关系方面出现压力，这种做法其实并不明智。

人与人之间的交往，一定要把握好分寸。尽管我们有着良好的愿望，希望自己所拥有的人际关系亲密度越高越好，但还必须记住“亲密不可无间，美好需要距离”。

初入职场，识人是你要学习的第一课

为了生存，我们要跟各种各样的人打交道。这就需要我们对别人时时作出判断，以保护自己，发展自己。单纯的人不会识人，也不去体察人心。他们总把别人的心理和行为理解得过于简单和单一，因而很可能被一些人的外表所迷惑，上当受骗。社会是很复杂的，生活是残酷的，它告诉我们：为了生存必须学会识人、看透人心。

识人，说得简单一点就是通过对他人种种行为的观察，来达到对他人性格及内在品质的了解，也就是看清一个人的内心世界和真面目。人心是很复杂的，要读透一个人不容易。从某种意义上而言，人是一部复杂的、难以读尽也难以读透的大书。人有坏人与好人之分，有真君子与伪君子之分；还有表面诚实而心藏杀机之人；有表面愚笨而内里聪明之人；有自作聪明而实则愚蠢之人；有当面一套背后一套之人……难怪人们常说，天下者，知人为难。要认识一个人是容易的，要深入了解一个人却很困难。

阅人之所以难，难在人心变化莫测。但尽管识人难，我们还得识。生活在这个世界上，无论各行各业，三教九流，只要存在着人与人之间的交往，就离不开识人。领导识人是为了知人善任，而商人为了赢得顾客也需要体察人心。即使是普通人，大到为了成就一番事业，小到为了防止吃亏上当，也都要学会识人。

学会识人是职场上的一门必修课。会读的人读全面，不会读的人仅读到枝节；会读的人读内在的本质，不会读的人仅读表面的现象。人仅仅能力强、会做事还不够，会识人才是最重要的。在人际交往越来越频繁、人心却越来越难测的今天，不管是新交或旧识，每天都要不断跟人交手、相处。事实上，会不会“识人”，才是能否“成事”的关键。

沈方正是台湾最棒的温泉旅店“礁溪老爷大酒店”的总经

理，他平时有观察人的习惯。

初进职场时，他喜欢站在办公大楼前看着来往的人，从人们不同的穿着、表情、动作等方面，猜测他们的性格、职业等，以此磨亮眼光和心智。

在聚餐的场合，他会猜测在座女同事背的是什么包，然后从包的大小、品牌、位置等推测出对方的个性。心思细密的沈方正认为："女生背的包是最好的性格密码。"比如，习惯拿小包的人心思细密、拿大包的人凡事喜欢自己做主；包可以一眼看到品牌的，个性较直接、容易沟通，看不出品牌的，属于较深沉、有个性的人。开始用餐时，他也会观察对方点什么菜，菜的种类是否齐全等，细致入微的观察程度，让人禁不住称赞："眼睛真的很毒！"

古今中外，所有有所成就的人，几乎都是观人识人的高手。会观人识人才谈得上用人，而会用人，是创造辉煌业绩的前提。成大事者在进入社会之前都会先懂得如何识人，看懂人心是他们成功的重要一环。

美国哈佛大学设有一门"观人学"课程，并把它定为学员的必修课程。其实，观人学在中国也并非一个新生事物。古代考察人才的方法就有文王识才法、庄子识才法、诸葛亮识才法、刘邵选才法、刘向选才法、曾国藩选才法，等等。古今中外，无数的先人们研究总结出了各种各样识人的手段与方法，可以洞察一个人的内心。

通过学习，谁都能成为识人专家。比如，从第一印象可识人心；从对方的衣着服饰可识人心；从对方的举止可识人心；从对方的眼神可识人心；从面部表情的变化可识人心；从对方的体型坐相可识人心等。会识人者总是善于从细节中捕捉成功的机会，因为，一个微小的动作，可能已经透露了对方内心的真实想法。观人于细微，察人于无形，迅速地看透他人内心，这样的本事是可以完全学会的。

读人没有那么高深莫测。美国著名心理学家狄米博士说："我个人的经验告诉我，读人既不是科学，也不算天分。它侧重的是，知道该去看些什么，听些什么。要有具有好奇心及耐心，注意收集重要的资讯，并且从一个人的外貌、肢体语言、声音和行为上归纳出他的模式。"

我们只有真正地认识人，才不会把敷衍的谎言当作真诚，才不会错判他人的本意而痛失良机。从外交活动到商务谈判，从求职面试到拜访顾客，谁能最先洞察对方内心的想法，谁就能够赢得成功的主动权。所以，留意别人的一举一动，做到洞悉他人，在人际关系之中才会有胜算。若想真正做到"知人知面又知心"，就从现在开始"用心"看人吧！

悉心观察，从谈话中了解别人的真实本性

心有所思，口有所言。通过语言这个窗口，可以窥视人的内

心世界，言谈能告诉你一个人的地位、性格、品质及内心情绪，因此听人说话是识人的关键所在。比如：某大酒店的总经理冯先生表示，他主持面试时，故意对前来应征的人采取非常不屑的态度；起初年轻人都规规矩矩地应答，但不久，他们的习惯语就会脱口而出，而冯先生就利用这种方式来了解应征者的真实面目。

由此看来，察言是很有学问的技巧。人内心的思想，有时会不知不觉在口头上流露出来，因此，与别人交谈时，只要我们留心，就可以从谈话中深知别人的真实本性。

日本名古屋商工会议所急需聘请一位主任。于是，名铁百货公司社长长尾芳朗把自己的一位朋友推荐给名古屋商工会议所的主席土川元夫。

面谈后，长尾问土川他的朋友怎么样，土川回答说：“你的那位朋友不是人才，无法聘用。”

长尾非常吃惊，并有点儿生气地说：“你就和他谈了20分钟，怎么就知道他不是人才呢？你的判断也太草率、太武断了吧！”

于是，土川解释说：“首先，他刚和我一见面的时候，就滔滔不绝地说个没完，我根本就没有说话的机会。当我说话的时候，他却左顾右盼，不注意倾听，这是我说他不是人才的第一个原因。其次，他非常喜欢宣传他的人事背景，一会儿说某某要人是他的好友，一会儿又说某位名人是他的酒友，并向我炫耀，好让我知道他也不是等闲之辈。最后，我想知道他有关管理方面的见解，他却又吞吞吐吐说不出来。这种人怎么能称为人才呢？”

听完土川的这番话后，长尾佩服得直点头，认为土川的话非常有道理。

有时候，人所想的是一回事，所说的又是另一回事，他们常常以冠冕堂皇的言辞掩盖其险恶的用心，以获得人们的支持，达到不可告人的目的。但是，只要你细心观察其言行，并加以分析，就会发现他的漏洞。

通过一个话题探索到对方的深层心理，其方式有两种：一是根据话题内容来推测对方的心理秘密；二是根据谈话的方式洞察对方的深层心理，以了解对方的个性特征。

人们常常将情绪从一个话题里不自觉地呈现出来。话题的种类是形形色色的，如果要明白对方的性格、气质、想法，最容易着手的步骤，就是要观察话题与说话者本身的相关状况，从这里能获得很多的信息。这里所说的话题，是指尽可能地让对方尽量去发挥，无论内容是否真实，我们都可引来作为判断的资料，资料越多，我们的判断就越正确。

人的种种曲折的深层心理会不知不觉地反映在措辞上，通过分析措辞常常就可以大体上看出这个人的真实性格。比如，有人总爱说："你明不明白，你懂了吗？"这样的人大多自以为是、骄傲自满。有的人往往说："说实在话，真的是这样，我一点都不骗你。"这样的人总担心别人误解，或是急于博取别人的信赖。而经常爱说"我听别人讲，听说的。"这样的人处世比较圆滑，总要给自己留有余地，怕负责任。

一般来说，一个人的感情或意见，都在说话方式里表现得清清楚楚，只要仔细揣摩，真实意图就能从语言的帘幕下逐渐透露出来。

一般人对自己不满意或对自己怀有敌意的人，说话速度都会不自觉地放慢，甚至让人感到好像不会说话。相反，当有人心怀愧意或想要说谎，说话的速度往往会快得吓人。比如，平时能言善辩的人突然变得口吃起来，或者平时说话不得要领的人突然说得头头是道，这就要注意，是否发生了什么事情，使他们发生这么重大的变化。如果人有愧于心，或者有意要撒谎，说话速度自然会变快起来，特别是想取得对方谅解时，不仅速度加快，还会找些话题以图亲近。曾有一位评论家说："男人在外面拈花惹草之后，回家往往会突然对妻子滔滔不绝说很多话。"因为一般人在深层心理有烦恼不安或恐惧等感情时，会以快速说话的方式缓和内心的不安与恐惧。

一个人说话的语速可以反映出他心理健康的程度、性格特征以及心理变化。一个心理健康、感情丰富的人在不同的环境下会表现出不同的语速。通常来说，说话语速较慢的人比较厚道老实、性格内向，可能会有点木讷；而说话飞快的人比较精明，热情外向，偏向于张扬的性格。

所以，我们在谈话过程中，要注意对方讲话的内容及说话速度，以了解他们的心理。这是作为一个成熟的人，所必须掌握的一种技能。

观察体态语言，洞察对方真实意图

人际交往中，对他人的表情、手势等肢体动作有较为敏锐细致的观察，是掌握对方意图的先决条件。俗话说：眼见为实，耳听为虚。管理培训大师曾仕强说：中国话不是用听的，要用看的，因而“不要专门听他的话”，而要懂得兼顾“看他怎么说”。这几句话很有哲理，一方面，与口头语言相比，体态语言所传达的信息要多很多；另一方面，体态语言往往比口头语言更真实。

体态语言是人际交往中一种传情达意的方式。在交际中常见的体态语言主要有：情态语言、身势语言、空间语言。情态语言，是指人脸上各部位动作构成的表情语言，如目光语言、微笑语言等。表情是内心活动的写照，如果凭面部表情来推测和判断一个人的性格，大致上是有相当的准确性的。

心理学家认为，眼睛是心灵的窗户。常见的瞳孔语言为：在表示反感和仇恨时，瞳孔缩小，还露出刺人的目光；相反，睁大眼睛则表示具有同情心和怀有极大的兴趣，还表明赞同和好感。目光中除了能看出上级与下级、权力与依赖的关系外，还能揭示出更多的东西。

狄德罗在他的《绘画论》一书中说过：“一个人心灵的每一个活动都表现在他的脸上，刻画得很清晰、很明显。”如下这些“脸语”是比较容易读懂的：蹙眉皱额表示关怀、专注、不满、愤怒或受到挫折等情绪；双眉上扬、双目张大，可能是表现惊奇、惊讶的神情；瞳孔缩小，表示反感和仇恨，睁大眼睛表示具有同情心和怀有极大的兴趣，还表明赞同和好感；皱鼻，一般表示不高兴、遇到麻烦、不满等。嘴的闭合也会泄露真情，在“哈哈”大笑时，意味着放松和大胆；“嘻嘻”的嗤笑，是幸灾乐祸的表现；而“嘿嘿”笑时，则意味着讥讽、阴险或者蔑视。

的确，看他说什么，比听他说什么更重要。如果一个人的嘴巴讲一种意思，而表情则讲另一种，我们应当相信他的表情所讲的。

春秋时期，梁惠王雄心勃勃，广招天下人才，以图大业。有人多次向梁惠王推荐淳于髡，于是，梁惠王接连召见了他两次，每一次都屏退左右与他倾心密谈。但这两次淖于髡都沉默不语，弄得梁惠王很难堪。事后梁惠王责问推荐人：“你说淳于髡有管仲、晏婴的才能，我看名不副实呀！要不就是我在他眼里是一个不足与言的人？”

推荐人用梁惠王的这番话问淳于髡，他笑笑回答道：“确实如此，我也很想与梁惠王倾心交谈。但第一次，梁惠王脸上有驱驰之色，想着驱驰奔跑一类的娱乐之事，所以我就没说话。第二次，我见他脸上有享乐之色，是想着声色一类的娱乐之事，所以我也就没有说话。”

那人将此话告诉梁惠王，梁惠王一回忆，果然如淳于髡所言。他也非常叹服淳于髡的识人之才。

根据相关研究，一个人向外界传达完整的信息，单纯的语言成分只占7%，而55%的信息都需要由非语言的体态来传达。同时因为肢体语言通常是一个人下意识的举动，它也很少具有欺骗性，所以想了解他人的心理状况时，肢体动作是一个很好的参考工具。

很多时候，肢体动作会在不经意间表露出一个人的心理。如今，大家都知道通过观察面部表情来了解对方的心理，但却很少注意到“手脚动作”的作用，在很多时候，“手脚动作”也会在不经意间表露出一个人的心理。

心理学家认为，手势、表情丰富的人，是容易冲动、特重感情的人；但如果某人手势做得太夸张，那么他就是个敏于对外界作出反应、容易受别人的影响、很苛刻的人。谈话时，如果对方双手交叉地抱在胸前，又跷起二郎腿，说明此人内心紧张和不愿坦露心迹。如果在谈判场合看到这种姿势，则说明对方对你缺乏信任，在这种场合只有表示坦诚和信任的手势能帮助你。你不妨手掌朝上地摊开双手，意思是说：“我不会对你有坏心眼。”在谈话的时候你还可以把一只或一双手都伸向对方，这多少可以消除他的警惕心理。

在人际交往中，体态语言是有一定规律可循的。了解这一点，不仅能够使自己的表达方式更丰富，而且有助于更好地理解别人的意图。

第四章

与人相交别木讷，交际场合懂规则

嘘寒问暖，寒暄是交谈的润滑剂

寒暄，也就是人们见面时打个招呼，以示礼貌和关心。从一定程度上讲，人们之间的交往可以分为几个层次：最初层次的交往其表现为一般性的礼貌、客气等，较深层次的交往是利益交往，更深层次的交往则是精神交往。人与人之间的交往始于寒暄也离不开寒暄。寒暄是交谈的润滑剂，它能在两个陌生人的谈话之间架起一座友谊的桥梁。因此，寒暄是人际交往中必不可少的一部分。

日本著名的政治家田中义一，非常善于利用寒暄营造温馨的交际环境，来取得预期的交际效果。有一次，他到北海道游览，有位穿着考究的男子走出欢迎行列向他表示问候。田中义一急忙走上前去，紧紧握住那人的双手，十分热情地说道：“啊，您辛苦了。令尊还好吗？”那个男子感动得一时说不出话来。田中义一的政治游览，也因此大获成功。事后，田中义一的随从对他的亲密举动十分不解，忍不住问道：“那人是谁呀？”田中义一的回答出人意料：“我怎么知道，但谁都有父亲吧！”

田中义一的交际成功，无疑在于利用寒暄在男子心目中迅速建立了亲情意识，使男子觉得他是一个值得信赖、和蔼可亲的人，从而在心理上对田中义一产生了认同感。

寒暄是冲破戒备障碍的有效方法。在正式交谈开始之前，应有几句话的寒暄或问候语，它本身并不正面表达特定的意义，但它在沟通中是必不可少的。因为寒暄能使不相识的人相互认识，使不熟悉的人相互熟悉，使沉闷的气氛变得活跃。

与人初次见面，几句得体的寒暄会使气氛变得融洽，如果运用得巧妙的话，双方会因此打成一片，彼此的距离很快就会拉近。

与陌生人见面后的几分钟内，最好作一般性的寒暄，如问候，互通姓名，谈论一些无关紧要的话题等；应避免使对方感到尴尬，触及对方隐痛及易于引起争议的话题，但是也不可漫无边际。

寒暄时要选择一个恰当的时机。先要分析对方当时的心情后，再决定打招呼的方式和表情。比如对方家里刚发生不愉快的事，你从其面部表情上就可以判断出来，此种情况下打招呼，声音不要太大，语言也不要太热情，要低调；或用询问式的语言，同时用安慰的语气来打招呼。如果对方脸上喜气洋洋，你便可热情地打招呼，使对方感觉到温暖，进而展开话题。

总之，初次见面，寒暄要适度，既要热情亲切，又要温和有礼。这样，才能使对方乐于接近你，从而产生与你进一步交往的愿望。

人生需要善言，应酬需要说好“场面话”

进入社会后，自然免不了会有各种各样的应酬，这些应酬包括去赴宴、参加酒会及其他聚会等。应酬的学问和技巧有很多，其中“场面话”必不可少。

什么是“场面话”？简而言之，就是让主人高兴的话。既然说是“场面话”，也就可想而知是在那个“场面”才讲的话，这种话不一定代表你内心真正的想法，但讲出来，就算主人明知你“言不由衷”，也会感到高兴。

小胡刚毕业进入单位不久，一天，他去参加一个酒会，有个外国商人过来跟他打招呼，他马上放下酒杯，与对方握手。对方笑着问他：“为什么你的手冷冰冰的呀？”他赶紧解释，朝那杯冰酒乱指。对方马上摇头：“不不不，你只需要说‘但我的心是热的就行了。’”

一句话提醒了小胡。其实对方并不关心为何他的手是冷的，而他也并无义务解释为何自己的手是冷的。不过是两个陌生人混个脸熟而已，聊一些轻松的话题更容易接近距离。

善于应酬的人，也就是公认的社交高手，总能漂亮地讲好“场面话”，从而掌握让他人愉悦的遥控器。这样的人，肯定会大受欢迎。

人生需要善言，因此在公众场合，要时刻注意自己的言行，切忌有口无心。我们不妨随时将赞许别人的表情挂在脸上，多给别人“捧场”。“场面话”就是感谢加称赞，如果你能讲好“场面话”，对人际关系必有很大的帮助。那么该怎么说场面话呢？

1.说好当面称赞人的话

去别人家做客，要谢谢主人的邀请，并盛赞菜肴的精美丰盛可口，再根据实际状况，称赞主人的室内布置、小孩的乖巧聪明等。这种场面话所说的有的是实情，有的则与事实有一些差距，但只要不太离谱，听的人十之八九都会感到高兴，而且旁人越多他越高兴。

赴宴时，要称赞主人选择的餐厅和菜色，当然感谢主人的邀请这一点绝不能免；参加酒会，要称赞酒会的成功和你是如何有“宾至如归”的感受；参加会议，如有机会发言，要称赞会议准备得周详等；参加婚礼，除了菜色之外，一定要记得称赞新郎新娘的“郎才女貌”。

2.说好当面答应人的话

当面答应人的话包括“我全力帮忙”“有什么问题尽管来找我”等。说这种话有时是不说不行，因为有碍于对方的人情，当面拒绝场面会很难堪，而且会马上得罪人；对方若缠着不肯走，那更是麻烦，所以用“场面话”稳住局面，能帮忙就帮忙，帮不上忙或不愿意帮忙再另找理由，总之，这时的场面话有缓和局面的作用。

说“场面话”的“场面”当然不只是这些，不过大概离不了这些场面。至于“场面话”的说法，也没有一定的标准，要看当时的情况决定。不过切忌讲得太多，要点到为止最好，太多了就显得虚伪而且令人肉麻，这样就被人看出我们的真面目了。

总而言之，说“场面话”也是一种生存智慧，在社交场合里进出的人都懂得说，也习惯说。这不是罪恶，也不是欺骗，而是一种“必要”。如果你能讲好“场面话”，你也会成为受欢迎的人。

表达谢意，能让他人日后乐意帮助你

在生活中，我们经常听到诸如“谢谢您”“多谢关照”“拜托”之类的话。这样的话可以向别人表示感谢，能沟通人与人的心灵，建立融洽的人际关系。“感谢您对我的关心，感谢您对我的照顾……”这句感谢词本来没有什么，但是一经说出，却产生了显著的效果。它缩短了与他人之间的距离，从而使交往变得更简单容易些。

很多时候，感谢话不仅能表示礼节和谦虚，还能表明对对方的尊重。所以，我们在求人做事时，即使对方只满足了你的一点点请求，也应真诚地说一声“谢谢”。如果你连一声谢谢都不说，只把感激之情埋在心底，对方会有一种不快的感觉，他不仅会觉得自己的劳动成果没有得到肯定，还会认为你不尊重他，今后也不会再帮助你了。

大多数人都有一个弊病，用人前好话说尽；事成后，半句问候也不言。让人觉得世态炎凉，伤透了被求者的心，以至于让被求者以后对登门相求的人，不肯轻易应诺。因此求人办了事之后，即便你事先送了礼，也别忘了再道声“谢谢”，这是非常明智的做法。

擅长交际的人们，就像精通交通规则一样谙熟客套的法则，正如培根所说：“得体的客套同美好的仪容一样，是永远的艺术。”

毕伟在一所大学当老师，最近他饭局不断。其中既有被动参加的，还有一些是他们主动张罗的“感谢饭”。他说：“我去年调职，托了好几个朋友帮忙，年底请他们吃个饭，一来表示一下感谢，二来加深一下感情，以后再办事就更方便了。”

正所谓“谢意多，朋友多；朋友多，好事多”。表达谢意可以帮助我们认识许多朋友，缩短与他人之间的距离，从而使交往变得更简单融洽。

向别人表示你的感谢是一个积极有意义的举动。从你那里得到过感谢的人，会希望将来再次受到你的感谢和肯定，因为他看到自己对你的帮助能够被你认识和赞赏。你的衷心感谢也会换来真心相报，日后，对方还会乐意帮助你的。

马克是一家计算机公司的编程员，一次在工作中遇到一个难题，他的同事主动过来帮助他。同事一句提醒的话使他茅塞顿开，很快就完成了工作。马克对同事表示了他的感谢，并请这位同事喝酒，他说："我非常感谢你在编那个计算机程序上给我的帮助……"

从此，他们的关系变得更近了，马克也因此在工作上获得了很大的进步。

马克很有感触地说："是一种感恩的心态改变了我的人生。我对周围人的点滴关怀和帮助都怀抱强烈的感恩之情，我竭力要回报他们。结果，我不仅工作得更加愉快，所获帮助也更多，工作也更出色，我很快获得了公司加薪升职的机会。"

如果你对别人的帮助表示一下谢意，那么彼此的关系就会因此发生变化，彼此之间的距离也缩短了，感情就有了呼应和共鸣。对方在兴奋欢悦之余会给予更多的关照、更好的回报，这样交际气氛就会更加友好和谐。

无论是什么人都应该学会感激为你办事的人。事成后，找个时间去向为你提供帮助的人表示感谢，这种做法会让当事人心里暖烘烘的。登门致谢，不同于有事相求，你不必重"礼"相加，多送几顶"高帽子"，多说几句感谢话，温暖一下他的心就够了。事成后登门致谢，不是无关紧要的一环，它对你的好处，是不言而喻的。

事成后登门致谢，可以开门见山地表示谢意，"那件事多亏了你从中帮忙，如今都办成了，我特意感谢您来啦！"一句话，让对方心中阳光灿烂，话题由此发挥，少了些功利，多了份悠闲，彼此更容易沟通。

事成后致谢，我们可以这样说：“您看，上次那事没少麻烦您，如今事情办成了，我心里非常感谢，所以今天过来跟您坐一坐，聊一聊……”对方听了你的这番话，会非常感动甚至对你产生好感的。

虽说求人帮忙是被动的，但事成之后要主动谢恩。如果让别人觉得你会办事，求别人办事自然会很容易，有时甚至不用你自己开口。因此可以说，事后致谢是人际关系中最为精明的一招。

从小处着眼，善待每一个人

人与人之间是讲感情的。要想获得别人的感情，首先自己要多付出。尽管在当今社会，由于生活节奏的加快，人与人之间的关系较之以前稍显淡漠，但是“人情往来”却从未间断过。要想办事顺利，就要提前准备筹划，为自己储备人情。

事实上，越是亲密持久的关系，越需要不断地对其进行情感投资。因为人与人之间都有一种情感上的期待，这种期待需要不断地以情感来浇灌。所以“感情投资”应该是经常性的，不可似有似无，应该处处留心，善待每一个人，从小处着眼，时时落在实处。分析那些在社交场合广受欢迎的人，其实只是参透了人心的微妙，留意了一些不被人注意的小事。人心微妙，事无大小，越是小事中，越可体现出一个人的风范修养。

推销大师乔·吉拉德有一句名言："我相信推销活动真正的开始在成交之后，而不是之前。"这种观念使得吉拉德在和自己的顾客成交之后，并不是把他们置于脑后，而是继续关心他们，并恰当地表示出来。吉拉德从来没有忘记他之所以在推销生涯中获得成功，是因为有众多信任他的客户朋友。他由衷地感激他们，因此除了给他们提供周到的服务外，还经常给他们赠送小礼品表达心意。每一位客户每年都会收到他的感谢信、生日卡或者圣诞卡，吉拉德每月要给他的一万多名顾客寄去一张贺卡。一月祝贺新年，二月纪念华盛顿诞辰日，三月祝贺圣帕特里克日……凡是在吉拉德那里买了汽车的人，都收到了吉拉德的贺卡，也就记住了吉拉德。

人与人之间关系的好坏不一定只有在大事中才能体现出来，在日常生活的琐碎事之中更能体现出你的友善。既懂得工作的重要，又深知生活的乐趣，随时把心中最真诚的愉悦带给大家，这正是处理好人际关系的要诀。

只有真正关注他人，才能赢得他人的关心和帮助。我们一定要关心每一个朋友，适时送一些他们喜欢的礼物，在适当的时候问候他们及家人，这样你在事业上一定会无往不胜的。

蒋平是某电器公司的老总，他平时非常注重人情投资。他的交际方式的与众不同之处是：不仅联络各界要人，对年轻的职员也投入感情。

事前，他总是想方设法将电器公司内各员工的学历、人际关系、工作能力和业绩做一次全面的调查和了解，认为某个人大有前途，以后会成为该公司的要员时，不管他有多年轻，都尽心款待。他这样做的目的，是为日后获得更多的利益做准备。他明白，诸多欠他人情债的人当中肯定会有人给他带来意想不到的收益。他现在做的亏本生意，日后会利滚利地收回。

所以，当自己所看中的某位年轻职员晋升为科长时，他会立即跑去庆祝，赠送礼物。年轻的科长，自然倍加感动，无形之中产生了感恩图报的意识。他却说："我们公司有今日，完全是你努力的结果，因此，我向你这位优秀的职员表示谢意，也是应该的。"

这样，当有朝一日这些职员晋升至处长、经理等要职时，还记着他的恩惠。因此在生意竞争十分激烈的时期，许多承包商倒闭的倒闭了、破产的破产了，而他的公司却仍旧生意兴隆，这就是由于他平时注意人情投资的结果。

可见，"储存人情"应该是经常性的，不可似有似无，从生意场到日常交往，都应该处处留心，善待每一个关系伙伴，从小处、细处着眼，事事落在实处。真正善于利用关系的人都有长远的眼光，能早做准备，未雨绸缪。这样，在危急时就会得到意想不到的帮助。

每个希望有所作为的人，一定要珍惜人与人之间宝贵的缘分，即使再忙，也别忘了沟通感情，比如和朋友吃饭、同客户交谈、和他人闲聊等。我们应意识到这些交际的重要性，不仅能加深现有的关系，而且还能拓宽人际圈子。你只需定期与朋友通个电话，发一封电子邮件，或是喝杯咖啡聚一聚，就可能为你带来许多新感受，增加许多新机会。

归根结底，人际交往就是用一生的时间来经营关系。不要忽视人的作用，关爱你身边的人，花些心思维系和培养友谊吧。在人际交往中，多注意对周围的人做点感情投资是值得的。说得世俗一些，你现在钓不到大鱼，就应该对身边的小鱼来一个“全面撒网，重点培养”，为自己创造一个日后发展的人际基础。

第五章

敏感识别恶习，好习惯受益一生

自我反省，才能获得重生

生活中，我们周围的每一个人都是一个单独的个体，人与人虽然没有优劣之分，但每个人自身却各有优点与不足，对于追求卓越和成功的人来说，你若能发现自己的问题，扬长避短，并加以改进，那么便能更好地成长，很多成就卓著的人士的成功，首先得益于他们充分了解自己的长处，知道自己的短处，然后根据自己的特长来进行定位或重新定位。

有人说“成功时认识自己，失败时认识朋友”固然有一定的道理，但归根结底，我们认识的都是自己。无论是成功还是失败时，都应坚持辩证的观点，不忽视长处和优点，也要认清短处与不足。同时，自我反省、认清自己还能帮助我们做回自我，只有这样，才能获得重生。

爱因斯坦小时候是个十分贪玩的孩子，他的母亲常常为此忧心忡忡。母亲的再三告诫对他来说如同耳边风。直到16岁那年的秋天，一天上午，父亲将正要去河边钓鱼的爱因斯坦拦住，并给他讲了一个故事，正是这个故事改变了爱因斯坦的一生。

父亲说：“昨天我和咱们的邻居杰克大叔去清扫南边的一个大烟囱，那烟囱只有踩着里面的钢筋踏梯才能上去。你杰克大叔在前面，我在后面。我们抓着扶手一阶一阶的终于爬上去了，下来时，你杰克大叔依旧走在前面，我还是跟在后面。后来，钻出烟囱，我们发现了一件奇怪的事情：你杰克大叔的后背、脸上全被烟囱里的烟灰蹭黑了，而我身上竟连一点烟灰也没有。”

爱因斯坦的父亲继续微笑着说：“我看见你杰克大叔的模样，心想我一定和他一样，脸脏得像个小丑，于是我就到附近的小河里去洗了又洗。而你杰克大叔呢，他看我钻出烟囱时干干净净的，就以为他也和我一样干干净净的，只草草地洗了洗手就上街了。结果，街上的人都笑破了肚子，还以为你杰克大叔是个疯子呢。”

爱因斯坦听罢，忍不住和父亲一起大笑起来。父亲笑完后，郑重地对他说：“其实别人谁也不能做你的镜子，只有自己才是自己的镜子。拿别人做镜子，白痴或许也会把自己照成天才的。”

的确，正如爱因斯坦的父亲所说，我们只能做自己的镜子，照出真实的自我。先哲说：“人生的真谛在于认识自己，而且是正确的认识自己。”许多教育家认为，一个人的反思意识应从小培养，因此，尚处于人生积累阶段的年轻人，也应当从现在起，培养自己的反省意识。

而事实情况是，日常生活中，我们既不可能每时每刻去反省自己，也不可能站在一定的高度、以局外人的身份来观察自己，于是，我们只能以外界信息和他人的眼光来认识自己，这就导致我们的思维很容易受到外界信息的暗示，我们常常会迷失自己。

生活中的我们，也应该安静下来问自己，我们到底是在不断提升自己，还是不肯跟自己“摊牌”呢？或许有正直不阿的指导者，曾经指出你身上存在的问题，但可能你根本不愿意承认这点，因为你不愿意让他人看透自己。

事实上，反省无时无地不可为之，也不必拘泥于任何形式，不过，人在事物繁杂的时候很难反省，因为情绪会影响反省的效果。你可在深夜独处的时候反省，也就是在心境平静的时候反省——湖面平静才能映现你的倒影，心境平静才能映现你今天所做的一切！

当然，真正有效的反省都是在头脑清醒的情况下进行的，正如哲学家尼采所说的：“不要在疲惫不堪的时候反省自己，这并非因为你冷静地反省了自己，你只是累了。在疲劳时进行反省，乃是郁闷设下的陷阱。”他这句话的含义是，一个人在结束了一天的生活和工作后，会不由自主地回顾当天的生活。此时，你会关注到自己和他人的行为，就会从中发现一些令你不愉快的部分，你就会变得郁郁寡欢，这种情绪的产生可能是因为你认为自己是无能的，你也可能认为他人是可恨的，那最终，你会伴随这样一些负面情绪睡去。很明显，此时的反省不是有效的，你只是疲惫了，此时，你该做的就是休息，等身心放松了再进行反省，你会更平和地看待问题。

至于反省的方法，要做到因人而异，有人写日记，有人则静坐冥想，只在脑海里把过去的事放映出来检视一遍。无论不管你采用什么样的方式，只要真正有效就行，自省也不能流于一种形式，每日看似反省，但找不出自己的问题，甚至对错不分，那就很值得注意了。

那么，每天你又应该反省些什么呢？是不是专门跟自己过不去？不！以下几个方面就值得你去自省：

第一，人际关系。你今天有没有做过什么对自己人际关系不利的事？你今天与人争论，是否也有自己不对的地方？你是否说过不得体的话？某人对你不友善是否还有别的原因？

第二，做事的方法。反省今天所做的事情，处事是否得当？怎样做才会更好？

第三，生命的进程。反省自己至今做了些什么事，有无进步？是否在浪费时间？目标完成了多少？

如果你坚持从这三个方面反省自己，那一定可以纠正自己的行为，把握行动的方向，并保证自己不断进步。

要成为一个有自我反省能力的人，你一定要做到自我否定，要勇于认错。每个人都会有错误和缺点，有了错误，主动接受批评和自我检讨，认真反省自身缺点，从而不断改进自己、升华自己。那么，正在读这本书的朋友们，你有反省的习惯吗？趁早培养吧，它能修正你做人处事的方法，给你指引明确的方向……

总之，反思自己是一件痛苦的事情，反思是一种智慧，对于那些更喜欢跻身于人群中的人来说，你有必要反思自我，思考自己的得失功过，只有这样，你才不至于迷失自我。

带着自我审视的态度，发现并改正缺点

生活中，我们都知道“学无止境”的道理，无论是做人做事还是学习，妄自尊大和妄自菲薄都是严重的错误，而对于性格中的缺点，我们也一定要带着自我审视的态度，发现并改正，才能逐步完善自我。

杰斐逊是一名普通的汽车修理工，靠这份工作，勉强生活，但是他的目标并不在此，他希望自己能拥有一份更好的工作。

一次，他打听到，汽车城底特律正在招聘员工，他心想，可以前去试试。当时招工过舰长上所写的招聘日期是星期一，所以，他在前一天下午就到了底特律城。

晚饭后，一个人待在旅店里，他突然静下心来，开始想到很多事。很多过去经历的事像电影般在脑海中播放了一遍。突然间，他感到一种莫名的烦恼，他自认为自己头脑灵活、做事勤快，为什么到现在一事无成呢？

接下来，他从包里拿出来纸笔，然后写下了几个人的名字，这些人和自己年纪相仿、认识已久，关键是比自己优秀，

其中两位曾是他的邻居，而如今却搬到富人区去了，还有两位是他以前的老板。

他扪心自问：与这4个人相比，到底自己在哪方面不如他们？自己真的笨吗？倒不尽然，很长一段时间的反思后，他找到了问题的症结所在——自己性格情绪有缺陷。他承认，在这一方面，自己确实不如他们。

想着想着，时间过去，竟然已经到了凌晨的三点多了，他却愈发睡不着，他觉得这些年来，他第一次认清了自己，看到了自己致命的缺点：很多时候不能控制自己情绪的缺陷，例如爱冲动、自卑，不能平等地与人交往等。

所以，他为这一问题检讨了自己一晚上，他才发现，自己是一个极不自信、妄自菲薄、不思进取、得过且过的人；他总是认为自己无法成功，也从不认为能够改变自己的命运。

最终，他下定决心，从那一刻开始，绝对不会再自贬身价，认为自己不如人了，只有先完善自己的性格缺陷，才有可能变得优秀。

第二天一大早，他抬头挺胸来到了这家公司，信心满满地前去面试，顺利地被录用了。在他看来，之所以能有这样一个工作机会，就是因为头一天晚上他做了自我检讨并认识到了自信的重要。

在走马上任的两年内，杰斐逊逐渐变成了一个受大家欢迎而且能力出众的人，大家都喜欢这样一个乐观、自信和积极热情的人，两年后，他加了薪水，又升了职，成为一个小有成就的人。

生活中，很多人像曾经的杰斐逊一样，忙忙碌碌，日复一日，固定的生活模式成了一种必然，但成功却没有青睐他们，为什么会这样呢？之所以造成这种结果，很大一部分原因在于我们没有认识自我，找到并改正自己性格缺点。生活中的人们，你可能会觉得自己比他人聪明、学习能力比他人强，但你更应该将自己的注意力放在他人的强项上，只有这样，你才能看到自己的肤浅和无知，才会不断进步。

富兰克林并不是出身官宦之家，相反，他小的时候，家境不好。他也只在学校读了一年书后就不得不出去工作，但童年的艰辛并没有磨灭他的理想和意志，反而激励他更加努力。最终，他成功了，他成为美国人心中杰出的政治家和外交家。其实，富兰克林并不是天才。那么，除了刻苦勤奋外，他是不是还有什么成功的秘诀呢？事实上，在富兰克林的身上，有一种非常重要的品质，那就是经常独处、反省自己。正是这种品质，促使他不断地发现自己的缺点，不断改进，成为一个拥有很多美德的人，最终走向成功。

每天晚上，富兰克林都会问自己：“我今天做了什么有意义的事情？”

他在自我检讨中发现了自己的几个缺点，而其中最为严重的是，喜欢与人争论、总被小事扰乱心绪，他通过深刻的自我检讨认识到：如果要成功，就一定要下决心改造自己。

于是，他设计了一个表格。表格的一边写下自己所有的缺点，另一边则写上那些美好的品质，比如俭朴、勤奋、清洁、谦虚等。他每天检查。反省自己的得与失，立志改掉缺点，养成那些美德。这样持续了几年，他终于成功了。

从这个故事中，我们也不难发现，让自己安静下来，学会在寂寞中反省，是提升自己的最好方法，它还能让我们看清自己，看到自己的不足、长处，甚至找到人生的目标。

西奥多·罗斯福也曾说过："有一种品质可以使一个人在碌碌无为的平庸之辈中脱颖而出，这个品质不是天资，不是教育，也不是智商，而是自律。有了自律，一切皆有可能，否则连最简单的目标都显得遥不可及。"任何一个人的才能，都不是凭空获得的，学习是唯一的途径。学习的过程，就是一个不断克服自我，控制自我的过程，只有首先战胜自己，摒除内在和外在的干扰，才能以全部的激情投入到对知识的汲取中。

勤奋做事，绝不偷懒

生活中，每个人都有懒惰的心理，这是人类的天性。只是有些人能克服自己的惰性，并能以勤奋代之，最终取得成功；而有些人则任由懒惰这条又粗又长的枯藤来缠着自己，阻挡着自己的前进。前者就是那些有自控能力的人。从古至今，我们发现，任何一个能做到99%勤奋的人都能最终取得成功。因此，每个渴望成功的人，也都应该勤奋做事，对自己的工作尽职尽责，绝不偷懒。

如果你是一个懒惰的人，那生活中你的大部分都在浪费时间，无所事事，即便是做一件事情，也是担心这个担心那个，或者找借口推迟行动，结果往往错失了机会和灵感，到了最后，你只能去羡慕那些因为勤奋而获得成功的人。

拖沓、懒散的生活和工作态度，对许多人来说已经是一种常态，要想有所成就，我们就应该克服惰性，努力让自己变得勤勉起来。

莫泊桑是19世纪法国著名作家。他从小酷爱写作，孜孜不倦地写下了许多作品，但这些作品都是平平常常的，没有什么特色。莫泊桑焦急万分，于是，他去拜法国文学大师福楼拜为师。

一天，莫泊桑带着自己写的文章，去请福楼拜指导。他坦白地说："老师，我已经读了很多书，为什么写出来的文章总感到不生动呢？"

"这个问题很简单，是你的功夫还不到家。"福楼拜直截了当地说。

"那——怎样才能使功夫到家呢？"莫泊桑急切地问。

"这就要肯吃苦，勤练习。你家门前不是天天都有马车经过吗？你就站在门口，把每天看到的情况，都详详细细地记录下来，而且要长期记录。”

第二天，莫泊桑真的站在家门口，看了一天大街上来来往往的马车，可是一无所获。接着，他又连续看了两天，还是没有发现什么。万般无奈，莫泊桑只得再次来到老师家。他一进门就说：“我按照您的教导，看了几天马车，没看出什么特殊的东西，那么单调，没有什么好写的。”

“不，不不！怎么能说没什么东西好写哟？那富丽堂皇的马跟装饰简陋的马车是一样的走法吗？烈日炎炎下的马车是怎样走的？狂风暴雨中的马车是怎样走的？马车上坡时，马怎样用力？马车下坡时，赶车人怎样吆喝？他的表情是什么样的？这一些你都能写得清楚吗？你看，怎么会没有什么好写呢？”福楼拜滔滔不绝地说着，一个接一个的问题，都在莫泊桑的脑海中打下了深深的烙印。

从此，莫泊桑天天在大门口，全神贯注地观察过往的马车，从中获得了丰富的材料，写出了新的作品。于是，他再一次去请福楼拜指导。

福楼拜认真地看了几篇，脸上露出了微笑，说：“这些作品，表明你有了进步。但青年人贵在坚持，才气就是坚持写作的结果。”福楼拜继续说：“对你所要写的东西，光仔细观察还不够，还要能发现别人没有发现和没有写过的特点。如你要描写一堆篝火或一株绿树，就要努力去发现它们和其他的篝火、其他的树木不同的地方。”莫泊桑专心地听着，老师的话给了他很大的启发。福楼拜喝了一口咖啡，又接着说："你发现了这些特点，就要善于把它们写下来。今后，当你走进一个工厂的时候，就描写这个厂的守门人，用画家的那种手法把守门人的身材、姿态、面貌、衣着及全部精神、本质都表现出来，让我看了以后，不至于把他同农民、马车夫或其他任何守门人混同起来。"

莫泊桑把老师的话牢牢记在心头，更加勤奋努力。他仔细观察，用心揣摩，积累了许多素材，终于写出了不少有世界影响的名著。

从莫泊桑拜师这个故事中，我们应该有所领悟，功到自然成，成功之前难免有失败，难免有很多不足，然而只要能克服困难，坚持不懈地努力，那么，成功就在眼前。

懒惰体现在两个方面，懒惰的思维和懒惰的行为，可以说，懒惰不仅是一个人成功的大敌，而且，它还是我们不良情绪的源头。在充满困难与挫折的人生道路上，懒惰的人过着极为单调的生活，在他们的生活里，只习惯于等、靠、要，从来不想发现、拼搏、创造，最终，他们不仅错过了多姿多彩的生活，而且将一事无成。

总之，一个人成就的大小取决于他做事情的习惯，忍耐惰性是做事情的一个重要技巧。我们要想完成既定目标，取得成功，就应该培养勤勉的习惯。一旦养成了这个习惯，"完成目标，马上行动"就会成为一件自然而然的事情。

第六章

敏感发现陷阱和圈套，确保自己安全无险

小心陷阱，天下没有免费的午餐

“天下没有免费的午餐”，话是直白了些，但道理深刻。

几百年前，一个老国王交给他最聪明的大臣一个任务：“你去给我编一本书，书中要包涵各时代的智慧，以传给我的子孙，让他们变得聪明。”

这个大臣接到任务之后，就带着一批人去编书了。他们花费了很长时间，整整编写了十二卷，几百万字。老国王看到他编好的书说：“我相信这是各时代的智慧结晶，但是它太厚了，我怕后人没有耐心将它看完，你最好把它浓缩一下。”

大臣又花费了不少时间，删掉了很多内容，最后将十二卷书精简到一卷。但是，国王还是认为有些长，又命令大臣去压缩。大臣无奈，把这卷书浓缩到了一篇文章。老国王还是觉得有些长。大臣不得不又进行浓缩，把一篇文章浓缩到一页，后来又把一页浓缩到一段，最终，浓缩成了一句话：天下没有免费的午餐！

老国王看到这句话，十分高兴：“各位爱卿，这可是各时代的智慧结晶啊！只要大家真正懂得了这句话，所有的问题都迎刃而解了。”

我们要牢牢记住，天上不会掉馅饼，世上没有免费的午餐。谁也不会把自己辛苦得到的午餐送给你，送给你的就好像糖衣炮弹，蜜糖下包裹的可能是致命的毒药。收下免费的午餐，就得收下伴随而来的诸多麻烦，这就叫“吃不了兜着走”。

季大妈曾跟人讲过自己受骗的经历。一天，她走在繁华的马路上，突然看到路边不引人注目的角落里放着一个钱包。钱包的拉链敞开着一半，里面露出几张百元大钞。她顿时就动了心，上去把它捡了起来。她正想揣了钱离开时，旁边过来两个人警告她说：“这不是你的钱，我们刚才什么都看见了，要想不让我们告发你，就得分给我们一半！这样吧，现在你口袋里有多少钱，随便给点就行！”

季大妈一时心慌，她想都没想，就把口袋里的上千元钱全部掏给了他们。等他们走远后，她越想越不对劲，重新把捡到的钱拿出来仔细一看，发现竟然全是假币！

在生活过程中，许多骗子给善良的人们上过昂贵的“人生课”，这些都是血泪教训。有些人就是利用人性中贪图非分之财的弱点来行骗的。一旦你有所企图，他们就会抓住你对财富的贪欲，让你主动跳进他们事先设计好的陷阱。

其实，每个人都有贪心的人性弱点，这样在警惕性不足的情况下很容易上当。要识别陷阱不容易，但要了解陷阱的本质却不难。陷阱是形形色色的，大都经过了设计，真真假假，让人不容易看出来。但制造陷阱却只有一个最高的原则，那就是“尽力伪装”。

免费的午餐会以各种形式出现，比如善意的面孔背后往往藏着恶心的要求，比如赤裸裸的交易，比如送上门的好事，然而接下来却麻烦不断……

天下没有免费的午餐，不请自来的喜报说不定就是陷阱。千万不要有贪图便宜的心理，这样做恐怕会使你失去更多，甚至生命。如果有人莫名其妙地送好处给你，一定要动脑筋想想这里是不是有问题？如果有陌生人无缘无故将一些“好处”送给你，也一定要怀疑，这背后的企图是什么？

对此，《菜根谭》一针见血地指出：“非分之福，无故之获，非造物之钓耳，即人世之机阱。此处着眼不高，鲜不堕彼术中矣。”意思是：不该自己享受的福分、从天而降的意外之财，即使不是上天故意诱惑你的钓饵，也肯定是人间歹徒用来诈骗你的机关陷阱。为人处世如不在这些地方睁大眼睛，就很难逃过这些诈术圈套，很少有人不上当受骗的。

总之，虽然骗子的圈套和陷阱千变万化，但万变不离其宗。只要牢记一句话，保你安全无险。这句话就是：天上不会掉馅饼，免费的午餐不是圈套就是陷阱！

诱惑很美，但会将你带入深渊

在现实生活中，人总会面临许多诱惑，之所以称为诱惑，是它对人具有巨大的吸引力，容易动摇人们的意志，使人们做出违背初衷的选择。诱惑常以多种多样的姿态出现，金钱、名誉、身份、地位、不能兑现的谎言等。诱惑都是美丽的，它也许是你饥饿时的一块大蛋糕，也许是贫困时的大把钞票，也许是梦寐以求的职位等。

有时我们就像遨游于水底觅食的鱼，不可避免地会面对各种诱饵，显性的或隐性的，或是金钱，或是美色，或是地位。大多数的时候，我们并不是因为粗心而忽略了“饵”背后的钩，而是心怀太多的欲望与侥幸。这时，不要总是怀着如何不被钓到，又能吞食诱饵的侥幸，那样，危险和自己就只有一步之遥了。

梅里特兄弟从德国移民美国后，定居在密沙比。通过辛勤的工作，兄弟俩积攒了一笔钱。后来，他们不动声色地收购地产，顺利地成立了铁矿公司。

洛克菲勒早就对这个铁矿垂涎三尺，而当他准备动手时，梅里特兄弟的铁矿公司已经开始经营运转。他只好等待时机，试图得到这个铁矿。

1837年，梅里特兄弟的铁矿公司陷入了经济危机的漩涡之中。在兄弟俩愁眉不展时，有位牧师来到他们家。在闲聊中，梅里特兄弟不自觉地谈到了铁矿公司的危机。这位牧师说：“不用发愁，我是可以帮助你们的啊！”兄弟俩听了这话不禁喜出望外，对牧师说：“您有何高见？”牧师说：“我有一个朋友，看在我的面上，他可以支援你们需要的周转资金。”牧师很快就写了一封借42万元的介绍信，而且比银行利率低2厘。

兄弟俩简直不敢相信会有这样的好事降临在他们头上。牧师拿出笔墨立了一张借款字据："今有梅里特兄弟借到考尔贷款42万元整，利息3厘，空口无凭，特立此为证。"梅里特兄弟粗略看了字据后，便高兴地签了字。

半年之后，这位牧师又来到梅里特兄弟家里，一进门，他十分严肃地对兄弟俩说："我的朋友是洛克菲勒，他早上给我来了电报，要求马上收回那42万元贷款。"

梅里特兄弟此刻哪来的42万元偿还呢，只好被逼上法庭。

原告律师说："借据写的是考尔贷款。考尔贷款是贷款人随时可收回的贷款，所以它的利息要比一般贷款低，根据美国法律，借款人要么立即还清所借款，要么宣布破产！"

在这种情况下，兄弟俩只好宣布破产，将产业卖出，买主当然是洛克菲勒。

贪图任何便宜都容易被便宜咬伤了手，咬伤了身心。在现实生活中，诸多的诱惑总是接踵而来，金钱、美色、权利等让人心里奇痒难耐，在不经意间就被这些诱惑包围。如果不保持足够的警惕或克制力，很容易就中了某些人的圈套，任人宰割。

面对诸多诱惑，我们一定要学会摒弃。不要随意放纵自己，不要轻易向各种诱惑低头。在现实生活中，财富也好，欲望也罢，如果其触及了我们做人的底线，就应该坚定地予以拒绝。只有清清白白地做人，才能行得正，挺得直，留下好名声，收获人生中真正的财富。

我国著名的戏剧演员舒绣文，是事业上的成功者，也是清白做人的表率。一天，她的儿子小兆元没有买车票却乘了车。她知道后非常生气，严厉地批评儿子说：“一张车票不是小事，发展下去会犯罪的。这样有损人格的事不能做，做人要清清白白。”当天晚上，她就带着儿子赶到汽车总站补了票，还作了自我检讨。这件事使兆元受到了深刻的教育。

像舒绣文这样的清白做人者，对人会实实在在，不贪图别人的便宜，不图谋不该得到的利益。这样做不仅能修养品格，也会带来内心的安宁。清白做人首先要去除贪欲，手不长，心不贪，在诸多的诱惑面前把持住自己，永远保持做人的清白。

有一家大型超市要招聘两名采购员，几经考核筛选，进入到了最后一个环节。这一环节只有一道这样的题目：“假如你是一条小鱼，面前有一条带钩的蚯蚓，你能想出几种吃到蚯蚓而不被钓上的方法吗？”答案自然是五花八门。最后，超市聘用了李航。他的答案很简单：“远离带钩的蚯蚓，永远别和诱惑较真。”

我们有时会遇到别人对你甜言蜜语、给你种种好处的情况。甜言蜜语使人十分舒适，而种种好处更使人陶醉。然而，最甜蜜的言语，也许是最毒的药物。臣服于诱惑将给我们造成不幸与灾难。认清诱惑，经常性地进行自我盘点，和诱惑保持足够的安全距离才能让自己健康发展。

不怕吃亏，吃亏未必是坏事

安踏鞋业集团董事长丁志忠说过这样一句话：“你做每件事情，都要让别人占51%的好处，自己只要留49%就可以了，长此以往，可以赢得他人的信任。”有所成就者不惮吃亏，他们让自己在吃亏中不断成长和成熟起来，并从而变得更加睿智。

吃亏，不是什么好事，但吃亏之后的后果，却不一定是坏事。“吃亏是福”道出的是一种潇洒的生活态度，敢于吃亏也是一种做人的方法。做人的可贵之处是乐于退让，用争夺的方法，你永远得不到满足；但是如果用让步的方法，你可以得到更多。事实就是如此，自己主动吃点亏，往往能把棘手的事情做好，能把很难处理的问题顺利解决。虽然自己吃了点亏，但会因此获取别人的好感，赢得好人缘，以后发展的道路也将被拓宽。所以说，吃亏并不是真的吃亏，这是对人们心理上的一种隐性投资。

香港富豪李嘉诚常常教育两个儿子，要想成功，在与他人交往的时候，就必须要注意考虑对方的利益，不要占任何人的便宜。为了让儿子们真正明白这些道理，李嘉诚对这方面的教育很早就开始了。

早在李泽钜和李泽楷刚八九岁时，李嘉诚每次召开董事会，都让儿子坐在专门设置的小椅子上列席会议。

有一次，李嘉诚主持董事会讨论公司应拿多少股份的问题，他说：“我们公司拿10%的股份是公正的，拿11%也可以，但是我主张只拿9%的股份。”

董事们有的赞成，有的反对，争论不休。这时李泽钜站在椅子上说：“爸爸，我反对您的意见，我认为应拿11%的股份，这样能多赚钱啊。”弟弟李泽楷也急忙说：“对，只有傻瓜才拿9%的股份呢！”

“哈哈”李嘉诚禁不住笑了，他说：“孩子，这经商之道不是那么简单的，你想拿11%发大财反而发不了，你只拿9%，财源才能滚滚而来。”

随后，李嘉诚解释说：“如果拿11%，董事们就会私下认为你们太贪心；拿10%虽不多不少，但显得平淡无奇；只有拿9%，才会让人觉得有素养，谦虚，不贪心，从而信任你们，愿意跟你们做生意。暂时吃点亏，这可是最好的广告啊！”

实践证明李嘉诚的观点是正确的。公司虽然只拿了9%的股份，但从此以后生意兴隆，迅速发展。

吃亏并非损失。人都有趋利的本性，你吃点儿亏，让别人得利，就能最大限度地调动别人的积极性，使你的事业兴旺发达。聪明人一般不计较眼下的区区得失，而是把眼光放长远。虽然他们的好多行为让别人看起来都是没有意义的，甚至很愚蠢。但是他们心里清楚，自己的努力肯定在将来会得到巨大的利益回报。

其实，越是不肯吃亏的人，越有可能吃亏，不但吃亏，而且往往还会吃大亏。唯有不计较吃亏的人，才会有真正的收获。我们不妨以一则形象的比喻来说明这个道理：桃子成熟后，毫不吝惜地将果实暴露在外面，任人随意享用，因此人们在食用它之后，会把果核种入土中，使其生生不息。栗子却相反，它吝啬地将果实深深地藏在壳内，好像竭力在自保一般，但人们还是设法剖开它的壳子，吃到它的果核，然后毫不在意地抛弃了果壳，因此栗子无法生根发芽，得到绵延子孙的机会。相比之下，对于得失的态度，桃子无疑聪明得多。

吃亏，虽然意味着舍弃和牺牲，但却是一种高尚的品质、一种做人的风度。身在职场，在与人合作时，我们需要有点吃亏的精神。其实一位新人刚到一家单位，是不会负责太重要的工作的。如何让他人对你的工作能力有信心呢？这完全体现在你的工作态度上。即便暂时从事的是一些扫地、打水这样的工作，也应该认认真真地将其做好，自己主动吃点亏，其实就是在给你以后积蓄成功的资本。

也许，短期内看来你是吃亏了，但你最终却能够收获更多。如果你什么事情都不肯吃亏，总爱斤斤计较、占便宜没完没了的话，就不会有人愿意与你共事、合作，你就会因为自己的小气丧失许多机遇；而一个懂得主动吃亏的人，往往会在吃亏中收获“厚积薄发”的资本。

主动吃亏的人会为自己减少很多职场中的阻力，使自己的路越走越宽。吃亏是福，这是一种人生的境界，更是一种做人的智慧，你的幸福之门将会在不断的吃亏中开启。

苛求完美，往往会得不偿失

在现实生活中，许多人容易一味追求完美，他们的初衷总是美好的，但是，如果不切实际地一味追求下去，最终往往只会自讨苦吃。适度追求完美无可厚非，但过度的完美主义却会弄巧成拙，让人焦虑沮丧而又难有收获。

心理学书籍指出，“完美主义是一种流行病”。完美主义者容易跟周围的人过不去。耶鲁大学的心理学教授高兰·沙哈认为，完美主义者通常先入为主地觉得自己比别人更能干，因此对人际交往感到厌倦，对他人和社会容易挑剔、仇视甚至攻击。

哈佛大学的毕业生柯维致力于心理学的研究，他曾接待过一位18岁的名叫卢安的高中生。卢安是个标准的全优生，踏进校门以来就一直如此。他每天花大量的时间拼命读书、学习，因而没有时间过自己的生活。卢安长到这么大还从未同女孩子拉过手，更别说约会了。他养成了一种神经性抽搐的习惯，每当别人谈及他性格的这一方面，他的面部就会抽搐。卢安一心想做一个最优秀的学生，并因此而忽略了个人生活。尽管他是个出类拔萃的优等生，但他却缺乏内心的安宁，而且实际上非常不幸福。在就诊之后，他开始意识到自己的问题。一年之后，他基本上克服了完美主义倾向。

许多人都希望自己能拥有一个完美的人生。这种美好的愿望本来无可厚非，但是这样的一种心态往往会事与愿违。过分苛求完美，就会更多地关注到自己离完美的差距、一些不尽如人意之处，对自己的评判就容易失去全面性而变得不客观，容易忽略自己的诸多优点。所以，我们不要让完美主义妨碍自己，应试着将“力求完美”改成“尽力做好”。

人们追求完美的心态似乎无止境，然而，人生却总是有缺憾的。阿拉伯人说得形象：“世上没有不生杂草的花园。”说到底，人的一生不可能是完美的，也不可能拥有一切，在无法改变的时候，就应该用心去包容。下面是英国大作家萧伯纳写给年轻人的一封信，相信你读过之后，一定会受到启发。

你的来信收到了，你在信中说有三个小伙子在追求你，可能有一个将来能成为你的丈夫，也可能这三个人你都不选择。你在信中说你希望将来的爱人更优秀更出色，这是情理之中的。可一个非常优秀的人也往往有非常明显的缺点，那是由一个人的学历、经历、阅历所决定的。那种只有优点没有缺点的人是不存在的。

如果你留心一下，我们周围那些大龄未婚女子大多是优秀的女人。她们中只有很少一部分是真正想独身的，而大多数人只是没有找到自己心目中的白马王子，而不肯随便嫁一个人罢了。她们在按照自己心中的理想苦苦地寻觅着白马王子，可多年以后依然一无所获。

其实，不是这个世上没有好男子，而是这个世上没有被重新组合起来而没有任何缺点的男子。她们的悲剧不在于自己追求爱情与婚姻的完美，问题是，你追求的完美应该是世上存在的，现实生活中能寻找得到的……

萧伯纳这封简短的信，让我们知道了这样一个道理：在现实生活中没有十全十美的人，如果我们一味地追求完美，那么到头来只能是虚度年华。比较现实的做法是，找一个你认为比较适合自己的人与之相伴，尽管他或她可能有这样或那样的缺点。

难道不是这样吗？恋爱时，挑了又挑，个头、长相、学历、家庭、财产……总幻想着能找个最完美的人，偏偏可能就在挑选和等待的时间里耽误了自己。结了婚，又开始新的一轮完美追求；生了孩子，将他以天才的标准打造，让孩子从小学钢琴、学绘画、学外语……要上最好的小学、最好的中学、名牌的大学，将来还要出国留学……但这一切可能都完美无缺地出现在孩子的面前吗？将弦绷紧在自己和孩子的身上，万一出现的不是理想的结局，心理能承受得住吗？多少人就是由于不知道及时而适当地调节自己的心态，心理在一瞬间轻易地崩溃了，一辈子就这样在完美的误导下非常不完美地毁灭了。

从完美主义梦中醒来吧。追求完美固然是一种积极的人生态度，但如果过分追求完美，往往会得不偿失。完美主义是个漂亮的陷阱。追求完美能使你获得巨大的成就感，虚荣心也得到了极大满足，整日沾沾自喜；但也许会有一天，这个陷阱会悄无声息地吞没你！

学会放弃，是明智之举

在我们的现实生活中，需要有一种放弃的清醒。在物欲横流、灯红酒绿的今天，摆在每个人面前的诱惑实在太多，这就需要我们保持清醒的头脑，勇于放弃。如果抓住想要的东西不放，甚至贪得无厌，就会带来无尽的压力、痛苦不安，甚至毁灭自己。

因为放不下到手的职务、待遇，有些人整天东奔西跑，耽误了更远大的前途；因为放不下诱人的钱财，有人费尽心思，利用各种机会去大捞一把，结果常常作茧自缚；因为放不下对权力的占有欲，有些人行贿受贿，不惜丢掉人格的尊严，一旦事情败露，后悔莫及……贪婪是大多数人的毛病，有时候只抓住自己想要的东西不放，就会为自己带来压力、痛苦、焦虑和不安。往往什么都不愿舍弃的人，结果却什么也没有得到。

舍弃是一种理智的行为。舍弃痛心，但不舍弃结果更惨。被夹住的狼，会咬断自己的腿。它明白，再等下去，自己的肉会被煮在锅里。于是，它果断地舍弃一条腿。舍弃是生存的一种智慧，也是勇敢者的行为。成功者是那些善于取舍的人。所以应该理智地面对生活，该舍弃时就舍弃。

人生是复杂的，有时又很简单，甚至简单到只有取得和放弃。应该取得的完全可以理直气壮，不该取得的则当毅然放弃。取得往往容易心地坦然，而舍弃则需要巨大的勇气。

在中央台由王小丫主持的《开心辞典》中，王小丫总是面带微笑问参与者："还继续吗？"如果继续就有两种结果，一个是成功，接着进行下一关；一个是失败，退回到原来的起点。一连答对十二道题的人并不多，但是，很多选手都选择一直向前，有好多人都已经到了第十道题，但因为一次失误，又回到了起点。

一天，一位参与者幸运地答到了第九道题，当他把自己所有设定的家庭梦想都实现后，王小丫问："继续吗？"他坚决地回答："不，我放弃。"看到这里，很多观众都是一愣，王小丫也一愣。因为很少有人会主动放弃。

王小丫继续问他："真的决定放弃吗？"而且一连问了三次。他回答得连一点犹豫都没有。"不后悔？"王小丫问。他笑着说："不后悔，因为应该得到的我已经得到了。"

最终，他只答了九道题，没有向十二道的高峰冲击，但是他说，"我已经很满足了，因为人生有许多东西必须要放弃才会得到。"

另一位男主持人问他："如果将来你的孩子长大后问你，爸爸，那天在《开心辞典》你为什么放弃了？你会怎么说？"他说："我会告诉他，人生并不一定非要走到最高点。"主持人问："那你的孩子如果问，那我以后考80分就满足了你怎么说？"

他笑着回答："如果他觉得高兴，如果他付出自己应该付出的努力，那么我认同。"全场顿时响起了热烈的掌声。

做人要量力而行，更要学会放弃。主动放弃是一种智者的态度，也是一种生活的艺术。有所放弃才能有所收获，要获取必须先放弃。在人生的十字路口，执著是一种美丽；放弃，有时也是一种美丽。

善于舍弃，体现着当断则断的勇气，包含着审时度势的智慧，反映着一个人的素质和能力。学会舍弃，就得知道该舍弃什么，该把握什么。为了事业的成功，我们可以放弃消遣娱乐；为了纯真的情感，我们可以放弃金钱的诱惑；为了正义的真理，我们可以放弃利禄功名，乃至生命。放弃失落带来的痛楚，放弃心中所有难言的负荷，放弃对权力的角逐，放弃对金钱的贪欲，放弃烦恼，摆脱纠缠，使整个身心沉浸到轻松、宁静中去。所以，放弃那些人生的附庸与累赘，保留在我们生命中的就是那最有价值、最必要、最纯粹的部分。

勇于舍弃者精明，善于舍弃者高明。学会舍弃吧，摒弃那些多余的东西，不要让自己迷失方向，贪婪地占有只会占用大量的时间和精力，而这些时间和精力本来可以用于我们真正希望去做的事情。学会放弃才能卸下人生的种种包袱，轻装上阵，安然地等待生活的转机；懂得放弃，才能拥有一份成熟，才会活得更加充实、坦然和轻松。

人之所以会有许多痛苦，是因为不懂得放弃。当拥有了舍弃的勇气和智慧时，人生就会豁然开朗，马上向你展现出另外一番截然不同的景致。

第七章

避开敏感话题，不揭人伤疤是对他人的尊重

一味贬低别人，只会让人心生厌恶

在生活中，有些人总是喜欢嘲笑别人，随意贬低别人，觉得别人什么都不好。贬低嘲笑别人的程度越厉害说明其内心越虚荣、越自卑。越自卑的人往往嘴巴上越厉害，为了防止别人说自己，所以自己先说了，让别人无从下口。

为了引起别人的注意和重视，一味贬低别人，只会让人心生厌恶。所以，在与人交往的过程中，要善于表现自己，但别用贬低别人的方法来抬高自己。

肖云结婚几个月了。她一直觉得丈夫各方面都十分优秀，只是爱嘲笑人。丈夫开车的时候，如果前面的车启动稍微慢点，他就会说人家“愚蠢”。一天，他去理财顾问那里想换一种基金持有，咨询的时候他跟理财顾问说：“我可不想被麦道夫类似的人骗啊。”他开户的银行是一个特别大的银行，不存在麦道夫骗局的问题。他后来跟肖云说，他其实也不是这个意思，但是理财顾问的脸色马上就不好了。

肖云说，她丈夫是那种喜欢嘲笑别人、贬低别人的人。尤其是如果有人在他面前说谁谁比较优秀，他一定会嘲笑说，谁谁其实有某种缺点。丈夫说自己中学大学的时候就喜欢嘲笑学习不好的同学。

肖云觉得丈夫愿意跟她说关于这方面的想法，她也愿意听，于是就引导他说，下次碰到这种情况，你可以说："过去两年这个基金收益率虽然不错，但是我的心理素质好，可以承担更多风险，我想持有高风险高收益的基金，你有什么推荐的品种吗？"

在肖云的引导下，她的丈夫有所改变，学会说话之前过大脑，如果对方不愿意听，就不会说，宁愿闭嘴，不再以嘲笑别人显示自己了。

在生活中，我们身边总是存在一些喜欢嘲笑别人的人。那些喜欢贬低别人、嘲笑别人的人，是修养还不够，也许他们身上也有值得学习的地方，但这样的人最需要学习的是提高自己的修养，改掉缺点，不要让这样的不良品性出现在自己身上。

我们在社交中适当表现自己是可以的，但是不可清高自负、贬低别人。有些人总认为自己高人一等，事事比别人强。于是，他们就总喜欢把得意挂在嘴上，无所顾忌地嘲笑别人，完全不顾及别人的感受，总以为这样就能得到别人的敬佩与欣赏。而事实上，这样做的效果往往适得其反。在人际交往中，一言一行都要考虑对方的感受，学会安抚对方的心灵，不可以由于自己的原因使对方心理失去平衡，给对方造成伤害。

美国著名作家杰奎琳·苏珊所写的《恋爱机器》在一段时间里，曾与菲利浦·罗斯的《波特诺伊的抱怨》一书竞争过。有人曾经问苏珊对罗斯的看法。苏珊回答说，"他是一个非常优秀的作家，但我不想谈他的作品。”她这样的回答是得体的。人有一定的表现欲是无可厚非的，但那些时时、处处、事事都想出头露面，置他人于不顾，甚至以贬低他人来抬高自己的人，最终不但不能抬高自己，反而会让人看低。

在社交中，要防止大谈自己的得意之事，过分突出自己，切勿使其他人心理失衡，产生不快，以至影响相互之间的关系。随意自夸、口无遮拦几乎是骄傲自满者的通病。这种致命的弱点不仅暴露了自己的内心情感和意图，而且会使很多人心怀不满或记恨不已。试想，如果别人的不舒坦是因你而起的，你还会得到好处吗?

一般来说，他人听你谈论了你的得意后，觉得自己受到了讽刺，他们普遍会有一种恼恨心理。这是一种藏到心底深处的对你的不满。你说得残沫横飞，不知不觉已在对方心中埋下了一颗仇恨的炸弹。他人对你的怀恨会透过各种方式来发泄，例如说你坏话，扯你后腿、故意与你为敌，而最明显的则是疏远你，避免和你碰面，以免再见到你，于是你不知不觉就失去了一个朋友。

然而，表现自己是人的天性。不当众说话是不可能的，但同样是说话，不妨说得艺术一点。至少在未弄懂别人的意思之前，自己先不要开口。聪明的人总先促使对方发表得意之事，并给予衷心的赞赏，然后若无其事地穿插自己的得意之事，这样效果就会好得多。

尊重他人，不触痛别人的疮疤

俗话说，当着“矮子”，不说“短话”。每个人都会有缺陷、弱点，这也许是生理上的，也许是隐藏在内心的不堪回首的经历。我们切不可拿对方的缺陷来开玩笑，就算为自己的利益着想，也不应去触痛别人的疮疤。因为对任何人来说，被击中痛处，都会引起不快。

其实，世上的每一个人都有自己的忌讳，也就是常说的“短处”，连帝王将相也不例外。史书记载：明太祖朱元璋曾当过红巾军，被官家称作“红巾贼”。所以，朱元璋对“贼”字和与“贼”同音的“则”字最敏感，也最忌讳。一次，大臣赵伯宁的一篇文章中有“垂子孙而作则”一句话。这本来是吹捧朱元璋的谄词，无非说他可做后世的楷模。不料朱元璋因对“则”字过敏，见到“则”字，便以为别人在骂他为“贼”，于是竟把此人杀掉了。自然，朱元璋的所作所为有些过于敏感，但是它所留下的教训却是深远的。

人们对于自己的忌讳，通常都极为敏感，正所谓“说者无意，听者有心”。如果在交谈中不了解、不尊重对方，有意无意触动了一些缺憾、隐私、伤疤之类，轻则会使交谈话不投机，不欢而散；重则会令对方动怒变脸，甚至招致祸害。

人们之所以有忌讳，怕别人揭自己的短处，说到底是自尊心问题，怕脸面上过不去。所以，你如果想获得朋友，就一定不要触动他们的忌讳之处。说话要给人留面子，不要揭人的短处，免得他人由多心而伤心，继而对你失去好感。

美莲长得很胖，吃了很多的减肥药也不见效，心里很苦恼，她最怕有人说她胖。有一天，她的同事小娜对她说："你吃了什么呀，像气儿吹的似的，才几天工夫，又胖了一圈儿。"美莲立马恼羞成怒："我胖碍着你什么了？不吃你的，不喝你的，你真是多管闲事呀！"小娜不由闹了个大红脸。

在这个事例中，小娜明知对方的短处，却还要把话题往上赶，这自然就犯了对方的忌讳，引起对方的憎恶也就是很正常的了。

人们对于自己的忌讳，通常极为敏感。由于心理作怪，往往把别人的无意当成有意，把无关的事主动与自己相联系。有时，你随口谈一点什么事，也很可能被视为对他的挖苦和讽刺。因此，我们不仅应避免谈论别人的忌讳之点，同时也应注意不要提及与其忌讳之点相关联的事物，以免造成对方的误会，以致使他的自尊心受到无谓的伤害。那么，该怎样避讳呢？

1.深入了解交往对象的长短处

深入了解你所交往的对象，无论优缺点，或是长短处，都要做到心中有数，才能谨慎地避开对方的忌讳之物，以免触痛对方。慎言相避的关键是在得意时切忌自我吹嘘。自我吹嘘很可能会无意中犯忌。

2.婉辞相代，不使人过于难堪

有时无法避开交谈对象的忌讳之物，则不妨以婉辞相代，尽量不使人过于难堪。例如，小李因择偶屡屡受挫而灰心丧气，而你有意为他牵线搭桥。“假如你还没有找到对象，我想为你介绍。”如此直言相告必定犯其忌讳，令对方不高兴。“假如您对个人问题还没有考虑成熟，我愿意提供一位较合适的人选，您意下如何？”这样以婉辞相代，给对方有“主动权在我手中”之感，自尊心得到充分尊重，有关介绍对象的交谈就能顺利进行。

3.用巧妙的语言岔开话题

说话再谨慎的人也难免有冒犯别人忌讳之时。如果突然发觉因自己失言而冒犯了别人，该怎么办？这时，切忌慌乱之中做说明，因为越想说明，结果必定越说越不明，弄巧成拙。最明智的方法是用巧妙的语言岔开话题，使双方及时从困境中解脱出来。

总之，在别人面前不妨多说些好听话，尤其是当着那些有短处的人，更要专门找“长话”来说，毫不吝啬地赞扬对方的长处和优点，巧解对方的心结。这样，谈话才会投机，人际关系才会和谐温馨。

批评他人时，一定要维护对方的尊严和脸面

当别人有了某种失误，我们点破别人的错误时要抱有同情心。这里的同情不是同情他人的错误，而是要考虑对方得知错误后的心情，只有这样的批评才不会置对方的心理感受于不顾。也就是说，你在点破别人的错误时一定要注意维护对方的脸面，保护他的尊严。

心理学家研究表明，谁都不愿把自己的错处或隐私在公众面前曝光，一旦被人曝光，就会感到难堪或恼怒。过分直率地指出对方的错误，等于剥夺了对方的尊严，撕破了对方的脸面，这样，即使你的意见再好再有用，也难以让它发挥出“效益”来。因此，只有对方认识到你是站在他的立场上点破他时，才会接受你的批评并对你表示感谢。

有一个领导找下属谈话：“今天我们就这个问题做一些探讨。”“我觉得在这一点上你的做法似乎有些不妥。”这儿强调的是某一局部环节，而不是一览无余地推及全部，口气中带有商量、劝慰的味道。这样的批评容易让人接受，从而起到促使其正视问题、改正错误的作用。

但如果这样说：“我看你这辈子是不会好了！”“你真是屡教不改啊！”这可能是出于无奈，恨铁不成钢。但对听者来说，无疑是一种宣判，是很难让人从心底里接受的，自然也起不到批评的作用。因此，在批评别人的时候，一定要留有余

地，否则会适得其反。

批评他人时，不能不顾被批评对象的感受。那种不管别人出了什么差错，都要当着众人的面给予指正的做法，除了造成被批评者的心理抵触之外，根本无助于问题的解决。因此，在指出别人错了的时候，也应该做得高明一些。你可以用若无其事的方式提醒别人，这将会收到神奇的效果。

人际关系大师戴尔卡耐基在与别人相处时，会尊重别人，尽量减少对别人的伤害。积几十年研究和体验之精华，卡耐基向世人展示了在与人相处时避免伤害的艺术。

卡耐基简述了他与其侄女之间的相处经历。高中毕业三年后，他19岁的侄女约瑟芬来到纽约担任卡耐基的秘书。在刚开始工作的时候，她的做事经验几乎等于零，身上还存在许多不足。有一天，卡耐基正想开始批评她，但马上又对自己说，“等一等，卡耐基。你的年纪比约瑟芬大了一倍，你怎么可能希望她有与你一样的观点、一样的判断力。还有，你19岁时又在干什么呢？还记得你那些愚蠢的错误和举动吗？

诚实而公正地把这些事情仔细想过一遍之后，卡耐基得出了结论，约瑟芬19岁时的行为比他当年好多了，而且他很惭愧地承认，他并没有经常称赞约瑟芬。

从那次以后，每当卡耐基想指出约瑟芬的错误时，总是说：“约瑟芬，你犯了一个错误，但上帝知道，我所犯的许多错误比你更糟糕。你当然不能天生就万事精通，成功只有从经验中才能获得，而且你比我年轻时强多了。我自己曾做过那么多的愚蠢傻事，所以我根本不想批评你或任何人。但难道你不认为，如果你这样做的话，不是比较聪明一点吗？”

约瑟芬虚心接受了卡耐基的批评，并不断改进自己。后来，她成为西半球最完美的秘书之一。

批评之前，要尽量先创造一个和谐的气氛。做错事的一方，很可能会产生不自觉的抵触情绪。即使他表面上接受，内心里却不见得赞同。所以，不妨先从自我批评开始，让他放松下来，再开始你的批评，这样才能收到比较好的效果。

卡耐基说得好：“如果经过一两分钟的思考，说一句或两句体谅的话，对他人的态度做深入的了解，就可以减少对别人的伤害，保住他人的面子。”因此，当你要批评他人时，请事先冷静地想一想，采用什么样的方法，既能达到指出他人过失、使当事者受到教育的效果，又不会让别人丢了面子，伤了自尊。

大多数的批评者，往往是把重点放在指出对方错的地方，但是却不能明确地说明对的方法是什么。有人批评别人：“你这样做真是太蠢了！”对方听了这样的话以后，只会觉得不服和反感。但是如果你在指出对方的失误以后，再谦虚地提出建议，效果就截然不同了。

从某个角度来说，批评的目的在于使被批评者觉悟，从而纠正自己的行为。批评人不能把人看死、不能把话说偏。正确的批评方法是，批评时注意把握分寸，措辞严厉但不过头，给被批评者留有改正错误的机会。

把握好分寸，玩笑不能过火

有人说：玩笑是生活中的清醒剂和润滑剂，因为有了玩笑，生活才变得有趣和生动。在工作场合，同事之间相互开个善意的、恰当的玩笑，可以调节、活跃气氛，缓解紧张工作带来的压力，增进彼此间感情的和谐。但开玩笑一定要把握好分寸，不能太过火。否则，会引出许多的麻烦，会使原本牢固的友谊顷刻破裂。

一次老同学聚会，大家见面分外亲热，聊得十分高兴。这时，江浦对一位女士信口开河地说："你当初可是主动追求我的，现在还想我吗？"按理说，在老友重逢的气氛中，这些话虽然有些不妥，但也无伤大雅。但这位女士当时心情不好，竟然脸色一变，气呼呼地说："你神经病！谁会追求你这种心理龌龊的人。"她的声音很大，在场的人听了都觉得很尴尬，场面一下子冷下来。这时，另一位女士站了起来，笑着说："我们小妹的脾气还没变啊，她喜欢谁，就说谁是神经病，说得越厉害越让人受不了，就表明她越喜欢。小妹我说得对吧？"一番话，让大家都想起了大学时的美好生活，不由得七嘴八舌，互相开起玩笑来，一场风波也就平息了。

开玩笑原本是一件好事，恰到好处的玩笑可以让大家开怀一笑，拉近人们彼此之间的距离。但如果把握不好开玩笑的分寸，就会适得其反。即使是偶然开个玩笑，也不能随便乱开，应注意以下的问题。

1.有些人不能开玩笑

每个人的性格都是不一样的，有些人喜欢开玩笑，你越是跟他开玩笑，他越是觉得你是把他当朋友，和这样的人可以适当开开玩笑。有些人正好相反，天生严肃认真不苟言笑，你稍微说得过了一点他就当真，所以，你最好不要和他开什么玩笑，万一他没笑，反而较真起来就麻烦了。

2.把握好玩笑的内容

不能拿人的缺点开玩笑。不要以为你很熟悉对方，就可以随意取笑对方的缺点，揭人伤疤。那样就会伤及对方的人格、尊严，违背开玩笑的初衷。在生活中不是对任何事或任何人都可以开玩笑的。凡有损他人形象、取笑他人生理缺陷、侵犯他人隐私权等的玩笑都是错误的，是不应该开的。所以，开玩笑要稍微了解对方，对于对方的生理缺陷、心理疾病等，千万不要拿来取乐，即使是无意的也不好。

3.分清楚时机和场合

在开玩笑时一定要注意场合，要清楚自己到底该不该说，如果拿不准，最好还是别说。有些人平时很爱开玩笑，但是在特定的时期，比如说生活上、工作上、感情上遇到了挫折时，你这个时候和人开玩笑，会使其恼火。还有一些场合本身就不适于开玩笑，比如庄重严肃的场合，比如某些特定的时期，国家发生大的灾难了，大家心情都很悲伤，也不适合开玩笑。

4.要选准开玩笑的对象

开玩笑得考虑自己的身份地位和对方的身份地位以及双方间的亲疏关系。开玩笑一般宜在平辈、同级、熟悉者之间进行。与异性、长辈、领导或初交者相处时，最好别开玩笑，否则容易得罪人，使自己陷入窘境。

总之，在开玩笑之前，一定要设身处地地考虑一下对方的感受。如果你肯定对方会和你一样开心，不妨说出来大家一起分享快乐，一起笑；如果你认为对方会生气或者伤心，还是免开尊口的好。

哪壶不开提哪壶，只能让人难堪和尴尬

每当我们的皮肤有了小小的破损，无论是沾染到洗发水还是护肤品，都会感到钻心的疼。如果碰到盐或者酒精呢？相信很多朋友都会因此疼得龇牙咧嘴。在伤口上撒盐，这句话很多人都知道其滋味，但是却很少有人感受到切身的痛苦。实际上，在伤口上撒盐真的是非常疼的，尤其是当被别人故意撒盐

时，我们更是会因为内心的创伤，受到更深的伤害。

很多人都误以为受伤的人需要安慰，需要帮忙疗伤，实际上真正伤心的人最害怕的就是别人提起自己的伤心事。他们只想躲在安静的角落里为自己疗伤，根本不想被其他人打着关心的旗号，一遍又一遍地揭开他们的伤疤，残忍地对待他们。所以对于受伤的人，我们如果真的怀着好意，也足够尊重他们，就要佯装不知情，才是正确地对待他人的方法。例如，除非他人向我们求助，否则我们不要总是哪壶不开提哪壶，那样一定会使他人陷入尴尬和难堪之中，甚至让原本刚刚愈合的伤口再次鲜血淋漓。

人生在世，谁能没有点儿烦恼呢？在感到痛苦的时候，我们希望别人怎样对我们，我们也要由己及人，怎样对待他人。大多数时候，对他人视若无睹是一种不尊重，但是在他人受伤的特殊时期，对他人视若无睹则是一种帮助。他人会感激我们的无言，甚至因此与我们成为朋友。

1976年，河北唐山发生了大地震。在这场地震中，无数人失去了生命，留下更多的人承受身体残缺、心灵残缺和丧失亲人的痛苦。有个孩子在唐山大地震中失去了双亲，并且失去了自己的右臂。他的心破碎了，他的身体再也无法复原。后来，这个孩子被远方的姑妈收养，从此开始崭新的人生。他的姑妈和姑父都可怜这个孩子无依无靠，又经历了这么多磨难，因而竭尽全力地帮助孩子修补心灵的创伤。然而，每次有人去姑妈家探望这个孩子时，他们就会问："大地震时你在哪里？你怎么失去的右臂？不要再想你的爸爸、妈妈了，好好把人生过好，就是对你爸爸、妈妈最好的回报。"每次听到类似的话，孩子都觉得自己已经愈合的伤口再次被揭开了伤疤，变得鲜血淋漓。他真想大声告诉每个人："能不能不要再提起那些事情，能不能放过我？"但是，那些善意和亲情始终捆绑着他，直到若干年后，他都没能走出地震的阴影。

当人们遭受最痛苦的打击时，他们最想做的是像鸵鸟一样把自己的头埋藏起来。这样，他们才能勉强让自己恢复平静，也给自己更多的时间疗伤。然而，那些所谓的好心人偏偏要一次又一次地逼着他们面对伤口，舔舐伤口，原本以为这样可以帮助他们摆脱痛苦，殊不知这么做反而会使他们更长久地沉浸在痛苦之中。

生活中，我们常常会遇到类似的情况。例如，聪明的人在探望重病人的时候，不会当着病人的面谈论病情，包括医生也不会直接把糟糕的病情告诉病人，而是先告诉家属，再寻找合适的时机把真相告诉病人。这是人道主义的关怀，也是人性的善良。很多时候我们也许是在假装坚强，假装高兴，但是这样的善意伪装恰恰能给他人带来很多好的人生感受。我们最该学会的安慰方式就是在他人受伤时什么也不说，只为他们提供一个宽厚的肩膀和温暖的怀抱，让他们尽情地痛哭，这就足够了。

第八章

敏感发现摇摆者，不与墙头草为伍

与其挖空心思地学别人，还不如做自己

一个人生来就被赋予了许多角色：做儿女或父母，做学生或教师，做领导或下属……要想承担起各种角色，就需要不断变换自己的定位。虽然人的社会角色可以不断变换，但是，每个人独特的个性和独立人格是不会也不能变的。不懂得珍惜的人，会因场合或对象的变化而放弃自己的内在特质，盲目地迎合、跟随别人。

曾有一头毛驴和一只哈巴狗住在一起。毛驴虽然也能吃饱，却每天都要被主人牵去拉磨、驮木材，工作很繁重。而哈巴狗会演许多小把戏，很得主人欢心，每次都能得到好吃的做奖励。毛驴在工作之余，难免有怨言，总抱怨命运对自己不公平。毛驴开始想当哈巴狗。

一天，机会终于来了，哈巴狗不在，毛驴挣断缰绳，跑进主人的房间，学哈巴狗那样围着主人跳舞，又蹬又踢，撞翻了桌子，把碗碟摔得粉碎。表演完毕，驴子正等着奖赏呢，没想到反而挨了主人一顿痛打，被重新关进了栏里。

无论驴子多么忸怩作态，都不及小狗可爱，甚至不如从前的自己。其实，每个人都有各自的特点，既有适合自己的工作，也有不适合自己的工作。看人家做得好，但你未必能行，

与其挖空心思地学别人，还不如专心致志干好自己能干的，让别人来羡慕你。

卓别林刚踏入影视圈时，曾被导演要求模仿当时的著名影星，结果他毫无进展，直到他开始发挥自己的特色，才渐渐成功。当玛丽·马克布莱德第一次上电台时，她总想模仿一位爱尔兰的明星，效果也不尽如人意。直到她以一位密苏里州乡村姑娘的本色面目出现时，才成为走红的播音员。

世界上没有两片完全相同的树叶，人也一样，每个人都是上天的宠儿。会展示自己的人懂得保持本色，他们明白，内在的气质是最宝贵的。他们绝不会放弃自己，盲目地迎合、跟随别人。这样的人具有独特的个性，对自己的真我很有信心，并且崇尚诚实、坦白，希望以最真实的方式和别人进行交流。

山姆·伍德说得好："你不可能变成一只猩猩，也不可能变成一只鹦鹉。如果你有想成为另一个人的念头时，最好马上抛弃它，即使你此刻站在一枚针尖上。如果你有属于自己的选择，照样可以找到使自己一举成名的位置。"

无论好坏，人都要保持自己的本色，本色是难得之美。当我们与自己内心和谐一致的时候，我们觉得自己是真实的。真实就像循环的能量一样帮助我们充满活力，发挥出能力。是的，只要你能勇敢地做自己，就会不断地成长。

缺乏主见，很容易被轻视和淘汰

每一个成熟的人，遇事都会有自己的主见，坚持自己的观点不动摇。而没有主见的人，容易随波逐流，迷失自己的方向。做人没有主见，有时就表现为一味地迁就、顺从别人。这在表面看来是和善之举，但实际上却是软弱的表现。人生是属于自己的，一味遵循他人的思想、按别人的指令行事，是懦弱的表现，也是一种悲哀。这样的人很难有属于自己的路，也很难创造出属于自己的价值。软弱到一定程度就会逐渐失去自信，而没有自信的人很容易被轻视或淘汰。

美国前总统里根小时候去鞋店做鞋，鞋匠问他想要方头鞋还是圆头鞋。里根拿不准主意，一时回答不上来。于是，鞋匠叫他回去考虑清楚后再来告诉自己。过了几天，这位鞋匠在街上碰见里根，又问起鞋的事情。里根仍然犹豫不决，最后鞋匠对他说："好吧，我知道该怎么做了。两天后你来取新鞋。"

去店里取鞋的时候，里根发现鞋匠给自己做的鞋一只是方头的，另一只是圆头的。他疑惑地问："这是怎么回事儿？""我见你一直拿不定主意，最后就替你做决定啦！这是给你一个教训，不要让人家来替你做决定。"鞋匠回答说。

里根后来回忆起这段往事时说："那件事之后，我认识到，自己的事自己一定要拿准主意。如果犹豫不决，任由别人做决定，到时后悔的是自己。"

的确，自己不进行独立思考，却凡事按照别人的意见去办，最后只能自己承担苦果。一个毫无主见的人只能接受被人欺骗的命运。有主见的人对自己充满信心，既不自满，也不妄自菲薄。他们不会过分在意别人对自己的看法，让别人成为自己生活的主宰，而是会把命运掌握在自己的手里。

女孩玛格丽特从小被父母严格要求，只有在特定的时间才能去玩。一天，玛格丽特委屈地问父亲艾尔弗雷德："爸爸，为什么我不能像别的孩子一样经常玩耍呢？"父亲听到她这个突如其来的问题，解释说："孩子，你做事情必须有自己的主见，不能因为其他人在做某件事情，你也去做或者想去做。不要因为怕与众不同而随波逐流，要决定自己该怎么办。"聪明的玛格丽特听到父亲的话，顿时感到豁然开朗。她的委屈也烟消云散，"有自己的主见"从此成为她一生奉行的原则。

艾尔弗雷德经常教导女儿："玛格丽特，决不要去做或想那些平常的事情，因为人们早已经做过了。打定主意做你自己想做的事情，并设法说服人们遵循你的方式行事。"父亲的教导使玛格丽特从小树立了坚定的信心，并逐渐成长为一个有主见的人。

1943年，玛格丽特从牛津大学毕业后，决心要以政治为终身职业。为了谋生，她先进入了一家塑料公司工作。之后，她参加了达德福特区的竞选，成为当时最年轻的候选人。竞选失败后，她辞去了工作，在一家冰淇淋公司工作。第二年，玛格丽特再次竞选议员，这一次，她又遭遇了失败，但她没有放弃，她决心在从政的路上走下去。为了成为真正的政治家，玛格丽特开始学习法律，并在1953年通过了律师资格考试。从这以后，她先后在多家律师事务所工作。

她坚持在竞选的道路上奋斗。在经历了几次失败后，32岁的玛格丽特终于获得了成功。在1959年的大选中，她成为芬奇利区议员，这标志着她已成为一名职业政治家了。

她，就是英国前首相撒切尔夫人，被世人称为“铁娘子”。

当我们在生活和工作中无所适从时，当我们在人生的十字路口徘徊时，一定要有自己的主见。假如你认为自己的做法正确，那么你就继续坚持下去，不要理会别人的想法、讥讽、指责。一个有主见的人不会人云亦云、随波逐流。德纳姆说：“我们决不可被盲目所左右，每个人都要有他自己的见地。”

著名职场专家李开复曾忠告中国大学生：人必须有自己的主见，知道自己喜欢什么、需要什么，而不应当随波逐流。许多人有很强的从众心态，他们凡事习惯跟从别人、因袭别人，这很不好。有自己的主见并不是要你不听劝告，一意孤行，而是说当你面临抉择时，不要人云亦云，而要作出自己的思考和判断。

做人有主见难，有主见能够一直坚持则更加难。就让我们努力把自己培养成一个有主见、并且敢于坚持主见的人吧！

善待每个人，别做“势利”小人

在日常生活中，人们习惯称某些人为“势利眼”。我们常常会听到有人说：某某太势利了，就是一个势利小人！因此，人们常常把势利与小人联系在一起，势利的行为也是一种为人所不齿的行为。

何谓“势利”？即看财产、地位分别对待人的表现。“势利眼”最大的不好是投机和实用主义。看谁有权有势，就献媚巴结；见谁失势落魄，就冷落嘲讽，甚至狠狠地踹上一脚。传说中的势利眼是这样一种人：天生就有两副面孔，他们笑脸相迎的肯定非权即贵，冷眼相对的必定穷困潦倒，对人对事利字当头，益字出发。对于没有利用价值的人，他们不会想亲近，顶多虚与委蛇。

有这样一个故事：郑板桥在一寺院游玩偶遇方丈，方丈见他衣着俭朴，就冷淡地说了句“坐”，又对小和尚喊“茶”。一经交谈，方丈顿感此人大有来头，就将他引进厢房，一面说“请坐”，一面吩咐小和尚“敬茶”。又经细谈，得知来人是赫赫有名的郑板桥时，方丈急忙将其请到雅洁清静的方丈室，连声说“请上坐”，并吩咐小和尚“敬香茶。”

势利眼又称“看人头”。这样的人在与人交往时，以官职、衣冠、钱财取人，媚富贱贫，趋炎附势。势利眼们都是以权势或财势来区分人的尊卑，他们瞧不起不如他们的、落魄的人。美国西北大学教授约瑟夫·艾本斯坦在其《势利：当代美国上流社会解读》一书中，辛辣嘲讽了潜藏于社会表象之后的运行机制——势利。他写道："势利眼分为两种：瞧不起不如自己的，和艳羡强过自己的人并在他们面前自甘下贱。"

周国人苏秦才华出众，却家境贫苦，他曾向秦惠王进献过统一中国的策略，却碰了一鼻子灰。苏秦把旅费耗尽后，几乎是乞讨着回到家乡的。正在织布的妻子看见久别的丈夫落魄归来，连身子都没有移动。苏秦向他正在煮饭的嫂嫂要食物，他嫂嫂好像没有听见一样。苏秦惭愧之余，下工夫研究国际局势，改变了主张，提出对秦国采取合纵对抗政策。之后，他再度出发，向燕国国君姬文公进言，这一次他获得了突破性的成功。姬文公介绍他去见赵王，赵王采纳了这个建议，于是苏秦又联合了韩国、魏国、齐国、楚国，最后六国一致同意签署这个盟约，并一致任命苏秦为他们的宰相。

当苏秦再次回到周国时，已不是上次回家那种可怜兮兮的模样了，他以六国宰相之尊，鲜衣怒马，随从如云，国王诚惶诚恐地隆重接待他，沿途扫除街道，准备官舍。曾经使他挨饿的嫂嫂，也匍匐路旁，连头都不敢抬。苏秦问她："你从前怎么那样轻视我？而今天又怎么如此恭敬？"她嫂嫂老老实实地说："只因为你今天既有地位又有钱。"此情此景，真是让人感慨万千。于是乎苏秦仰天长叹："贫穷则父母不子，富贵则亲戚畏惧。人生世上，势位富贵，盖可忽乎哉！"

《战国策》里的这段描述极尽铺张渲染之能事，把“势利眼”的形象描画得惟妙惟肖，入木三分。苏秦的嫂嫂一语道破势利眼的本质：想得到他们的尊敬，其他什么都不需要，只要地位高而又有钱就够了。

“势利眼”就是这样，对权势在握者，他们绝对毕恭毕敬，形如哈巴狗。如果有朝一日你不在势头上了，或你一无所有了，他那张脸立刻寒如严冬，曾有的春风般的笑容、如火热情都顷刻烟消云散，那目光含枪带刺，叫你彻骨透寒，他甚至还会在你身上踏上一脚。

你若失势又复得时，他们又马上换了副笑脸，呈现一脸的谦恭，说话让人如沐春风。这时，你不得不感叹，势利小人的变脸术可谓炉火纯青！

战国时期的赵国名将廉颇手握大权时，其宾客络绎不绝，而当他被免职后，众人尽散，另附他人。待他官复原职后，宾客又如蚁而至，廉颇于是将其逐出门去，而宾客却大喊冤枉：“天下的人都以势道交：您有势，我们跟从您；您失势我们就离开了，这是天理呀，有什么可埋怨的呢！”

在现实生活中，我们每一个人确实无法做到完全清高，为了生存，难免势利，但要保留一个做人的前提：把不伤害别人作为最后的底线。你可以为自己的利益势利一点，但千万别做小人。

警戒自己，不做巧言令色之人

巧言令色之人通常令人防不胜防。子曰："巧言令色，鲜矣仁。"什么是"巧言"？讲仁义道德比任何人都头头是道，但是却不脚踏实地。"令色"是指态度上好像很仁义，但却是虚伪的。孔子说："花言巧语，一副讨好人的伪善面貌，这种人是很少有仁德的。"

"巧言令色"，这是一幅伪君子的画像。儒者对伪君子的鄙弃之情溢于言表。然而，在历史上、在现实中，这种巧言令色、胁肩谄笑的人却并不因为受人鄙弃而减少。他们虽无仁德，难成正果，但却有的是"用武之地"，能使人妻离子散，家破人亡，国危天下乱。

唐玄宗时，李林甫、张九龄同为朝廷重臣。张九龄以直言敢谏著名，深得众大臣的敬重。李林甫因此怀恨在心，寻机欲置张九龄于死地。

这时，宠妃惠妃与太子产生了矛盾，就在玄宗面前诬陷太子私结党羽，图谋不轨，求玄宗将太子废掉。枕边风吹多了，玄宗动了心，提到朝廷上讨论。张九龄坚决不同意，并说因一个女人之言就废立太子，实非明君所为。玄宗听了，非常不高兴。李林甫乘机来到后花园，拜见玄宗，说张九龄是太子的同党，所以才会这样说。此后，玄宗对张九龄就产生了偏见。

开元二十四年，玄宗想加封牛仙客为幽国公。张九龄认为此人不过善使谨慎保身之术，并无大功，不宜封此重爵，便相约了李林甫一同去诤谏。李林甫当面表示同意，但到了玄宗面前，轮到他说话时，他却装作沉思之态，默然无语。玄宗仍坚持加封牛仙客，张九龄坚持自己的意见，说牛仙客目不识丁，不宜重封。玄宗听了更加不高兴了。

李林甫又寻机前来，劝谏玄宗说："张九龄固执己见，有不敬之罪，在用人问题上处处与皇上作对，只不过图谋树立太子党群，为自己留条后路而已。"一句话说得玄宗大怒起来，当即令李林甫代拟诏书，将张九龄贬官外放。

李林甫眼珠一转，怕这件事情引人怀疑到自己头上，影响不好，就急忙说："陛下把张九龄贬职外放，显得皇上没有气量，不如先放放再说。"玄宗听了认为有理，便没让李林甫写诏书，不过，玄宗对此事却耿耿于怀，终于瞅个机会罢去了张九龄的宰相之职。

张九龄的固执耿直在李林甫的巧言令色面前败下阵来。生活中有许多貌似忠厚，实际上心怀叵测的人，常常是"大奸若忠"。对于这样的人，不能不多加防备，应时时警惕那些花言巧语、满脸堆笑的伪君子。

巧言令色者一般都是"风吹两边倒"的人。像墙头上的草，善辨风向，见风使舵。这类人，没有是非标准，"风向"是他们唯一判别的标准，谁上台了就说谁的好，谁下台了就说谁的坏。

唐歌在某市的某局长手下任办公室主任，每逢有酒宴，他自然作陪。他懂事地举杯敬客人说：“局长是廉政领导，酒量有限，您随意我喝完。”对方很受用地点点头。局长夸赞说：“我这下属能力很强，会办事。”唐歌谄媚一笑说：“谢谢您的夸奖。”一年之后，唐歌在局长的栽培下，当上了副局长。

后来，局长因与新来领导不和，被挂了起来。这时，唐歌一翻眼皮说：“他活该，谁让他在位时趾高气扬呢，我早受够了，不踹他一脚，就对得起他了。”

在现实生活中，有些人在当权的领导面前点头哈腰，即使被领导批评得很不对、很无理的时候，脸上也总带着那种谄媚的微笑，口中说着巴结讨好的词。而转身面对失势的领导，不仅见风使舵，还落井下石伤害别人，并能做到面不改色心不跳。对于这些人只说是势利还不够，完全是丧失人格，失去了底线。

一个人对人如果总是花言巧语，所有的一切都是假装出来的，肯定不会有发自内心的“仁”，没有仁的人必然也得不到什么好结果。所以，我们应明辨是非，不要陷入小人的口舌之中。同时，更应警戒自己，不做巧言令色的人。

坚持个性，不要盲目为强权所迫

在现实生活中，很多人以为靠名人的影响力才能出名，巴结讨好权势人物才有更多发展的机会，所以，平时总是对强权人物小心伺候，视若神明。然而，他们却不知道，一个人如果不能坚持自己的个性，随时向权势人物折腰，那么，人生事业的发展必然是畸形的、不健全的。

一个人一味盲目地为强权所迫，会扼杀自己的积极性和创造力。能否减少盲从行为，运用自己的理性判断是非并坚持自己，是成败的关键。

日本音乐家小泽征尔有一次去欧洲参加指挥家大赛，在进行前三名决赛时，评委交给他一张乐谱。演奏中，小泽征尔突然发现乐曲中出现了不和谐的地方，以为是演奏家演奏错了，就指挥乐队停下来重奏一次，结果仍觉得不对劲儿。

这时，在场的权威人士都郑重声明乐谱没有任何问题。面对几百名国际音乐权威，他不免对自己的判断产生了动摇。但是，他考虑再三，仍坚信自己的判断没错，“不，一定是乐谱错了！”他的喊声一落，评委们立即向他报以热烈的掌声，祝贺他大赛夺魁。原来，这是评委们精心设计的“圈套”，以试探指挥家们在特殊情况下是否能坚信自己的判断。

在生活中，“权威效应”普遍存在，人们总认为权威人物的要求往往和社会规范相一致，按照权威人物的要求去做，会得到各方面的赞许和奖励。但从众行为容易扼杀个人的独立意识和判断力，因此是有百害而无一利的。所以，在关键时刻我们应该有自己的主见，不能盲目从众。

有一家只有30平方米的小酒吧，曾连续多年被美国《新闻周刊》列入世界最佳酒吧前十五名。这的确令人惊讶。但当你读了下面这个故事之后，就会明白其中的原因了。

有一位名叫罗斯恰尔斯的犹太人，在耶路撒冷开了一家名为“芬克斯”的小酒吧，它竟声誉颇佳。

一次，美国国务卿基辛格出访耶路撒冷，他想顺便到“芬克斯”酒吧看一下。他亲自打电话给罗斯恰尔斯，用十分委婉的口气和他商量说：“我有10个随从，他们将和我一起前往你的酒吧。为了方便，你能谢绝其他顾客吗？”

其实，按国际惯例，基辛格这个要求并不过分，而且对罗斯恰尔斯来说，这似乎是一个提高酒吧知名度的好机会。

但出人意料的是，罗斯恰尔斯却一口回绝了他：“我非常欢迎你们来，但要我谢绝其他顾客，这不可能。因为他们都是支撑本店生意的人。”

基辛格最后坦言告诉他：“我是美国国务卿，我希望你能考虑一下我的要求。”罗斯恰尔斯礼貌地对他说：“先生，您愿意光临本店我深感荣幸，但是，因您的缘故而将其他人拒之门外，我无论如何也办不到。”

基辛格虽然受到了拒绝，但却从心底里欣赏罗斯恰尔斯做生意的原则。第二天，他又打电话给罗斯恰尔斯，说明天将造访，并且不必拒绝其他客人。

谁知，罗斯恰尔斯再次表示拒绝：“明天是星期六，本店例休。对我们犹太人来说，星期六是一个神圣的日子，在这天营业，是对神的亵渎。”

基辛格无言以对，他只好无奈地离开了耶路撒冷，后来也没能在中东享受这家小酒吧的服务。

“芬克斯”对客人一视同仁的态度让人们非常敬佩，从此它更加名声远扬。

无论从事何种职业，我们不但要在自己的职业中做出成绩来，还要在做事过程中建立高尚的品格。永远都不要忘记：我们是在做一个“人”，在做一个具有正直品格的人。正直使人具备冒险的勇气和力量，一个正直的人是完全相信自己的人，并且有某种内在的高尚品格。

信念不坚定，就容易被权力、权威所左右。试想一下，在众人说“是”的时候你是否敢于挺身说“否”？央视主播康辉告诉我们说：“当你开始不那么盲目，不那么轻易地相信一个东西的时候，你就成长了。”康辉奉劝青年人，不要轻易迷信权威，要有批判和质疑的精神，不可完全听信强权人物的语录，往往他们的话并不一定是真理。

人生是属于自己的，一味遵循他人的思想、按别人的指令行事，是懦弱的表现，也是一种悲哀。这样的人很难有属于自己的路，也很难创造出属于自己的价值。毫无疑问，我们只有摒弃“别人会怎么样说”的顾虑，大胆质疑，勇于批判，才能把生活掌握在自己手里，活出自己独特的人生。

第九章

提高敏感度和警惕心，但别耍小聪明

做人不要太精明，太精明露骨会遭人讨厌

历史的经验告诉我们，做人不要太精明，太精明露骨会遭人讨厌。在生活中，有一些貌似非常精明的人，他们处处都显得比别人更加神机妙算，更加高人一等。他们总在算计着别人，以为别人都不如自己聪明。实际上，这类人徒然具有一副聪明的外貌，却并没有聪明的实质，这是小聪明、大糊涂，机关算尽，竟办出一件件蠢事来。道理就是这么简单，一个机关算尽的人最终会算计到自己身上。

南宋时期的奸臣秦桧有个手下，为了讨好秦桧，此人特意从远方买来一张毛毯送给他。秦桧很喜欢，回到家就命人把它铺上。当铺好毛毯后，居然正合适，一寸不多，一寸不少。秦桧当时就犯嘀咕了，他想：这人实在是太精明了，居然连我屋子多大都丈量出来了，还有什么事情能瞒过他呢？此人留不得啊！这个人的结果可想而知。看来，过于精明只会适得其反。

在表现自己的聪明时，不要表现得过于“精”。这样不但不会受到人的喜欢，反而还让人生出防备之心，让原本的一件好事刹那间变成坏事。做人不要太精明，太精明露骨会祸及自身。对人，不必心机重重，刁钻奸猾；对朋友，应该纯朴真挚，“傻点”更好。精明人容易把本应纯朴真挚的关系，人

为地弄复杂，使人感到其刁钻奸猾，敬而远之。这样精明的结果，只能以失败告终。三国时代的杨修，就是因为“聪明”过了头，结果引起了曹操的忌恨，最终被杀。

刘备亲自打汉中，惊动了许昌，曹操亲自率领40万大军迎战。曹刘两军在汉水一带对峙。曹操屯兵日久，进退两难，适逢厨师端来鸡汤。他见碗底有鸡肋，心存感慨，正沉吟时，有将官入帐询问夜间号令。曹操随口说：“鸡肋！鸡肋！”人们便把这当做号令传了出去。行军主簿杨修即令随行军士收拾行装，准备归程。众将大惊，把杨修请到帐中仔细盘问。杨修解释说：“鸡肋者，食之无肉，弃之有味。今进不能胜，退恐人笑，在此无益，来日魏王必班师矣。”大家认为这番话有道理，营中诸将纷纷打点行李。曹操知道后，怒斥杨修造谣惑众，扰乱军心，便把杨修斩了。

后人有诗叹杨修，其中有两句是：“身死因才误，非关欲退兵。”这是很切中杨修之要害的，杨修恃才放旷，数犯曹操之忌。

凡此种种，皆是杨修的聪明犯着了曹操；杨修之死，植根于他的聪明过度。

杨修自然有他的聪明之处，但他的愚蠢之处就是不知道耍小聪明会带来灾祸。这样的人显然并不算真正的聪明。曹操固然聪明多疑，但是，换了谁，作为上级也不大愿意让下属知道自己全部的心思、用意。显然，杨修最终非失败不可，这可算是“聪明反被聪明误”的典型。杨修的才华太外露了，这不是真才，不是大才，因为他不知道韬光养晦，不知道大智若愚，不知道保护自己。那么，除了灾祸降临，他还会有什么结果呢?

做人要精明，但不能耍小聪明。“小聪明”常常表现为聪明伶俐，能言善道，机灵敏捷，善于伪装等，但是爱耍小聪明的人爱卖弄自己的才华。聪明一过头便会目中无人，便会不知天高地厚、忘乎所以，这个时候看似很聪明的人其实是很傻的。古今得祸者绝大多数都是精明的人，现在的人唯恐不能精明到极点，这是愚蠢的。莎士比亚曾说过：“愚笨的人往往认为自己很聪明，而聪明的人却一直认为自己很笨。”一知半解、自以为是的人，最容易犯耍小聪明的错误，真正聪明的人，都有自知之明；肤浅愚蠢的人，常常在自作聪明后尝到生活的苦果。

明代大政治家吕坤以他自己丰富的人生阅历和对人性的深刻洞察，在他的《呻吟语》一书中道：“精明也要十分，只须藏在浑厚里作用。古今得祸，精明人十居其九，未有浑厚而得祸者。”他的意思是说，人们对聪明、精明还是非常需要的，但关键是要在浑厚中悄悄地运用。古往今来得祸的绝大多数都是那些自恃聪明、卖弄聪明的人，喜欢外露的人，没有因为心里是绝顶聪明而表面上又深藏不露的人会得祸的。

我们可以不太精明，但应有智慧。这就是说，真正聪明的人会使用自己的智慧，主要是深藏不露，不轻易使用，貌似浑厚，让人家不眼红你。也就是说，做人要精明，但不要过于精明，更不能精明到露骨。

揣着明白装糊涂是一种达观和洒脱

大部分的事情，可以用理智解决，但有时候则要“装糊涂”才能成事。在为人处世中，一个人在非原则问题上不要计较，在细小问题上不必纠缠，对不便回答的问题可装作不懂，对危害自身的询问可假作不知，以理智和“装糊涂”平息可能发生的矛盾。

明明自己心里很清楚，那为什么要装糊涂呢？其原因之一是因为自己相对比较弱小，如果挺身而出与对手直接决战，往往会大败而归。这种“表面糊涂内里精”的手段，其实是一种麻痹对手的计谋，让别人以为自己软弱可欺，对自己放松警惕，便于耐心地寻找对手的弱点。

实际上，历来真正聪明的人都善用表面糊涂的策略。糊涂，而且是佯装糊涂，是一般人很难做出来的，但是，它的确是成功做人的一种方式。揣着明白装糊涂是一种达观，一种洒脱，一份人生的成熟，一份人情的练达。“知渊中鱼者不祥”，看透了别人的心意，有时反而会招祸，保持常态，不动声色，是一种自我保全之策。

齐国一位名叫隰斯弥的官员，住宅正巧和齐国权贵田常的官邸相邻。田常为人深具野心，后来欺君叛国，挟持君王，自任宰相执掌大权。隰斯弥虽然怀疑田常居心叵测，不过依然保持常态，不露声色。

一天，隰斯弥前往田常府邸进行礼节性的拜访，以表示敬意。田常依照常礼接待他之后，破例带他到邸中的高楼上观赏风光。隰斯弥站在高楼上向四面观望，东、西、北三面的景致都能够一览无遗，唯独南面视线被隰斯弥院中的大树所阻碍，于是隰斯弥明白了田常带他上高楼的用意。隰斯弥回到家中，立刻命人砍掉那棵阻碍视线的大树。正当工人开始砍伐大树的时候，隰斯弥突然又命令工人立刻停止砍树。家人感觉奇怪，于是追问原因。隰斯弥回答道："俗话说'知渊中鱼者不祥'，意思就是能看透别人的秘密，并不是好事。现在田常正在图谋大事，就怕别人看穿他的意图，如果我按照田常的暗示，砍掉那棵树，只会让田常感觉我机智过人，对我自身的安危有害而无益。不砍树的话，他顶多对我有些埋怨，嫌我不能善解人意，但还不致招来杀身大祸，所以，我还是"装糊涂"的好，以求保全性命。"

这一段故事告诉我们，知道得太多会惹祸，有时"装糊涂"也是聪明人的一种明哲保身之策。"装糊涂"的意思是说，把自己对人和事的真正看法隐藏起来，让人感觉好像很笨，什么都不明白。其实，很多事自己心里明白就行，没有必要一定要算得清清楚楚，在有些事上，我们需要揣着明白装糊涂。装糊涂是一种大智慧，有很多场合，常常会出现意外事件，如果不能妥善处理，就会发生出人意料的事。这时不妨糊涂一下，或许就能挽回看似无法挽回的局面。

“糊涂”也是一门学问，糊涂不是脑子不好使，而是一种处世之道，有个成语叫“视而不见”，就是很好的解释。对有些事情，你即便已经看到了，也要装作没有看见。例如，对领导的某些行径，你比谁都清楚，但你就是要装作不知道、不在意，故意让自己蒙在鼓里。倘若你说自己知道了，那你就是聪明过头了。

在待人处世中，许多时候装得迟钝一点、傻一点、糊涂一点，往往比过于敏感更有利。我们表现得对一切都明白，精明过人，有时并不是好事。与其事事较真、逞强，倒不如“糊涂”一些。所以，有时装装糊涂，凡事不那么较真，反而会有利于做事，同时也能使场面圆满，使自己受益。

倾听逆耳忠言，是智者的做法

古人有“听君一席话，胜读十年书”之说，善于听的人可以通过听别人的议论，获取经验，增长见识，丰富阅历，这是自我完善的有效途径。

在生活中，一个人无论多么优秀，多么完美，总有一些这样那样的缺点。因此，在人的一生中，被指责批评是很平常的事情，关键是看怎么样对待批评。清朝大理寺卿王昶曾经告诫儿子说："别人抨击我们，我们应当退而反省自身。如果我们自己有可被攻击的行为，那么别人就说得很恰当了。如果我们没有他所说的缺失，则对我们自身也没有伤害，我们又何必去报复呢？所以忍辱的要害是自我反省。"

古往今来但凡成就大业之人，无不是胸怀宽广、从善如流者。他们不但心中有大志，而且能够礼贤下士，倾听逆耳忠言。宋代著名大文学家苏东坡在评论楚汉之争时就曾说："汉高祖刘邦之所以能胜，关键在于他懂得"从善如流"的道理。"

楚汉战争之前，有个叫郦食其的读书人来投奔他。刘邦平日不喜欢读书人，派人回绝说："现在是战争时期，不见儒生。"郦食其生气了，他对管事的人说："你给我进去报告，老子是高阳酒徒，不是儒生。"管事的人赶快进去报告，于是刘邦就把郦食其请进去了。当时刘邦正在洗脚，没有站起来迎接。郦食其向刘邦作了一个揖，劈头就问："你究竟要不要推翻秦朝，夺取天下？你为什么轻视长者？"刘邦听了，赶快趿上鞋，站起来给郦食其陪礼让座。郦食其看到刘邦挺能接受意见，就贡献了一条重要的计策，建议刘邦去进攻陈留。刘邦采纳了这个意见，带兵打下了陈留，结果得到了许多粮食，解决了军粮不足的问题。

与刘邦容忍的态度相反，项羽则刚愎自用，自以为是，他甚至连身边最忠实的范增也怀疑不用，结果错过了鸿门宴杀刘邦的机会，最后气走范增，最终导致了失败。在楚汉之争中，刘、项就因心态气度的不同，一个转劣势为优势，最终取胜，而另一个则截然相反。可见放平心气、接纳批评意见对于在激烈竞争中取胜是多么重要。

在现实生活中，我们千万不要自认为智商高、能力强，对他人给予的意见或建议视而不见。这时一定要保持清醒的头脑，克服自己盲目自信的缺点，进行积极的理性分析，这样才能使自己走在正确的道路上。

大学毕业后，杨帆想开一家服装店。母亲知道他这个创业计划后，劝他说："你叔叔以前做过好多年生意，现在不做了，经验还在，你不如去请教他。"

杨帆心想，叔叔那点老经验拿到网络时代来用，只怕过时了。他决定按自己的思路做事。

他租了一个临街的门面，这周围只有几家食品店和百货店。他想，在这儿开服装店，没有竞争对手，生意肯定错不了。没想到，开业后，他的生意十分冷清，买主很少。他以为这是刚开业的缘故，谁知过了半年，生意仍没有多大起色。眼看苦熬下去没有什么意思，宣布倒闭又心有不甘。正在犹豫时，母亲替他请来了叔叔，帮忙看看生意不景气的原因。叔叔看了一眼就说："你这地方开服装店不行，周围一家服装店也没有，不招客。"

杨帆奇怪地问："为什么？"

“你的店面小，花色品种有限，对顾客的吸引力本来就不大，再加上没有对手竞争，价格没有比较，顾客怎么愿来呢？”叔叔说得头头是道。

杨帆心想：叔叔说的还是很有道理的，这地方不行，那就不如另选地方。后来，在叔叔的指点下，他在另一个地点新开了一家服装店，这回生意做得很不错，后来扩大成了服装超市。

一个人的经历有限，见识也有限。如果有一双谦逊的耳朵，愿意听听别人的见解，那么，就能将别人的见识变成自己的见识，帮助自己获取成功。

善于听取各方面意见的人，都是些聪明的人，他们可以从别人的意见中汲取经验教训。你的意见和看法并不一定是正确的、合理的，而别人的意见和看法也不一定是错误的、无价值的。有了虚心听取别人的意见的胸怀，才会有更多的人愿意指点和帮助你。

所以，在生活中，我们应该保持积极的态度，接受忠告，这样，我们的人生将会更加成功，事业也会更加辉煌。

大智若愚，是大智慧

苏东坡才华横溢，却一生多灾多难，经历了官场的大起大落，对聪明与愚钝有着深刻的体会。他认为聪明是一种天赋，但是“愚钝”一点能使人保持心胸坦然、精神愉快，还可以消除心理上的痛苦和疲惫。一个人如果过分认真，那么必将一事无成。在待人处世中，许多时候装得迟钝一点、傻一点、糊涂一点，往往比过于敏感更有利。

老子在《道德经》中说：“大智若愚，大巧若拙。”大智若愚，即有大智慧的人，不显山露水，不卖弄聪明，表面上看起来很愚笨，其实却很聪明。可见，这里的“若愚”只是一种表象，只是一种策略，而不是真正的愚笨。对于那些不情愿去做的事，可以以智回避之。本来有大勇，却装出怯懦的样子，本来很聪敏，硬装出很愚拙的样子，如此可以保全自己的人格，同时也可不做随波逐流之事。

大智若愚，不仅可以将有为示无为，而且可以静待时机，把自己的过人之处一下子表现出来，打对手一个措手不及。我们要懂得隐藏自己，不要咄咄逼人、聪明外露，这样会弄巧成拙。

吕不韦为秦国做出了巨大的贡献，还帮助嬴政统一了六国。然而，吕不韦的悲剧就在于他声势显赫，“傲”字当头，给秦王造成了很大的威胁，所以，最后他没能善终。

太子政继立为秦王，尊奉吕不韦为相国、“仲父”。吕不韦将《吕氏春秋》公布在咸阳市朝的大门，并悬挂千金在上面，聘请诸侯各国的游士宾客，如有能够增添减少一个字的就赏给千金。消息很快传遍国家的每一个角落，却没有人敢出来修改一个字，这时的吕不韦在秦国是独一无二的权威，权势达到了顶峰，甚至盖过了秦国的君主嬴政。

秦始皇渐渐长大成人，但太后还是不停地跟吕不韦私通。吕不韦推崇儒家的政治思想，而秦始皇则表现了强烈的尊崇法家的态度。吕不韦主张国君不过问具体的政务，而秦始皇则主张所有国家大事，包括一切刑事案件，都要由他专断。这一切分歧，都是没办法调和的。

秦始皇亲政后，借故说吕不韦私通叛党，免除了吕不韦的相国之职，让他去河南就职。

吕不韦到了河南之后，河南就变成了政治、经济、甚至是文化中心。各国使节或是来访大臣到咸阳之前，都会先到吕不韦那里停留议事，到达咸阳见嬴政时，所提出的往往是在吕不韦那里得到的结论。嬴政闻知，心中越发担心了。谁知吕不韦一点没有收敛的迹象，他召集门客吟诗议论，为所欲为。吕不韦的门客到处游走，甚至希望为他重新选一个主人。

这次秦王终于忍不住了，他送给吕不韦一封信，信上写道："你对秦国有什么功劳，秦国要封你河南十万户？你与秦是什么亲属关系，可以称为'仲父'？你和你的家属还是滚回到蜀地去吧。"

吕不韦已经年迈，怎么能够走到四川呢？吕不韦知道事情已不可挽回，就饮鸩而亡。

有人大智若愚，同样也有人大愚若智，区别在于是否有自知之明。一个人不自我表现，不自我夸耀，反而会成就大事，这就是大智若愚。而那些盲目自傲、自以为是、爱出风头的人或许可以取胜一时，但最终会自食其果。

在职场中，如果你的能力确实出众，就有必要装装傻，不让他人感到不如你。多数领导都希望下属与自己相较处于劣势，然而工作中，他会时时发现下属在某些方面有杰出表现，甚至超过了自己。一旦发现下属的能力可能高于自己时，他立刻会坐立不安，还会对其施加压力。因此，当你的才能高于领导时，不可过于锋芒毕露，以免引发领导的猜忌之心。为了不伤领导的面子，明智的下属应该尽力维护好领导的自尊。

在更多的时候，领导需要提拔那些忠诚可靠但表现可能并不是那么出众的下属，因为他们认为这更有利于他们的事业。因此当你对某项工作有了好的可行的办法后，不要直接发表意见，而要在私下里或用暗示等办法及时告知领导。久而久之，领导便会对你倍加欣赏。

即使再聪明，也要显得笨一点；即使再明白，也要装得无知一点；即使再有能力也不激进，宁可以退为进。这才是立身处世的妙招。因此，聪明人总会想方设法掩饰自己的实力，以假装的愚笨来反衬他人的高明，力图以此获得他人的青睐与赏识。

第十章

保持思维的敏感度，保证头脑的鲜活

学会思考，失去恰恰是得到和成功的开始

当我们认为已经失去的时候，其实只要转个弯，就会发现失去其实是一种收获。在这个过程中，我们已经把负能量转化成正能量了。孟子曰：“鱼，我所欲也；熊掌，亦我所欲也。二者不可兼得，舍鱼而取熊掌也。生，我所欲也；义，亦我所欲也。二者不可得兼，舍生而取义也。”人生路漫漫，我们总是会面对得与失的艰难抉择，得与失就如同一对生死兄弟，有得必有失，有失必有得，这就是哲理所在。每个人心中都有一杆秤，衡量着得与失的价值，那到底该如何选择呢？事实上，每一次成功的选择都伴随着智慧，缺乏思考的选择只会让我们失去更多。卡耐基告诉我们：学会思考，让失去成为一种收获。

有一天，智者和学生一起散步，他们边走边谈论着，不知不觉间就走到一个贫穷落后的地区，路过一所破烂的房子，看见里面住着一对夫妇和他们的三个孩子，一家人衣衫褴褛，光着脚板，屋里只有几件破家具。智者问那位父亲：“你们为什么要在这样既无商业又没有工作机会的贫困地区生存呢？”男人回答：“家里有一头小奶牛，可以生产一些牛奶，然后，我们在附近的城镇用牛奶换一些其他的食品，我们将剩下的牛奶制作成奶酪和酸奶，我们就是依靠那头小奶牛生活的。”智者

笑了笑，看了看房子四周，就带着学生离开了。

智者走着走着，告诉学生：“我必须回去，找到那头奶牛，并把它扔下悬崖。”学生听了很吃惊，试图说服老师不要这样做，并说：“那一定会毁掉这个可怜的家庭。”智者却不为所动，而是独自离开。学生想了想，还是追上了老师，并帮助老师将奶牛扔下了悬崖，但是那个画面却让他身心难安。

几年过去了，学生还是没有忘记那件事，他决定出去看一看，或许自己能帮助那家人做点什么，以此弥补自己当年造成的过失。他走进那个地区，却惊讶地发现一切都变了，到处是一片富裕景象。学生感到很沮丧，那家人一定是在丢失奶牛以后，被迫离开了自己的家园，这里早已经易主了。学生继续走着，看见原来那户破房子所在的地方矗立着一座气派的楼房，突然看见了一个看起来十分面熟的男人站在门口，学生认出来了，那就是当年的那个父亲。学生感到很吃惊：“你们是怎么摆脱困境的？”男人笑着说：“几年前，我们家唯一的奶牛突然不见了，刚开始我们很震惊，但无奈之下我们只能去发展新技能，谋求新的生存方式，最后就逐渐富裕了起来。”接着，男人笑着说：“现在看来，丢失那头奶牛是我们家最大的幸事，我们因此却获得了更多。”

有时候，失去并不是一种遗憾，而是新的开始。徘徊在十字路口，失去了某种东西，我们才能有更好的选择，而改变与奇迹才能出现。这样看来，失去恰恰是成功的开始。生活到处充满了选择，有选择就意味着将面临得与失，这是必然的结果。要想有所获得，首先得有所失去，否则永远也没有收获。

卡耐基说：“错过花，你将收获雨。”在人生道路上，失去某种东西对于我们来说可能是一种遗憾，却是对人生的一种体验。这样想来，失去何尝不是一种获得呢？学会选择，懂得在失去中寻找，在失去中体验，在失去中获得，从而让我们的内心更加丰富和充实，这难道不是一种收获吗？即使是同样一件事情，面对不同的选择，有的人会觉得这是一种失去，而有的人则会觉得这就是一种收获。之所以产生这样的差别，是因为看待得失的方式有所不同。

1.失去是一种注定

假如所有的失去是一种注定，我们再伤心难过又能获得什么呢？获得的不过是满身的疲惫，以及铺天盖地的负面情绪。这样只会让自己深陷痛苦的泥沼，再也寻找不到正能量来支撑自己。假如我们把每一次失去都当成一种注定，认为这是没办法改变的事情，那我们的心境就会平和了。

2.让负能量转化为正能量

失去会给我们带来痛苦，这本身是一种负能量，让我们沉浸在痛苦的深渊之中。但是，如果我们能换个角度思考，让失去成为一种收获，那就会激发出我们的正能量。这就是负能量转化为正能量的一个过程。

真正敏锐的眼光，是看在潮流之先

那些思路开阔、目光长远的人，往往可以想在人先、走在人前，而这恰恰是最能推动人前进的正能量。在现今这个资讯时代，商机无处不在。许多白手起家的创业者，往往就是因为抓住了一个稍纵即逝的时机，从此顺利地开始了自己的“掘金”生涯。能致富的人，思路通常都能够放得开，眼光通常都要比常人看得远。美国汽车大王亨利·福特有一次被别人问到，如果他失去了他全部的巨额财富，他会做些什么事情。他连一秒钟都没有犹豫，就说他会想出另一种人类的基本需求，并迎合这种需求，提供出比别人能够提供的更为便宜和更有质量的服务。他说他完全有把握、有信心在五年之内重新成为一个千万富翁。福特的话可以给我们一个全新的启示：真正敏锐的眼光，是看在潮流之先。

史蒂夫·鲍尔默先生是全球领先的个人及商务软件开发商——微软公司的首席执行官。鲍尔默从小就很聪明，在上高中时，他的母亲带他参加全国数学大赛，他进入前十名，摇身成了数学奇才，拿到哈佛数学系奖学金，这个大奖帮助他实现了他父亲的梦想——考入哈佛。

鲍尔默1973年进入哈佛，大学期间，他曾担任校足球队队长，在《红色哈佛》报（*The Harvard Crimson*）和哈佛的文学杂志工作过。他还获得了数学和经济学学士学位。20年后，鲍尔默功成名就后回到底特律私人学校，在开学典礼上他送给新生的忠告是："打开你的思路，放远你的视线"。他说："因为永远有想不到的机会你没有想到、你没有看到，可是这个机会会给你带来一生惊喜的突变。"

未来是现在的延伸，未来是现在人所创造出来的，所以每一个人都可以通过现在看看大多数人在做什么，发现未来的趋势。可以举个简单的例子，如果你能在20年前看得出个人计算机将会成为趋势，你现在就是世界首富了。当时你没有看出来，但是比尔·盖茨看出来了，所以他是世界首富，而你不是。

日本的"电子之父"松下幸之助，是一位富有智慧、善于洞察未来的成功人物。每当人们问及他成功的秘诀时，他总是淡淡一笑，说："靠的是比别人稍微走得快了一点儿。"

第二次世界大战结束后，世界恢复了新的和平。遭受战争创伤的人民，在新的和平环境里又重新燃起了对生活和工作的热情。睿智的松下幸之助又"超前"地看到"新文明"将带来世界性的"家电热"。对于"松下电器"，既是一次发展壮大难得的机会，也是一次艰巨而又严峻的挑战。松下幸之助正是凭借着"稍微走得快了一点"，大刀阔斧地进行机构调整和技术改革，从而使"松下电器"在新的挑战和机遇中得到了前所未有的发展。

20世纪50年代，松下幸之助第一次访问美国和西欧时发现：欧美强大的生产主要基于民主的体制和现代的科技，尽管日本在上述方面还相当落后，然而这一趋势将是历史的必然。松下幸之助正是把握住了这一超前趋势，在日本产业界率先进行了民主体制改革。政治上给予产业充分的自主权，建立了合理的劳资体制和劳资关系；经济上，他改革了日本的低工资制，使职工工资超过欧洲，接近美国水平，并建立了必要的职工退休金，使员工的物质利益得到充分满足；劳动制度上实现每周五天工作日，这在当时的日本还是第一家。

对于这样大刀阔斧的改革，松下幸之助是这样解释的："这一改革并非单纯增加一天休息，而是为了进一步促进产品的质量，好的工作成就会产生愉快的假日，愉快的假日情绪又会导致更出色的工作效率。只有这样，生产才能突飞猛进，效益才能日新月异。"

在一个人成大事的过程中，要想走得比别人稍快一点，就必须具有超前的眼光，看到别人暂时还没有看到的利益。这样你才能赶在别人前面出手，从而有更多的收获。有时候，思维能爆发出来的正能量是前所未有的，那是因为好的思维往往会引领着我们去干一番大事业。

1.打开你的思路

世界上勤奋的人难以计数，但在事业上获得成功的人却不是很多。其原因就在于并不是每个人都有卓越的眼光，都有超前的意识，能看到某个行业未来发展的轨迹。但只要"打开你的思路，放远你的视线"，抬起头来审视前面的路，你就能超脱平凡，走在人先。我们不必要求每个人都有前瞻性的思路，高屋建瓴的眼光，但是只要从身边的人和事出发，往前看一点点，就已经是了不起的成就了。

2.敢于抓住灵光一闪的思维

一项调查研究表明，在众多亿万富翁的发家史中，有这样一个规律：那些头脑灵活、敢想敢为的人，远比那些拥有高学历却头脑死板的人更有前途。很多亿万富翁的第一桶金，都是源于头脑中的灵光一闪。

从不同的角度看问题，你能获得一种全然不同的心境

人生就像一朵鲜花，有时开，有时败，有时微笑，有时低头不语。其实，人生就是这样，无论你处于什么样的境地，多角度看问题，才会发现我们打开了心灵的另一扇窗户，发现人生如此美好，而我们所遭遇的那些根本算不了什么。人生之路本就很曲折，当我们被绊倒的时候，应多角度看问题，以一种积极、乐观的态度去面对人生中的一切。所以，学会多角度看问题吧，这样你会发现事情远没有想象中那么糟糕。

有这样一个寓言故事：有四个小孩在山顶上玩耍，正玩得起劲的时候，突然从山顶远处窜出来一只大狗熊。第一个小孩反应很快，拔腿就跑，一口气跑了好几百米，跑着跑着，他感

到身后没有人，回头一看，其他三个孩子都没有动，便大声喊道："你们三个怎么还不跑呀？狗熊来了会吃人的。"

第二个小孩正在系鞋带，他回答："废话，谁不知道狗熊会吃人呀，别忘了狗熊最擅长的就是长跑，你短跑有什么用？我不用跑过狗熊，只需要跑过你就行了。"这会儿，他惊奇地问旁边的小孩："你愣着做什么？"第三个小孩说："你们跑吧，跑得越远越好，一会儿狗熊跑近我的时候，保持安全距离，我带着狗熊到我爸爸的森林公园，白白给我爸爸带回一份固定资产。"说完，他忍不住问第四个小孩："你怎么不跑啊？等死呀！"第四个小孩说："你们瞎跑什么呀？老师说了在没有搞清楚问题的时候，不要乱决策，不要乱判断，需要做市场调查，狗熊是不会轻易吃人的，你们看山那边有一群野猪，狗熊是奔着野猪去的。"

面对"狗熊来了"同一件事，不同的小孩有不同的思维方式，而每一种思维方式都比前一种考虑得更周到。事实上，当我们试着多角度看问题的时候，就会发现"狗熊"并不是冲你来的，内心那些恐惧和忧虑是多余的，完全没有必要，生活依然是美好的，应该放下心中沉重的包袱。每一个人眼中都有一个与众不同的"小宇宙"，不同的人在各自的"小宇宙"中发现着不同的色彩，演绎着各自的人生。

英国曾举办了一次有奖征答活动，题目是这样的：在一只热气球上载着三位关系着人类生存和命运的科学家。一位是环保专家，如果没有他，地球在不久之后会变成一个到处散发着恶臭的太空垃圾场；一位是生物专家，他能使不毛之地变成良田，解决几亿人的生存问题，还能够运用基因技术使人的寿命延长到200岁；一位是国际事务调解专家，没有他的存在，各个军事大国的矛盾可能会一触即发，地球将面临核战争。但不幸的是，三位专家所乘坐的热气球发生了故障，正在急速下坠，把其中一个人扔出去也许还有可能脱离危险，问题是把谁扔下去呢？

到底该把谁扔下去呢？下面的孩子们想了起来：环保专家很重要，没有他人类将会灭亡；可是，生物专家解决的可是生存问题，没有了粮食人类就会饿死；而国际调解专家也很重要，如果发生了核战争，人类也将会灭亡。这时，一个小男孩说出了正确的答案：“把最胖的一个扔下去。”

有时候，凭着传统的思维来解决问题，常常会让人感到无所适从，机会也往往会在你犹豫不决时悄然离去。如果我们都能像那个小男孩一样，跳出常规思维，多角度去思考和解决问题，可能就会有豁然开朗的感觉。

在炎热的沙漠，两个焦渴疲惫的旅人，拿出唯一的水壶，摇了摇，一个旅人说：“哎呀，太糟糕了，我们只剩下半壶水了。”而另一个旅人却高兴地说：“真幸运，我们还有半壶水！”在现实生活中，许多事情都像那半壶水一样，多角度或者换个角度去思考，你就有了不同的答案、不同的心情。多个角度看问题，我们要有推翻成见的勇气和别出心裁的智慧，即使在黑暗的峡谷，我们也会沿着光走出来，你也会有一种豁然开朗的感觉。

独立思考，激发大脑潜能

每一个年轻人都需要锻炼自己的头脑，扩展自己的眼光和思维。因为这是一个脑力制胜的年代，谁的想法更高明、更有效，谁就更容易提升自己的价值，获得财富的垂青。年轻人不应拜金，但对财富的渴望和追求，却不可削弱。这不仅是改善生活的需求，更是激发大脑潜能、调动大脑思维最原始的动力。很多时候，一个点子看似不起眼，却拥有点石成金的力量。只有看到别人看不到的东西，才能做到别人做不到的事。灵活的头脑和卓越的思维为我们提供了这种本领，深入地洞察每一个对象，就能在有限的空间成就一番可观的事业。

因生产夏普牌电视机闻名的早川电机公司董事长早川德次，在很小的时候双亲与世长辞，他在小学二年级时，就去一家首饰加工店当童工。早川并不自暴自弃，小时候就想：“在这世界上没有疼爱我的双亲，也没有关心我的长辈，我的处境比任何人都悲惨，但只要我努力生活，就不会输给别人。”

他在首饰加工店每天所做的工作就是照顾小孩、烧饭、洗衣服以及搬运笨重的东西。这样过了4个春秋，有一次他鼓起勇气对老板说："老板，请您教我一些做首饰的手工好吗？"老板不但没答应，反而大骂道："小孩子，你能干什么呢？你喜欢学的话，自己去学好了！"

早川心想：那就不靠别人，亲自去学、亲自思考、亲自去做。以后老板叫他帮忙工作时，他都尽量用眼睛看、用心学，这样一切有关工作上的学识和技能，全部是靠自己偷偷学来的。

他的苦苦挣扎与努力终于没有白费，他成为了耳聪目明又富于创意的人。18岁他就发明了裤带用的金属夹子，22岁就发明了自动笔。他有了发明，老板便资助他开了一家小工厂。这种自动笔很受大众喜爱，风行一时。世界没有给他任何东西，他却给了世界很多。在他30岁赚到1000万日元以后，就把目标转向收音机，设立了早川电机公司。

每个人都有独立的思考能力，当把这种能力转变为创意时，生活现状也许就会发生质的改变。商人说，创意无法标价，但它实施后所创造的价值却是切切实实的。卡耐基说，年轻人在刚刚步入社会时，一般很难立即拥有发财致富的机遇，这也符合踏实肯干、付出才能有所收获的道理。但如果此时我们能想出好创意，常常会达到事半功倍的效果。

一个经过思考之后的创意思维，可以说是正能量之源。一位心理学家称，每个人都容易羡慕别人，因为在比较中，总会发现比自己优越的人。很多人不禁感叹，自己何时能赶上别人，能买房买车，能一夜暴富？世界著名的成功学大师拿破仑·希尔在《思考致富》一书中提出，是“思考”致富，而不是“努力工作”致富。希尔强调，最努力工作的人最终绝不会富有。如果你想变富，你需要“思考”，独立思考而不是盲从他人。对于多数人来说，把思考和金钱联系在一起的就是创意。

1.开始你的创意生涯

创意不是高深的科学技术，它的起源常常是有心人的灵机一动，不需要经过严谨的学术训练和精密的理论论证。对于创意，任何一个人都可以与之亲密接触。在我们的实力不足的时候，创意往往起着关键性作用。

2.创意就是一种思维方式

创意更青睐于细心观察生活并随之跟进的人。创意可以使生活的改变加速度，它并非一件实实在在的产品，而是一种另辟蹊径的思维方式。思路决定财富并不是一句空话，处于困境中的人，如果有心要撬动财富的世界，改变自己的人生历程，就应该让创意成为你手中最有力的一根杠杆，因为它可以影响人生的成就和财富的流向。

善于变通，找到成功的机会

当思维走进了死胡同，那就需要进行思维变通。在很多时候，意想不到的思维变通会给我们带来很多惊喜，而这就是正能量的开始。在漫漫人生路上，许多人利用思维的变化找到了成功的机会。相比之下，那些不善于变通的人，纵有一身过硬的本领，也会因为不懂得因时因地变通，而无法捕捉和把握稍纵即逝的机会，从而无法成功。甚至有的时候，机会向他迎面走来，他也会视而不见，让成功与自己擦肩而过。

一位优秀的商人杰克，有一天告诉他的儿子："有一个女孩子，我要你娶她。"儿子说："我自己要娶的新娘我自己会决定。"杰克说："但我说的这女孩可是比尔·盖茨的女儿喔。"儿子："哇！那这样的话……"在一次聚会中，杰克走向比尔·盖茨。杰克说："我来帮你女儿介绍个好丈夫。"比尔说："我女儿还没想嫁人呢！"杰克说："但我说的这年轻人可是世界银行的副总裁喔。"比尔说："哇！那这样的话……"接着，杰克去见世界银行的总裁，并说："我想介绍一位年轻人来当贵行的副总裁。"总裁说："我们已经有很多位副总裁，够多了。"杰克说："但我说的这年轻人可是比尔·盖茨的女婿喔。"总裁说："哇！那这样的话……"

最后，杰克的儿子娶了比尔·盖茨的女儿，又当上世界银行的副总裁。这个故事看似不可思议，却有着一个真实的结果。

生活中最大的成就是不断地自我改造，以悟出生活之道。的确，在很多情况下，外物是无法改变的，我们能改变的就是我们的思想。遇到困难和变化时，让思维尽显其灵活和多变的本质，往往能得到更好的解决问题的方法。

有这样一个故事：柯特大饭店是美国加州的一家老牌饭店。饭店老板准备引进一种新式的电梯。他重金请来全国一流的建筑师和工程师，请他们商讨该如何进行改建。

建筑师和工程师的经验都很丰富，他们讨论的结论是：饭店必须新换一台大电梯。为了安装好新电梯，饭店必须停止营业半年时间。“除了关闭饭店半年就没有别的办法了吗？”老板的眉头皱得很紧：“要知道，这样会造成很大的经济损失……”

“必须得这样，不可能有别的方案。”建筑师和工程师们坚持说。就在这时候，饭店里的清洁工刚好在附近拖地，听到他们的谈话，他马上直起腰，停止了工作。他望望忧心忡忡、神色犹豫的老板和那两位一脸自信的专家，突然开口说：“如果换作我，你们知道我会怎么来装这个电梯吗？”

工程师瞟了他一眼，不屑地说：“你能怎么做？”“我会直接在屋子外面装上电梯。”“多么好的方法啊！”工程师和建筑师听了，顿时诧异得说不出话来。很快，这家饭店就在屋外装设了一部新电梯，而这就是建筑史上的第一部观光电梯。

在人们的传统思维中，电梯只能安装在室内，像这样墨守成规、循规蹈矩的人比比皆是。问题不在于他们的技术高低、学识多寡，而在于他们突破不了常规的思维方式。工程师和建筑师被专业常识束缚住了，而清洁工的脑子里没有那么多条条框框，思路很开阔，所以才会想出令专家们大跌眼镜的妙招。

正能量从哪里来？当然是一切行之有效的方法，方法又从哪里来呢？自然是出其不意的思维变通。当你在迷茫之中找不到任何办法的时候，不妨出去走一走，开阔并变通自己的思维，说不定可以在某个角落找到恰当的方法。

1.不被传统思维束缚

当然，如果你需要改变思维，那首先需要把残留在脑海里的传统思维清理掉，这样才能腾出地方进行变通。在现实生活中，那些墨守成规的人是无法想出好点子的，因为他的思维总是在原地打转。因此，我们要想进行思维变革，就不要被传统思维所束缚。

2.力求最奇妙的思维

意想不到的思维往往是奇妙的，看似不可思议，却又合情合理。就好像查理斯·艾略特找到当时著名的史学家亨利·亚当斯，想聘请他出任中世纪历史的教授。起初，不管艾略特怎样苦苦劝说，亨利·亚当斯都没有任何表示，后来，亨利·亚当斯谦虚地说："校长先生，我真的一点儿都不懂中世纪的历史。"听到他的回答，艾略特校长则客气地说："如果你能够为我举荐一位比你懂得更多的学者，那我就聘请他。"结果亚当斯只好接受了聘请。

很多时候，我们会被人生中的挫折困住，导致人生遭遇瓶颈而不得不困守死角。其实，并不是人生的困境局限住我们，而是因为我们的思路受到局限，所以故步自封。古人云，尽信书不如无书，同样的道理，如果一味地相信规则，那么还不如没有规则。归根结底，我们的人生必须学会变通，才能随机应变，最大限度地让人生变得灵活机智。现实生活中，很多朋友都有属于自己的梦想和人生目标，也知道为了实现梦想和人生目标必须坚持不懈地努力。但是实际上，我们越想实现梦想和人生目标，就越应该保持一颗灵活机智的心。要知道，事情总是瞬息万变的，哪怕是对于我们提前规划好的很多事情，我们也必须更加努力，才能圆满完成。然而，人生不如意十之八九，当我们的努力无法达到预期的目的时，我们也可以适当改变思路、转换方式，也许效果反而更好。

记得曾经有个故事，告诉人们在四合院里不能种树，因为四合院里种树就会变成“困”字。很多讲究这方面的朋友也会说，四合院里不能只住着一个人，因为四合院里只住着一个人就变成了“囚”字，会导致我们的人生被局限。实际上，不管是“困”还是“囚”，我们的人生都不会被客观外界禁锢住。真正禁锢我们人生的，是我们的内心，我们自己无法突破思想的囚牢，所以才会寸步难行。我们唯有破除思想的墙，打破内心的囚牢，才能真正释放自己，从而让我们的人生更加从容坦荡。

很多时候，我们为了达成预期的目的费尽心机。殊不知，如果一条路走到黑，只想着目标而不知变通，往往一事无成。我们唯有最大限度发挥自身的力量，然后尽人力，竭尽所能地变通，才能避开固执己见的人生，让自己的人生豁然开朗。正如西方国家的人们常说的，条条大路通罗马。人生是没有死胡同的，在任何时候，只要我们愿意重新选择一条路走下去，我们就总是能够战胜人生的困境，从而掀开人生的新篇章。

19世纪50年代，很多美国人都涌到西部去，扎堆淘金。当时，利维只有20岁，但是他也梦想着发财，因而他也加入淘金大潮中，奔向美国西部。等到他孤身一人来到旧金山后，不由得被那里的人山人海震惊了。看着那些继续蜂拥而至的淘金者，他在经过深思熟虑之后，决定不加入淘金的队伍，不与那些人抢着淘金，而是要独辟蹊径，重新寻找发财的路子。经过一段时间的观察，他发现那些淘金者购买日用品很难，而且急需购买帐篷等野外宿营的工具。因而，他当即决定开一家日用商店，而且专门开辟出一块地方销售露营用品和野外生存必备的工具等。果然，利维的日用商店一经开业，就生意火爆。

有一次，利维发现有很多淘金工人的裤子都穿坏了，他突发奇想，为何不用帆布制作裤子，从而延长裤子的穿着寿命呢！他想到之后，马上就进了一大批结实耐磨的帆布，并且让裁缝赶制出一批裤子。果然，这些裤子受到淘金工人的追捧，后来成为风靡全球的牛仔裤的雏形。最终，利维·施劳伦斯不但通过为这些淘金工人服务赚取了人生的第一桶金，而且成为举世闻名的牛仔服大王，拥有了属于自己的服装品牌。

当所有人的眼光都集中在淘金上时，利维并没有走那条寻常路。一则是因为淘金的人实在太多，这也就注定了机会被稀释，致富的可能性很小。二则是一件事情当很多人蜂拥而至时，往往意味着这件事情已经不会有好的结果了。因此，利维改变思路，想到可以为这些蜂拥而至的淘金者服务，销售他们需要的日用品和露宿的帐篷等淘金必需品。这样一来，他自然生意火爆。后来，细心的他还针对淘金工人裤子容易穿坏的特点，研发出粗糙耐磨的帆布裤子。他的帆布裤子不但受到淘金工人的追捧，也帮助他成就了自己。

由此可见，很多时候，我们与其和他人扎堆，不如改变思路，另辟蹊径，也许会有意外的惊喜。

成功固然需要坚持，但这并不是要我们一味地死守。任何时候，我们都要保持灵活的思维和变通的头脑及时调整我们的方式方法，从而更好地解决问题，也为我们的人生寻找到更多的出路。

第十一章

保持思想敏感度，不要让他人的想法轻易影响你

不必过分在意别人的眼光，走自己的路

生活中的我们都有过这样的经历：有时候，自己看上了一件衣服，喜欢上了一个人，或者决定要换一份工作，一开始很坚持，却总是在被动地听到了他人的看法以后开始怀疑自己，开始质疑：这件衣服、这个人、这份工作，会不会是一个错误的选择？有了质疑以后，你的决定开始摇摆，甚至最后放弃了你自己的这个想法，听取了你认为的“真理”。或许，你以为这样便能够很好的过完你的一生。但是我想说，残酷的事实会告诉你，这些放弃和妥协不过是牺牲了自己为了他人活完了这辈子。只有勇敢地选择做自己，才是我们每个人都应该学到的最高级的活法。但确实，并不是每一个人都有足够的勇气能够坚定的做自己。

记得在综艺节目《我家那闺女》里面，有人提出了这样一个观点：给人生最重要的人排顺序，排在第一位的必须是自己，然后依次是你的伴侣、孩子和父母。至于为什么是这个顺序，她也做出了一番解释：首先，每个人都无时无刻不在与自己相处，因此自己陪伴自己的时间其实是最长的；而之后的这一生，通常是由你的伴侣陪你一起度过的；但是孩子和你的父母，其实你只是陪伴他们走一段路，剩下的路，更需要他们自

己去走。

这样的想法并没有任何值得吐槽的地方，虽说人各有志，每个人因为自己的家庭环境不同，难免会有不同的三观，但是，这种认知不正是代表了现代独立女性的一部分吗？然而，在诸多的社交平台上，这番言论却遭到了上千万人的谩骂，他们纷纷指责她自私和另类。这反而让人有点啼笑皆非之感：这年头的你们到底是怎么了？只是因为别人内心的懦弱而不敢这样活着，就不允许我们更加爱自己吗？难道一切的与世俗不相同，想要更爱自己一点，就变成了别人眼中的自私和另类？我们已经不是生活在“依靠别人而活”的时代，我们的人生能够依靠的是自己，也只有自己。而“成为自己”就是我们对待生活应该有的一种态度和底气。

或许，足够懂事，足够听话，足够乖巧，都能够让你成为别人眼中的好人，但是试想，这样的你，如此在意别人的眼光，如此忽视自己的心情，如此循规蹈矩不敢越雷池一步，甚至不敢露出自己的一点点锋芒，这样的你，又如何能够摆脱自己不受气的人生呢？人生在世，不够爱自己在很多时候都是我们最大且最容易被忽略的一个问题。

曾经看到一个“人生财务自由的15个阶段”，在那张对照表里面，从第一级的辣条自由，奶茶自由、会员自由、外卖自由、车厘子自由、口红自由、衣服自由、包包自由等一级级的往上递增。有不少月薪七八千元甚至上万元的人们都在下面感慨自己正处在连车厘子自由都实现不了的一个阶段。说实话，车厘子虽然贵，但真的是因为我们消费不起吗？其实，你我都知道，真心不是我们吃不起，而是我们舍不得。现在的我们总是太焦虑，单身的想着以后要结婚买房；结了婚买好房子的想着以后要为自己的孩子有大笔的支出。不管是在人生的什么阶段，我们总是在不停的为自己的未来担忧，总是从现在就开始忧虑将来要花钱的地方，只能不停地催促自己努力，告诫自己不是必需的东西就必须要去学会舍弃，想吃什么先忍着，想买什么先忍着，想喝什么更忍着，一切都忍到以后有钱再说。但是，这以后又会是什么时候呢？其实，你我都不知道。

人生从来都是不可逆的，未来的你或许的确会变得更加有钱，更加富有，但那时候的你还会想吃现在想吃的东西吗？还会想穿现在看上的一条漂亮的裙子吗？我想，到时候，即便你能够买上一堆曾经想吃的那些零食、那些衣服，但是曾经心里留下的那份缺失和遗憾，却是再多物质也弥补不了的。所以，在想吃的年纪里尽情欢畅，在想穿的年纪里尽情打扮自己；在想到处走走的年纪里就尽情享受大好景色。我们不偷不抢，自己努力赚钱自己花费，这又有什么不可以呢？

努力活在别人眼中，就不如学会取悦自己。与其讨好别人，不如讨好自己。所有外界的期盼和认可，都可以是我们的行为参照标准，却不应该成为我们生活的枷锁。因为，我们的人生从来都是属于自己的。穿什么、吃什么、玩什么，都应该是我的自由，与你无关。你可以表示不喜欢，但我却有坚持的权利。因为，这是我的自由。

不随波逐流，保持内心的安宁

记得在2003年的时候，作家村上春树在回答记者询问自己有关“常年陪跑诺贝尔文学奖”这一事的时候，说了这么一段话：“对于我而言，最重要的是读者，我能够做自己喜欢做的事情。诺贝尔文学奖那东西政治味道极浓，不怎么合我的心意。”这并不是村上春树的官方回答，而是他对自己的朋友，他的御用翻译家林少华说的真心话。很多熟悉村上春树的读者都知道，村上一直都是这样，写自己想说的话，讲自己想讲的故事，不受名利烦扰，只求自己内心的安宁。

在日本文坛，村上春树就是这样一个别具一格的存在，他文风独特，行事常常也与他人不同。村上私下很少与外界往来，不属于任何的作家协会，不爱抛头露面，更不喜欢上电视。他极少作报告，也不太喜欢接受采访。很多时候，读者都劝他要多出来参加参加活动，甚至有书粉主动提出要免费帮他打理他的宣传业务。但是，村上春树都选择了回绝。在这个大家都在努力一夜成名的年代里，村上春树却努力将自己活成了一个普通人。他说：“不管全世界的所有人怎么说，我都认为自己的感受才是最正确的。无论别人怎么看待我，我都绝不打乱我自己的节奏。”村上春树这么说，也正是这么做的。正是这样极度自律、我行我素、特立独行，最后他成了日本文坛史上一道靓丽、不可被人忽视的风景。

你有没有想过，你到底想要过什么样的人生？你可能觉得这个问题很烦，因为选项太多，感觉无从选择。其实所有的问题都可以用排除法选出最终的选项。如果你不喜欢一直坐在格子间里，那就去选择自由的做事，如果你不喜欢喧嚣，不喜欢社交，你就选择独自去旅行。你看，很多时候，从一堆选项当中选出一个你最喜欢的是一件很困难的事情，但是学会挖掘自己讨厌的事情，再将选项一个个排除掉，最终留下的就是你一直在寻找的答案。所以，人生从来都不是只有一条路能够让我们慢慢接近自己想要的人生。

曾经有一个朋友跟我讲了这样一个烦恼：在她刚刚毕业参加工作的时候，因为她自己性格活泼开朗，早在大学时代就很喜欢参与学校的各种活动，更是担任过学校的宣传部部长。所以，她自己对于陌生环境的适应能力是特别强的，与陌生人沟通交流的能力也是蛮不错的。因此，跟很多刚刚毕业的新人不一样的是，她在入职不久就跟周围的同事们打成了一片，很受领导以及老同事们的欢迎。

原本，明朗的工作前景和融洽的工作环境让她觉得一切简直堪称美好。而且，那段时间，姑娘不管做什么事情都得心应手，信心十足。但是就在前两天，一位和她一起进入公司并且关系不错的同事告诉她，有好几个新人在她背后骂她心机，说她年纪轻轻，却会使一些手段，把同事和上司哄的团团转。听到这些以后，她委屈的眼泪都快要掉出来了。她说自己跟那些人从实习到正式入职，自己对待她们从来都是一样的亲厚，可为什么她们却会这样诋毁她，自己又要怎么做，她们才会开心，以后才能更好地相处。

朋友这样问我的时候，我实在惊诧于她的反应。在我看来，明明不是你的错，又为何非得你来屈就她们？再者，既然绝大部分的人都已经认可你，又何必去在意这几个人的看法？人生在世，我们一定要获得所有人的认可才能心安吗？

人生就是这样。很多时候，我们总是迫切地希望能够得到周围所有人的认可与肯定，所以很多时候我们就会过于在意别人的眼光和对于自己的评价，我们总是习惯于从别人的眼中查看自己，从穿着打扮到言行举止，再从工作态度到工作方式，我们总是小心翼翼地处理每一刻的自己。但最后，令人沮丧的是，你会发现：无论你自己怎么努力，哪怕你得到了周围99个人的认可，第100个人仍有可能会对你冷眼相待。而你所认为的做的很好，或许也还是会让别人不满意的。所以，不要忘了这世间万物的多面性，人与人之间总是会存在着一些利益冲突，而一个人的人心，更是难以揣摩，这种种早就注定了我们不可能得到所有人的喜爱和认可。

由此，其实你要自己搞清楚这样一个法则：我们每个人都是世界上独一无二的存在，只要做好自己，按照自己的意愿走好这一生，等到许多年后的某一天，自己回首过往的时候不会后悔曾经做下的一切，那便足够了。至于其他人，他们的看法与你无关。你没有必要活成所有人都喜欢的样子，你也永远都活不成所有人都喜欢的样子。所以，做自己，便挺好。

保持思辨的独立，做一个有主见的人

《欢乐颂》电视剧热播的时候，有不少人被里面的曲筱绡一角给圈粉了。剧中的她古灵精怪，看问题看实质，说话总是一针见血，不仅特别聪慧，而且特别拎的清。这样的女孩子张扬热烈，就像是一杯烈酒，虽然一开始入口的时候会让人有辣嗓子的感觉，但是事后却让人感觉辣的很爽，大呼过瘾。细看曲筱绡的行事作风，办事从来都是杀伐果断。小小的个子里面总是隐藏着大大的能量，一众姐妹团谁遇上什么事情的时候，总是她最后果断决策，以至于高知魅力男人赵医生被她迷的神魂颠倒，甘愿将她捧在手心里，宠溺无限。

而剧中与她形成鲜明对比的便是隔壁房中的邱莹莹，一旦恋爱便失去理智，迷失自我。在她第一次将自己的男朋友白主管带回来见众姐妹的时候，曲筱绡第一次见到便觉得对方是个渣男，无关其他，而只是凭借自己的阅历。于是，出于保护自家姐妹，出于想摸清他秉性的原因，她往白主管的口袋里塞了纸条，果不其然，一测就中。

拎不清的邱莹莹大声指责曲筱绡的多管闲事，面对指责，曲筱绡没有推脱，直接承认了自己的所作所为。邱莹莹气的不再理睬曲筱绡，换作他人可能会觉得气闷，不再多做解释。曲筱绡却选择了主动说明缘由，表明自我立场。

看剧的时候，真心喜欢曲筱绡这种拎的清的性格。她做事的时候，就像是两套处事标准，是非分明。对于她在意的想要保护的人会给予无条件的保护和支持，对于她嗤之以鼻的行为和举动也会嘴贱到讽刺的别人体无完肤。她从不在意别人会怎么看待她，只是用实际行动做好自己。

有人问，那什么才是拎的清？或许有些人天生的眼界和经历就决定了他目光的狭隘和行事的风格，两者之间其实根本没有什么对比性。所谓的拎的清，并不是说一个人要明白多少的大道理，而是你能够认真地去理解生活中的一些小事情，去体谅别人的不容易和不得已，而不是自私的只从自己出发。从而，拎的清的你应当会明白，自己应该在什么时候，做什么事情。因为，相比较那些做事拎不清的人，说话做事，非死即伤。而那些拎的清的人，不仅更会照顾别人的心理，也更会考虑所处环境的因素。他们与你相处的时候就像是一股春风，走到哪里，哪里便能暖和起来。试想，又会有谁不愿意与这样的人相处呢？

在社会这张大网里面，任何的一段关系，但凡能够维持到最后的，一定是能够让彼此感到舒服的。而如何能够让彼此感到舒服，学会明白是非，学会拎的清，是一项非常重要的准则。就像是张爱玲曾经说过的："所有的男人和女人，终于栖息之地，不是他人，唯有自己。"确实，观察我们身边那些活的轻松、幸福的人们，你会发现，他们的故事，相对于普通的人们的启发往往就在于，他们总是拎的清的。

我们人生的好与不好都要学会去迎接和拥抱。不管曾经发生过什么，我们每个人都要有热情和耐心去学会面对未来。对于曾经的那些过往，只有放下委屈的心态，我们才能够获得最终的安宁。人生中的许多事情，我们只有跳出了当事人的圈子，学会冷眼旁观，理性客观分析，通过表象看到实质，你才会发现：其实，所有的真相都有迹可循。

人生中的很多事情，尤其是爱情，往往都重在遇对人，而不是让自己一直保持多努力、多认真，多么的不惧牺牲。往往，爱情只是心的怦然心动，只是灵魂的刹那交汇，而从不是你所认为的天道酬勤。由此，你会发现：生活中拥有幸福生活的人也都是拎的清的。无论你遭遇多少挫折和低谷，但只要你有一颗拎的清的心，日子总是会过的越来越好的。学会明辨是非，学会拎的清，遇到人生中的任何事情都保持自己的理智，不要纠缠不清，更不要强求不放，欺人欺己。保持自己思辨的独立，做一个有自己主见的能明辨是非的人！

在保持善良的同时，也应当要保持警惕

记得上大学临近毕业的时候，我们班级要评选“校级优秀毕业生”。很多人都知道，学校给每个班级的优秀毕业生名额一定是有限的。当时给我们班级的名额是班级人数的百分之十，班里一共有五十几名同学，只有五个学生能有这个资格。很荣幸的是，我当时就是这五个人中的一个。但是，当时我有一个同寝室的女同学，可以说是我的死对头。同寝室的几年时间里，不管我做什么，总是会受到她的冷嘲热讽。按理说，如果我们之间存在一定的竞争关系，那我是能够理解她的。可偏偏，我们之间从未有过任何互相竞争的关系，我也实在不明白为何她会对我有这么大的敌意。

这一次，果不其然的，我又听到了她在四处说我的不是。说我的优秀毕业生资格全靠拉拢老师，挤兑身边同学。总之，我觉得在她的描述下，我就是一个全靠吹捧巴结学校老师生存的交际花。这种无中生有的造谣抹黑，经常让我感觉这不像是一个正常的年轻人应该有的格局和气度。

我静下心来思考，如果我不能当选这个优秀毕业生，那她会获得这个资格吗？如果即便我当选不了，她也得不到这个名额，那她又是为了什么呢？我实在百思不得其解，便决定在毕业之前一定要弄明白原因。于是，我好不容易约到她面谈。我说，你给我一个理由，大家都是成年人，有什么话就直接说，

如果你觉得我确实是哪里做的不够好，或者是你讨厌我的理由确实是我存在的某个问题，我可以放弃这个名额。后来，她说，没有原因，我就是讨厌你而已。

“我就是讨厌你”，的确，在没有跟她面谈之前，其实我也知道这会是一个原因。但是当一个人当着你的面说出这句话的时候，说实话，我还是感受到了伤害。曾经，我特别讨厌那种“损人利己”的人，认为他们太自私，为了达到自己的目的，竟然不择折手段地伤害其他人。但是后来，我忽然能够理解这些人了。大多数的时候，我们所认为的损人，其实只是损害了自己认为的不正确；而我们认为的利己，往往只是因为利的不是我们自己而已。往大点说，如果损人的人能够情商高一点，进入一种良性竞争，其实这是一个非常良好的生态链。而这种损人不利己的人，相较来说，才是最为恐怖的。因为他永远都像是一只无法被满足的小兽，即便你放弃得到的也不一定能够满足她，唯一能够满足他的，我想，只有牺牲那个他讨厌的人。

曾经有一个朋友，跟我讲过他自己的一个经历。在他自己创业做老板以前，也曾在原来的公司里面碰到过这样一个人。他会在他的背后说尽坏话，说他如何靠着自己的巴结一步步讨好别人。也会在他当选优秀员工公示的时候，写无中生有的匿名举报信……我问他，整天被这么一个人缠着，不会想着要离职吗？朋友笑笑对我说道：“我为什么要走，该走的是他。我相信一个足够有脑子的领导和同事，都会更相信自己的眼睛，而不是耳朵。我只是想让他知道，做人可以不讲情分，但是一定要讲道理，有道德。”

后来有一次，整个部门就只有朋友和那个人一起加班，朋友正好出门打算拿外卖，结果中途折返拿车钥匙的时候，却发现那人正坐在他的座位上。那人看到朋友折返，一脸的尴尬，而朋友看到，自己辛苦加班做出来的方案就在计算机桌面上，已经被他故意删除了。但是那人不知道的是，朋友一直有用U盘备份方案的习惯。所以，第二天早上上班的时候，朋友还是正常向领导汇报了方案。这一次，朋友将方案被删除这件事情告诉了领导，他对领导说，损失一个人的方案并没有什么关系，但是这份方案是为了一个大客户做的，如果没有了，员工连夜加班不说，可能还会严重影响方案的质量，毕竟，创意往往就是一瞬间的事情。

当日，朋友的领导虽然没有立刻处理这件事情，但是他对朋友的敌意和损害之心却是人尽皆知的事情了。后来，即便朋友没有做什么，那人自己却渐渐待不下去，最终选择了离职。

我欣赏朋友高明的处理方式，既保护了自己，也让那人为自己犯的错承担下了一切该付的责任。损人不利己的人大概是在世界上最为可怕的一种存在，如果你不幸遇到了这种人，请千万不要心慈手软。

沮丧的时候，未免会想：自己的人生中为什么会碰到这么多损人不利己的人，明明你跟他们都是陌生的存在。在保持善良的同时，我们也应当要保持警惕，在维护自己尊严的时候更要学会保持一种愤怒。而我们自己，千万不要去做那个损人利己的人，更不要去成为损人不利己的存在。因为，时间那么宝贵，千万别把我们的时间浪费掉了。人生或许会遇到很多的困局，但是不管怎样，那个解局的人都应该是我们自己，那个应该获得尊重的人也是我们自己，那个不该让自己受伤害的，同样还是我们自己。

第十二章

追求适度，敏锐捕捉美好生活

被贪婪吞噬，就无法找到内心的宁静

随着社会的发展，一些人对于金钱和物质的追求越来越急切，欲望的沟壑已经淹没了人心，使他们随着欲望沉浮，甚至在人生的海洋上茫然不知所措，更无法找到最初的方向。毋庸置疑，欲望已经进入了极度膨胀的时代，人心也变得贪婪，被各种物欲挤压，失去了原本的纯真和善良。金钱名利和权势固然重要，也能够给我们提供物质极大丰富的生活，但是那一切真的是我们人生的所有追求，而且也能给我们带来纯粹极致的快乐吗？当然不能。任何情况下，被欲望胁迫的生活，在欲望满足的那一刻也许会得到片刻满足，最终却很空虚，再也无法找到内心的宁静。

很多时候，我们的心之所以不安宁，我们的人生之所以惶惑不安，并非完全因为外界的喧嚣，而是因为我们内心的贪婪和无知。不可否认，人有很多劣根性，其中贪婪就是严重的一条，也会给生活带来很多的负面影响。唯有超然物外的人，才知道生命的最终目的是获得体验和感受，而所谓的身外之物，哪怕代表着金钱、名利，也只是生不带来、死不带去的浮云。现实生活中，很多富翁为了赚取更多的金钱，总是不遗余力地拼搏，每天甚至根本抽不出时间来陪伴孩子和家人。直到年华老去，积劳成疾，他们才意识到前半生拿命换钱也许可以实现，但是后半生用钱买命，却是万万不能的。所以哪怕他们再怎么努力，愿意付出所有来换回健康的生命，来争取更多的时间陪伴生命中最重要的人，也是不可能了。人生短暂，与其等到不能挽回时再追悔莫及，不如从现在开始就努力看开一些，豁达对待人生，从而摆脱欲望的驱使，成为欲望的主人，从容安然地安排和享受生活。

作为音乐学院的学生，朱莉自身条件不错，不但长得漂亮，而且身材高挑，非常出众。早在大一，朱莉就谈了个男朋友。因为朱莉家境富裕，男朋友家也有家族企业，所以朱莉早早地就过上了富太太的生活，根本不像是学生。在学校里，朱莉成为风尚的引领者，几乎每天穿的衣服都不带重样的。偶尔，她是可爱的萝莉；偶尔，又是成熟干练的职场女性；偶尔，还是淑女风或者熟女风……总而言之，学校变成了朱莉的秀场，她每天都在不遗余力地展现自己的美丽。很多女生都羡慕朱莉，朱莉为此更加沾沾自喜起来。有一次，朱莉过生日，已经有了满柜子的包包、鞋子和数不清的漂亮时装的朱莉，居然要求男朋友送她一辆跑车。虽然男朋友向来挥金如土，也对朱莉有求必应，但还是觉得以朱莉的学生身份，开一辆跑车未免有些太扎眼，而且他和朱莉毕竟没有确立关系，也没法和父母提出要几百万元的跑车送朱莉。为此，男朋友拒绝了朱莉的请求，朱莉为此感到很不满意。

一个偶然的机会，朱莉认识了社会上的一位男性。这位男性人到中年，事业有成，是一家上市公司的老总。虽然他已经有了老婆孩子，而且有不止一个情人，但他依然被青春靓丽的朱莉吸引住了。为此，他送了一辆跑车给朱莉，并且邀请朱莉住进他位于郊区的别墅中。就这样，朱莉成为那位男士的“金丝雀”，完全荒废了学业。十几年后，朱莉人老珠黄，她昔日的同学早已经在音乐上有了造诣，她却被这个富翁抛弃了，成为整日哀怨、以泪洗面的弃妇。

毫无疑问，朱莉选错了人生的道路，在欲望的驱使下距离人生本来应遵循的轨迹越来越远。殊不知，物质的欲望就像无底深渊，任何时候，假如一个人不能合理控制自身的欲望，就会被欲望蒙蔽眼睛和心灵，甚至完全迷失人生的方向，越来越沉沦下去。

现代社会，奢侈品市场异常火爆，就是因为这个时代有很多在欲望中迷失的人。还记得《渔夫和金鱼》的故事吗？如果不是因为老太婆那么贪婪，总是不断地提出更加过分的要求，也许贫穷的渔夫和老太婆早就过上了幸福的生活。欲望就像一个肥皂泡，如果不断地吹啊吹，这个肥皂泡一定会彻底破掉。要想让欲望对生活起到积极的作用，我们就不能过分地吹这个肥皂泡，而要让其保持在最美丽的、大小适度的状态。在物欲横流的今天，你到底是欲望的奴隶还是欲望的主人呢？你可曾为了满足自己的欲望而不择手段、迷失方向呢？如果没有，那么恭喜你，你还是欲望的主人。如果有任何一点点不好的苗头，就请赶快摒弃欲望，在人生中保持清醒和理智，从而成为欲望的主人吧！

保持内心的安宁，放下不切实际的幻想

当我们的心中充满非分之想时，我们的人生必然无处安放。所谓非分之想，顾名思义就是想那些不该想的事情，不可能实现的事情，也包括那些超出我们的能力范围、与我们的身份地位完全不相符的事情。这些事情虽然可以想，但是却没有实现的可能，因而总是给我们的生活带来无限的烦恼，让我们心浮气躁，无处安放自己的内心。例如，有些人明明能力达不到，却偏偏梦想着自己有朝一日飞黄腾达，发大财、当大官，这样不切实际的想法只会使他们陷入白日梦中，甚至不再努力面对现实的生活。还有些人，好好的工作不干，不是做生意的料，却偏偏要与人合伙做生意，这也是非分之想。现代社会最普遍的非分之想，就是很多男人或者女人，对于自己的另一半不满意，因为这山看着那山高，不掂量掂量自己的分量，却总是不切实际地想要拥有更多。不得不说，这些非分之想完全打乱了人们的生活，使人们认不清自己。

现代社会虽然发展迅猛，整个世界都日新月异，但是超

快的生活节奏和巨大的工作压力，使人们越来越浮躁，动辄就会吵闹得不可开交，社会上的很多恶性事件往往并非起源于深仇大恨，而只是起源于一言不合。特别是在现代职场，很多人整日上蹿下跳，不想着做好分内之事，却总是背地里使坏，想要通过贬低他人抬高自己，更想不劳而获，赢得人生的更多可能性。这样一来，职场被他们搅得乌烟瘴气，原本那些全力以赴、踏踏实实工作的人，也变得心浮气躁，整个工作的环境会更糟糕。实际上，不管是在现实生活还是工作中，我们每个人都应该实现自己的价值，贡献出自己的力量。整个社会就是一个大家庭，每个人都是这个家庭的一分子，只有作为个体的因素更加稳定，社会才能戒骄戒躁，进入良性发展中。在生活中，我们一定要脚踏实地。毕竟，我们最终只能用实力为自己代言，而不要想着只靠着三寸不烂之舌就能搞定人生。

大学毕业后，马玉进入律师事务所工作，从最基础的工作做起。刚开始时，他收入很低，也不稳定，幸好他的妻子苏雨是个精打细算会过日子的人。虽然也毕业于法律系，但是苏雨却没有进入律师行业。她说："律师是需要有经验才能出名的，要慢慢熬。咱们家里你一个人当律师就好，前期我先去做销售，这样也能贴补家用。"就这样，苏雨去了房地产公司，负责销售一手房。因为蕙质兰心，也能够为客户着想，苏雨的销售业绩非常好，始终在公司里名列前茅。在马玉还是小小的律师助理时，苏雨就已经月薪过万了。

很快，苏雨和马玉一起攒了一笔钱，付了首付，在大城市里有了自己的家。几年之后，随着马玉的收入越来越稳定，苏雨也正好怀孕，就辞职回到家里当起了全职太太。从职业女性到全职太太，苏雨适应得很好，但是马玉却随着名气渐长，身边簇拥了很多年轻漂亮的女孩。渐渐地，他忘记了苏雨当初是如何努力工作，作为他的坚强后盾的，而与新来的助理林林眉来眼去。的确，在林林眼中，像马玉这样的成功男士就像神一样的存在，她看马玉的眼神都充满了敬意和崇拜。而回到家里再看忙碌的苏雨，马玉总觉得看不顺眼。最终，在林林的强烈攻势下，马玉缴械投降，成了林林的俘虏。真正得到马玉之后，林林曾经信誓旦旦地说不会影响马玉的家庭，如今都不作数了。她整日催着马玉离婚，律师事务所里也因为她故意表现出与马玉的暧昧，所以充满了流言蜚语。最终，苏雨知道了这件事，有洁癖的她选择了离婚，独自一个人带着孩子生活。作为过错方的马玉净身出户，被林林抛弃，一夜之间变得一无所有。

原本，马玉对于生活应该感到非常满足，毕竟这个家庭是苏雨给他的，苏雨一直以来为家庭付出了很多。遗憾的是，很多人对于自己所拥有的都不懂得珍惜，因而总是奢望得到更多，最终让自己陷入被动，再也没有机会挽回一切。其实，对男人而言，出轨就意味着人生从此进入进退两难的境地，最终很有可能三败俱伤。所以聪明的男人从来不会轻易惹祸上身，他们很清楚欲望是魔鬼，会把他们拖入无底深渊。

既然意识到欲望的邪恶，我们就要在被欲望征服之前，努力主宰欲望。任何时候，都不要让心变得贪婪，只有握在手里的幸福，才是真正属于我们的幸福。尽管你的生活并不富裕，也不高贵，但是正如古人所说，知足常乐。只要你把欲望控制在合理的范围内，那么你就能够成为欲望的主宰，驾驭欲望，成就人生，让每一个心安的日子都成为生命中最美好的旅程。

别被欲望束缚，看淡功名利禄

只要人活着，就有欲望，诸如想要吃得更好，穿得更好，也想要得到他人的认可，获得至高的社会地位，受到他人的尊重……这些内心深处的渴望，最初的本源都来自欲望。在合理范围内，这些欲望能够激励我们不断努力，成就人生，而一旦被欲望束缚，人生就再也无法展翅翱翔，甚至还会陷入欲望的深渊无法自拔，结果让人感慨和遗憾。

随着社会的发展，物质极大丰富，生活水平也得到提高，所以人的欲望也越来越多，愈发强烈。举例而言，现在有很多人都不再满足于住小房子， 而是迫不及待地想要住进大房子里，再买好车；有些人在生活上升了一个层次后，非但不感到满足，反而陷入更大的欲望中。然而，人生的价值并非简单地以金钱、名利和权势作为标准就能衡量的，最重要的在于内心的感受，在于人生是否充实地度过。

现实生活中，很多人为了功名利禄忙忙碌碌，殊不知，不管是金钱也好，权势也罢，任何人在离开这个世界的时候，都必然和出生一样赤条条的，任何东西都带不走。很多人迫于生活的压力，一味地追求高薪、高职位，为此甚至忽略了家人，错过了孩子的成长。正如一首歌里唱的，时间都去哪儿了，不但父母在养育孩子的过程中渐渐老去，忙碌的父母也在忙忙碌碌中错过了孩子的成长，转眼之间孩子就大了，父母就老了。人生最大的遗憾，莫过于树欲静而风不止，子欲养而亲不待。不要再说等有钱了就陪伴孩子、赡养老人，因为不管是老人还是孩子，都经不起等待，都需要你此时此刻的陪伴。也许对孩子而言，住大房子并不重要，重要的是在父母的陪伴下拥有快乐的童年；对父母而言，孩子对他们物质上的回报并不重要，他们需要的只是孩子常回家看看。所以，唯有抛开生命中那些困扰我们的名利金钱，回归生命的本真，我们才能更好地面对人生、把握人生、享受人生。

亨特是国王的仆人，每天，不管国王去哪里，他都快乐地给国王赶车，陪伴在国王的身边。有一天，亨特和往常一样快乐地唱歌，看起来无忧无虑，国王忍不住问：“亨特，你的人生难道没有任何烦恼吗？”亨特想了想，说：“我的确没有什么烦恼啊，我每天跟着您游山玩水，去过很多地方，也有充足的食物，还有漂亮的衣服。我还有什么烦恼呢？”听了亨特的回答，国王更困惑了，他哪怕拥有整个天下都不快乐，为何亨特只拥有这么少，却这么快乐呢？为此，国王找到智者求教，智者说："我也不知道亨特为什么快乐，但是我有办法让他变得不快乐。到时候，我们，包括亨特自己，也就知道他之前为什么那么快乐了。从今往后，您可以在适当的时候奖励给亨特一个金币，渐渐地，他就会越来越苦恼。"

国王尽管不知道智者的用意，却还是按照智者的安排去做了。每当亨特在一件事情上表现很好时，国王就奖励给亨特一个金币。刚开始时，亨特每得到一个金币都会高兴好几天，但是随着拥有的金币越来越多，他非但不快乐，反而变得愁眉苦脸起来。国王问："亨特，如今你有钱了，为什么不快乐呢？"亨特说："我是有钱了。但是我只有九十九个金币，您已经很长时间没给我金币了，所以我感到很着急。要是我有一百个金币，那该多么高兴啊！"国王恍然大悟。原来，亨特之前一直很快乐，是因为他对生活无欲无求。而那些金币恰恰使亨特对生活充满了欲望，这样亨特自然也就陷入烦恼之中无法自拔了。

每个人都有自己快乐的理由，只不过在全心全意享受快乐时，人们往往忘记了自己为何快乐。就像对于很多美好的东西，人们在拥有的时候并不知道珍惜，只有失去了，才会追悔莫及。生活中，常常有人拥有爱情，却渐渐因为生活的贫瘠对于爱情很不满意，殊不知，在得到更多的金钱和物质之后，他们更会感到空虚，而怀念已经渐行渐远的爱情。任何时候都要珍惜拥有的，也要降低自己的欲望，才能让快乐常伴身边。

人生之中，最大的收获并不在于拥有功名利禄，而在于内心的感受。一个聪明人，哪怕追求物质，也只是为了更好地生活，但是他们不会本末倒置，为物质和金钱所负累，最终反而失去一切。对待生活，我们要全心投入，摒弃私心杂念，才能更加深刻地了解生活的含义，找到生活的真谛。

追求唯有适度，才能保持人生的积极态势

人生是需要追求的，否则就会庸庸碌碌，哪怕穷尽一生也一事无成。没有追求的人生，如同船只在漫无边际的大海上航行，却始终没有方向，更无法到达目的地。一般情况下，我们要为自己确立远大的人生目标，还要把这些目标进行分解，从而变成短期内通过努力就可以实现的短期目标或者中期目标。这样一来，我们既能够牢记初心，不忘始终，也能够在短期努力之后得到满足，从而让追求更加执着，效率倍增。事实上，人生不如意之事十之八九，并非所有的追求都能实现。举例而言，哪怕是几个有着同样梦想的人，人生的发展也不会完全相同。有的人朝着梦想不断努力，因而能够最大限度完成梦想，让人生更接近成功，直至获得成功。有的人虽然很愿意设想人

生，却不能竭尽全力实现梦想，总是在遭遇小小的挫折时就放弃，最终导致一事无成。

当然，凡事皆有度。所谓的追求，要求我们竭尽全力，但并不是让我们不撞南墙不回头。成功需要很多因素的支持，追求唯有适度，才能保持人生的积极态势，否则我们如果为了追求而放弃人生中其他的事情，那么就是本末倒置。这就像工作与生活的关系一样，工作是生活重要的组成部分，也是生活中不可或缺的支撑部分，但是工作的目的是更好地生活，而不是彻底遗忘生活、放弃生活。所以对任何人来说，如果为了工作而放弃生活，为了工作而使生活被忽略和遗忘，那么就是颠倒了生活和工作的关系，完全迷失了生活的意义。过度的追求非但无法对人生起到积极的影响和作用，还会让人心在追求之中变得贪婪，导致事与愿违。诸如现代社会，一些人会陷入攀比，看到别人买大房子，自己也就不顾现实情况，盲目追求大房子，最终使得家里生活质量大大降低，家人怨声载道。看到同事开车上下班，哪怕家里距离单位走路只需要十分钟就能到达，也马上贷款买车，每天开车在单位附近转悠半个小时才能找到停车位……攀比是永无止境的，因为我们永远无法预料别人的生活会发生怎样翻天覆地的变化，如果我们总是不自量力地想要学着每一个人的样子获得成功，那么我们就算是累死，也无法达到。

现实生活中，很多人怨声载道，似乎他们的生活中都是不如意。实际上，他们的生活真的有那么不堪吗？只是因为他们陷入欲望的深渊里，总是不断地和他人相比，又完全不顾及自己的实力，才会导致自己变得这么被动。在人生的道路上，我们追求更高品质的生活完全无可厚非，但是一定要记住，追求不能无止境，对欲望的纵容更不能无限度。否则，即使我们拥有再多，也始终会感到不满足，甚至使自己陷入内心的黑洞里，从此之后与焦虑不安相伴，彻底失去幸福与快乐！

很久以前，有个年轻人每天都郁郁寡欢，总觉得自己处处不如别人，更不知道怎样才能获得幸福和快乐。为此，他特意来到深山里，拜访一位大名鼎鼎的智者，希望智者能够指点他的人生，让他从此快乐起来。

年轻人费了很多周折，终于见到了智者。当他喋喋不休讲述完自己的烦恼和苦闷后，智者没有说话，而是走到厨房里，拿了一个非常破的背篓，让年轻人背着背篓去山上捡石头。智者告诉年轻人：“这座山上奇石很多，假如你看到漂亮的、独特的、美丽的石头，你就将它们捡来，放到背篓中背到山顶。”年轻人困惑地看着智者，虽然他不知道智者是何用意，但是想到智者是世外高人，做事情定然有自己的道理，因而他就顺从地背上背篓，开始爬山。一路上，他发现很多石头都特别独特，有的造型与众不同的，有的色彩鲜艳绚丽，因而不停地捡起石头放到背篓中。虽然每一块石头都很小，也不重，但是随着积累的石头越来越多，年轻人觉得背篓变得特别沉重。

原本一路上欣赏沿途美景的他，不由得唉声叹气，恨不得马上把背篓扔到地上。但是想起智者的话，他只能继续坚持着往山顶爬去。直到正午时分，他才爬上不太高的山顶，这个时候，智者已经站在山顶等他了。

智者问年轻人："小伙子，觉得怎么样？"年轻人想了想，说："原本是很轻松的，但是随着石头越捡越多，背篓就越来越重，最后简直累得我气喘吁吁。"智者又问："那么，你为什么要捡起那么多的石头呢？"年轻人说："我觉得那些石头还都挺好的，也各具特色，就情不自禁地捡多了。"智者意味深长地笑了，说："是啊，对于一块块石头，你尚且如此放不下，那么可想而知在人生之中，你必然也非常贪婪，总是不遗余力地追求你认为好的东西。"年轻人点点头，智者接着说："遗憾的是，一个人的时间和精力总是有限的，一个人的生命也是有限的。假如你总是贪婪地捡起这些石头，但是却不知道清空背篓，那么你必然越来越累，到最后甚至完全无法挪动脚步。其实，人生之中美好的事物的确很多，但是我们却要追求有度，不能贪婪。例如，捡了芝麻丢了西瓜，实际上就是猴子在进行取舍。但是人呢，人虽然理智，却做出了捡到西瓜也不丢芝麻的选择，最终只能导致疲惫不堪。"年轻人若有所悟，问智者："那么，我到底怎么做，才能让生活变得轻松起来呢？"智者说："现在你下山，每走一个台阶，就丢掉一块你最不中意的石头。"年轻人领命而行，在到达山脚下的时候，果然背篓里还剩下几块最好的石头，而他也越走越轻松，心情也渐渐美好起来。此时，智者最后点拨年轻人："哪怕是美好的东西，也会成为生命中不能承受之重。如果你学会做人生的减法，那么你就能够轻松愉快的生活，再也不会累得精疲力竭。"

现实生活中，很多人都和年轻人一样，只会做人生的加法，而不会做人生的减法。有追求的人生固然会得到好的结果，但是过度追求也使我们变得固执，满心疲惫。不管追求什么，我们都要理性，不要因为那些事物是美好的，就会不假思索想要得到。此外，我们还要考虑自身的情况，毕竟每个人对于人生的承受能力是不同的。当我们的脚步越来越沉重，人生的进度也渐渐放缓，我们不如就学会清理人生，甚至让人生归零。这样，我们才能再次恢复承受的能力，也变得机智灵活，从容应对人生。

对每个人而言，人生都是有舍也有得的。大多数人一味地只想得到，却不知道舍弃也是得到的一种方式。要想拥有轻松愉快的人生，再也不要一味地追求和霸占，而要学会丢弃，这样才能在有限的生命中获得更多，也才能四两拨千斤，让人生变得淡然。记住，过多的追求是人生的负累，会使人不堪重负。当一个人的眼睛只盯着眼前的利益时，必然会变得鼠目寸光。我们唯有开阔自己的眼界，让自己站在人生的高处，才能拥有广阔的视野，才能让生命自由地绽放。

知足常乐，降低对生活的欲望

每个人对于生活，都有自己的理想和设想，尤其是未经世事的年轻人，更容易把生活想得过于美好，让一切都变得跟花儿一样。殊不知，无数年轻人怀揣着梦想和激情来到大城市，似乎只有熙熙攘攘的大城市才能寄托他们对于人生的一切渴望，最终是趁兴而来，失望而归，因为他们发现大城市的生活似乎像拧紧了的发条，一刻也不停歇，而他们的人生也渐渐在了无头绪的忙碌中被榨干，甚至完全迷失。每一个在大城市里艰难求得生存的人，都对大城市的生活心有余悸，也许会连续很多天没有看到过太阳，因为每天都是日出而作、日落而息；也许很多天都不曾认真地吃过一顿饭，因为很多顿饭都是在来回奔波的路上边走边吃解决掉的；也许从来没有一间属于自己的小屋，高昂的房价让买房成为奢望，而租房也只能租最便宜的地下室……那么，我们在大城市如此奔波忙碌，到底为了什么？如果在生命的行程中，我们距离梦想越来越远，那么我们为何不回到人生开始的地方，享受那种恬然安逸的生活，也用心聆听命运的律动呢？

每个人都有自己的追求，也有自己对于生活的要求，有人喜欢安逸，那么就留在家乡，在父母的帮衬下度过一生。有人喜欢折腾，就要背起行囊离开家，走得越远似乎距离自己的灵魂越近。我们不能对他人的人生评头论足，唯一需要做的就是对自己的人生负责任，问清楚自己的心，人生之路到底应该去往何方。

实际上，不管我们努力获得多少资源，人生的需求原本是非常简单的。诸如比尔·盖茨和巴菲特都是世界级的大富豪，但是他们也是一日三餐，安睡的时候只需要一张床。对任何人而言，当财富多到足以维持生活所需，接下来要做的就是千金散尽。因此，很多大富豪都热衷于公益事业，愿意帮助世界各地那些贫穷的人、需要帮助的人。虽然我们不像大富豪那么有钱，但是只要愿意，也依然可以让人生的格局更大一些。

有一天，在《等着你》节目中，有个中年女性寻找曾经救助自己的恩人。原来，她15岁的时候就失去了父亲，她作为家里的老大，要和妈妈一起养育三个弟弟妹妹，而她自己也想完成学业。可想而知，这个家庭面临着怎样的窘境，后来女孩就给一个同行的陌生中年男人写信，诉说了家里的情况。这个伯伯后来资助了他们很多，每年给女孩3000元钱。这3000元钱在当时不是小数目，供养了女孩姐弟四人读书。直到20年后，女孩才找到这位伯伯，当面向他表达了感激之情。其实，这位伯伯只是想要帮助这家人，根本没想到有朝一日还会得到任何回报或者是当面的感谢。这就是普通人的人生格局，可以很大，也可以惠及他人。

对于生活，不要一味地索取，要学会付出。哪怕我们能力有限，也可以竭尽所能地帮助他人，让爱洒满人间。

从前，有个富翁腰缠万贯，却始终觉得生活了无希望，对任何事情都提不起兴致来，因而终日闷闷不乐。有一天，富翁决定出远门，走遍世界的每一个角落，寻找快乐。他走啊走啊，走过了春暖花开的地方，走过了海边，来到了一望无际的沙漠。很快，他随身带着的淡水和干粮就吃完了，他却在沙漠中迷失了方向，不知道如何才能从沙漠里走出去。

富翁忍受着饥渴的折磨，又走了一天，最终因为精疲力竭，他只好勉强找到一片荫凉的地方，颓然坐在地上，费劲地喘息着。当富翁以为自己就要死在这里时，突然有一个驼队经过。富翁马上求救，驼队的人问富翁："你需要帮助吗？"富翁点点头，说："我要喝水，还要吃东西。"驼队的人拿出淡水，让富翁喝了个痛快，又给了富翁一块又干又硬的玉米饼子。富翁一边吃一边感动得热泪盈眶："这可真是美味啊，是我吃过的最好吃的食物。"驼队的人笑着打量富翁："看样子，你以前一定过着衣食无忧的生活，这玉米饼子可是粗粮。"富翁连连点头，说："我终于找到了快乐，原来在饥饿的时候有饭吃，在口渴的时候有水喝，就是快乐。"随后，富翁拿出随身携带的金币酬谢驼队的人，最终跟着驼队走出了无边无际的沙漠。从此，他每天都觉得很快乐。

有钱人当然可以天天吃山珍海味，但是未必感到快乐。穷人虽然每天只能勉强填饱肚子，不知道什么时候才能吃上一些美味的食物，但是他们快乐的感觉从来不打折扣。对每个人而言，快乐不是按照别人的标准生活，也不是拥有得越多越好，而是能够满足自己的心愿，过上自己想要的生活。人的需求是很简单的，所以我们要做的不是把生活变得复杂，而是要学会做生活的减法，让自己的生活尽量简单，也变得更加容易满足。只有从物质的束缚中解脱出来，摆脱物质的累赘，才能解放自己的心灵，获得从容洒脱的人生。

古人云，知足常乐，这句话非常有道理。生活中那些不快乐的人，不是因为得到得太少，而是因为想要得太多。假如每个人都能降低对生活的欲望，不再苛责生活，那么生活就会变得简单而又美好，每一个用心生活的人也能够抓住快乐，远离焦虑和不满，让自己真正获得幸福。

参考文献

[1]水微澜.做人别太敏感，也别太不敏感[M].北京：中国纺织出版社，2018.

[2]伊尔斯·桑德.高敏感是种天赋[M].李红霞，译.北京：北京联合出版公司，2017.

[3]长沼睦雄. 高敏感优势[M].辛晓雯，夏丽莉，译.北京：中国友谊出版公司，2021.

[4]武田友纪. 高敏感人士的幸福清单[M].李迎跃，译.北京：中国科学技术出版社，2021.

墨启班毕业留影（可爱吧）

梦翔班毕业留影（学着摆个造型）

“起航一零”野炊时摆的“一〇”造型

梦翔班暴走途中摆的“MX”字母

指向心理韧性培育的班级教育创新实践研究

我的青春期学生

学生自主发展探索手记

胡　忠◎著

漓江出版社

·桂林·

图书在版编目（CIP）数据

我的青春期学生：学生自主发展探索手记 / 胡忠著 . 桂林：漓江出版社，2025. 3. -- ISBN 978-7-5801-0222-5

Ⅰ . G635.16

中国国家版本馆 CIP 数据核字第 20259JP863 号

我的青春期学生：学生自主发展探索手记

WO DE QINGCHUNQI XUESHENG:XUESHENG ZIZHU FAZHAN TANSUO SHOUJI

胡　忠　著

出 版 人　梁　志
出版统筹　文龙玉
责任编辑　章勤璐
装帧设计　集贤文化
责任监印　黄菲菲

出版发行　漓江出版社有限公司
社　　址　广西桂林市南环路 22 号
邮　　编　541002
发行电话　010-85891290　0773-2582200
邮购热线　0773-2582200
网　　址　www.lijiangbooks.com
微信公众号　lijiangpress

印　　制　武汉鑫佳捷印务有限公司
开　　本　880 mm × 1230 mm　1/32
印　　张　6.5
字　　数　147 千字
版　　次　2025 年 3 月第 1 版
印　　次　2025 年 3 月第 1 次印刷
书　　号　ISBN 978-7-5801-0222-5
定　　价　68.80 元

序　言

做学生自我成长的见证者

曾经有一位前辈问我："你认为班级管理中最重要的理念是什么？"我想也没想就告诉他："自主。"他听了哈哈一笑，表示赞同。

是啊，很多次，当我想自以为是地替代学生们做一些事情时，心里总有一个声音在不由自主地呼唤——等一等。我知道教育需要等待，于是我遵从内心的呼唤，便停了下来。

我明白自己不能代他们看一朵花，望一片霞，呼一口空气，唱一首歌……世界上有很多很多事我都不能替他们完成。不管社会还是学校如何推着我踉跄而行，我都要顶住这种压力，给学生们自由琢磨的空间、自我觉醒的体察、自主选择的机会，即使我的后背因此而撑得疼痛。因此我时时用"多少好孩子正在等待好老师"这句话来告诫自己。

十年前的我，觉得自己仿佛行走在教育的逃生路上，彷徨、无助、孤独，虽心有不甘，却找不到迷宫的出口。现在的我，在摆脱了很多条条框框的约束后，感觉终于明确了方向。从偏远山村到县城中学，教育环境其实越来越严，但因自己心中找到了一条认为该坚守的路，反而觉得轻松了些。

“今天的教育，要经得起明天的评说”，于是不再骂体制的拘囿、待遇的不公、事务的烦琐，而是切实做一点事，做真正的自己。教育，已不再让我去争一分一分的分数，而是真正把出发点定位于一个又一个鲜活的生命。明白要突围不只是看自己，也要看学校、看社会、看家庭，于是对人生的价值、教育的意义理解得更多。

我喜欢看学生们自己折腾、试错，做真实的自己，而不是让他们把握住好学生、乖孩子的角色，成为一个个必须配合的演员。

我的很多学生在回顾初中生涯时说，最有帮助的就是我教给他们“自主”的意识。孩子们说的“自主”，便是这些年我坚持的带班理念，简单地说就是培养学生的“自主发展”意识和能力。即使面对别人认为“混乱不堪”的班，我也会从“自主”出发，设计班级活动，让他们明白为自己而活。有些活动他们当时不理解甚至觉得残酷，但经历过后，又都觉得自己有真正的收获。

在这方面，魏书生老师给我们提供了很好的范本，他的科学管理方法让我受益匪浅。魏老师把班级事务科学地分解到各项细则中，让班级有非常完整的制度和健全的运行体系。后来很多老师又有了新的创造，这些都对我的班级管理提供了非常大的帮助。

李希贵校长有一番话非常深刻。他说，学校存在的意义，就是一个人有可以犯错，但是又不会有严重后果的地方。到了社会上可就不行了，一个错误的代价往往极大。所以，学校的本分是应该给孩子创造尽可能多的犯错的空间，用更多样化的尺子去丈量孩子。理论上讲，如果学校里的尺子足够多，那每一个孩子通过不断地试错，都能找到自己真正的优点和长处。

作为学生们成长的陪伴者，老师要做的就是在宽容与理解中尽量帮助他们控制好安全边界，并鼓励他们在自主发展中挑战、试错、整合、提炼，形成自信、积极、独立、主动的正向性格特质，释放自己的生命活力。

当然，这条路会很难甚至痛苦，但也会让我们的生命变得丰盈充实。流沙河先生说："一个人总要选择一件他自认为是很有意义的事情去做，才觉得没有白活。"读到这句话，我很有感触：作为一名普通教师，我能做的"很有意义"的事是什么呢？仔细想想，这么些年不过是在偏远乡村，看着一群一群的孩子从童年走向青年，与他们一道寻找那些生命中值得我们驻守的防地；不过是与孩子们一起，把那些有趣的无趣的、有味的无味的事记下来，同时陪伴和见证着他们慢慢成长。

这本书，就是我这些年来关于学生自主发展的一点探索，里面很多文章得到了《班主任之友》《教育科学论坛》《四川教育》《星教师》等期刊的编辑的指导并发表，他们的情怀时时鼓励我前进。

作为班主任，我愿意与学生们一起留下一个又一个故事，愿意陪伴着这群青春期的孩子迈进青春，走向青年，愿意做一名他们自我实现和成长的见证者。我希望有一天能听到他们说："您是我正在等待的好老师！"

胡　忠

2024 年 7 月于香山丽景

目　录

第二编　战胜自我：锤炼生命韧劲

第三编　拥有自我：感悟生命美好

第一编

挑战自我：点燃生命激情

自我介绍，在恐惧中突破

自我介绍，几乎是每个新组合的班级都会开展的活动，一般安排在进校之初。我一直想摆脱那种依次上台你说我听、说了也就完了的常规形式，想让孩子们从进校的第一天起，就有更强的锻炼，觉得生活的集体与众不同，从而萌发对班级的依恋之情。终于，我找到了一种方法，用孩子们的话说，可谓是“惊心动魄”。

一　从疲惫到满血复活

听说要自我介绍，哇，教室里瞬间沸腾了，很多孩子都笑眯眯的，一副跃跃欲试的样子。个别活跃者，似乎已有站起来的趋势。

我刚从乡镇调入县城，第一天接触孩子们，就感受到他们的活跃。与乡镇孩子相比，县城孩子大部分显得开朗活泼，少了羞涩与拘谨，把什么都写在脸上。本来老天已用炎热散发着“秋裹伏”的余威，加上这番热情似火，更觉气温高。不过，这让我非常欣慰。

看来上午的军训并没有消磨掉他们的兴奋之情。你瞧，一张张布满好奇和激动的脸，似乎整个世界都是他们的。即使感到有些疲惫的孩子们，听到这个消息，也满血复活。

虽然他们正好落入了我设定的“圈套”，但我还是乐观地想，接下来的活动应该很顺利吧。

本来，学校给每人发了一本关于中学生管理规范的小册子，但我嫌那些框框套套太生硬枯燥，决定还是先放一放，免得第一天就落下一个“古板先生”的名号。

因此，我才策划了这个在别人看来非常普通的节目——自我介绍。只是，用的方式可能更特别一些。

二　不知不觉跳进“套路”

我在讲台上站正，小咳了一声，郑重地发问：“我们班有没有心脏不好，或不适合极限运动的同学？”下边笑呵呵地齐答：“没有。”（根据前一天报名时收上来的调查表，也没有发现。）面对这些笑声，我继续郑重地问：“今天的自我介绍有不敢来的吗？”再次传来“没有”，笑声更大了。当然，即使有人说“有”，也听不到。

严肃的问话遇上活泼的回答，气氛会变得轻松起来。幽默有时候在对比中体现得更甚，我越一板一眼，他们越觉得诙谐有趣。

这确实是我要的效果。

很显然，他们不知道这两个问题其实是一个圈套，无形中已把自己“逼”上充满艰难的境地。接着，我顺势而为，把表情转换到轻松模式：“呵呵，非常高兴能听到这么响亮的回答。对于一名班主任来说，这真是个幸福的下午啊！”我一拱手，说道：“感谢大家了啊！”又一次把大家逗乐。不过，我逐渐提高音量，把“啊”字音发得较重、拖得较长，下边响起了掌声。也许，每个孩子都渴望遇到一个能带来轻松氛围的班主任吧。

铺垫得差不多，就该转到正题了。我知道下边的环节，对很多孩子来说，都是一个极大的挑战。那种高兴的氛围，会让他们减少对活动的恐惧。人呢，很多时候，都需要逼自己一把。当他们说出“没有”两个字时，其实已经切断了自己的所有退路。

三　微笑着讲规则

我微笑着用抑扬顿挫的语调明确规则：“不过，本次自我介绍跟大家以前了解到的或是经历过的略有不同。”我强调了“略有不同”几个字。

孩子们一下安静多了。我补充道：“自我介绍的不同在于，上台后，你需要先跨上讲桌前的一张凳子（我顺手把事先准备好的凳子放在讲桌前），再用手攀住讲桌往前进。友情提醒一下，最好是脚蹬手撑、同时用力，才方便攀上去哦（我用手比画，明确是站到讲桌上）。嗯，这里也不是终点，讲桌上还有一张更结实的凳子（我放上第二张凳子），也得站上去。你把自己从头到脚展现在大家的眼里三秒钟后，才可以开始自我介绍。站姿嘛，跟上午军训时一样，做到抬头、挺胸、收腹，目光从左到右扫视全场。我想那一定是领导人检阅军队般的感觉。”我顿了一顿，又用夸张的语气说：“在这张小小的凳子上，你可以使用任何便于大家记住你的语言。对于你说的话，还有一个要求——必须让教室里的所有人听清楚（我特别把‘所有人’三个字加重发音），在大家都鼓掌后（又特别强调‘都’字），才能沿原路返回，否则，只有请你站在上面无限次重复说，直到大家听清为止。请大家保持注意力，学会倾

听。活动结束后，我们来比一比，看谁记住的同学名字最多。现在可以开始了。”（注：老师要做好安全保护措施）

我刚说完，下面再次炸开了锅，纷纷议论并四处张望，但很快就趋于安静。我知道这只是表象，他们的内心其实并不平静。气氛一下子变成了等待模式。很显然，这群孩子被“全身暴露”“得到所有人鼓掌”这两条“要命”的规则镇住了。也许，很多人的心里，都在惧怕自己站上去会是怎样一种“丑态”。

我明白这种等待里伴随着害怕、紧张与犹豫。面对这种超出心理准备的挑战，即使是那些自认为胆大的孩子，也会迫使自己不要冲动。

虽然我仍以幽默的方式告诉大家“登上去后，你就可以居高临下，伸手便可摸到天花板，成为世界上最高的人了”，但仍没有谁敢成为第一个“吃螃蟹”的人。

我知道，胆怯是正常的：孩子们虽生活在县城，但地处偏远山区，在成长路上，连集体表演的机会都很少，更别说一个人站在比任何人高的地方，还要被别人如此仰视了。他们最常见的训练，可能只是参加培训班，被家长送去学一学画画、书法或是钢琴等，与这样独立面对全场的感觉，完全不一样。

这不是腿脚不好的问题，而是被这么多年来形成的恐惧心理束缚了。他们需要攀登的，是心里的山。

不少孩子在周记中记录了此时的感受：害怕这样的高度，从未这么正式地“暴露”自己，担心声音太小，恐惧“出丑”，等别人先上去……

四 安静也是一种成长

冷场，在我的预料之中，不过没想到气氛会这样凝重。

我也清楚，不可能因没人敢上去就终止活动，此时必须帮他们唤醒潜藏在心底的、还在沉睡的力量——这不是少数人的，而是所有人的。“在集体中磨”，是我认为的很好的方法。

开始还有孩子眼光游离，期待有大胆的“别人”先上去。等我用平静的目光“抚慰”全场后，越来越多的脑袋耷拉了下来，教室里不再有任何声音。我又沿着教室内的过道慢慢巡了一圈，走到哪里，邻近的孩子就如坐针毡。时间越长，孩子们的腰越弯，越往桌子上贴。这些年的班主任经历告诉我，这是一个机会——一个感受恐惧的机会，更是一个战胜恐惧的机会。也许在将来的某一天，孩子们会再次面对类似的场景。假如他们今天成功了，那下次，他们展现的就将是另一个自己。没有谁体会过蝉在破壳而出时的痛苦，但都知道那种升华，叫作“蜕变”。当有一个这样的机会摆在面前，我希望孩子们都能把握住。

换句话说，我享受这种能带给他们蜕变的沉闷。

在故意让这样的安静持续了约三分钟后，我的大脑中定格了一排排眼望桌面、满头大汗的脸。

三分钟已不短，我知道必须给他们鼓励了。于是开口道：“我的老师曾告诉我，当机会向你迎面而来的时候，能抓住的就是天才；他还告诉我，其实每个人都有这样的潜力。我们不需要眼望别人，因为你正需要寻找到真正勇敢的自己。此刻，你必须问一问，身体里的另一个‘我’，同意你此刻的懦弱吗？”

我看了看，没有动静，就接着说：“有的孩子可能会想，等第一个人上去后，我当第二个吧。请问，你为什么要当第二？你记得第二个登上月球的人的名字吗？”也许是感受到了这句话的力量，我看到有孩子把埋着的头微微抬了抬，不过没站起来。机会转瞬即逝。很显然，这时还需要再加把劲，让这样的孩子突破心理的紧张防线。我说：“很多时候，我们不是没有机会，而是机会就在面前，一犹豫，它就溜走了。我猜这样的安静，已能让你听到自己的心跳。你知道吗？这种声音就叫‘懦弱’。让人兴奋的是，在这种声音里，包裹着一种叫‘勇敢’的力量，不过，这个叫‘勇敢’的词语，被你的生命藏起来了。请大家一定要记住这个酝酿突破的时刻，因为它将让你与从前告别；你更要记住接下来的这一刻，它将是你生命中的一个里程碑，因为你的勇气可能突然涌现，战胜自己内心的恐惧和胆怯（我的音量越来越大）。假如，内心的不甘让你瞬间站起来，你就摆脱了心中那个束缚你勇敢的魔鬼，这个过程，我们叫它‘成长’……”

五　总有人会第一个突破

话音未落，一个叫可为的脸黑黑的孩子冲了上去。由于太急，撞到了第二排的桌子，发出“吱”的一大声，吓了大家一跳。本来这是种让人讨厌的声响，但有孩子在周记中却认为：“这像是一声遭遇危险时，拼命呼救后得到的回应，似乎把箍在教室空间里的凝重打破，让笼罩在心里的压抑得到释放。我们都得救了！”

可能是觉得自己太冲动了，在站上第一张凳子的瞬间，我看到他稍有犹豫，不过，还是硬着头皮踩上去了。站上讲桌后，他紧盯着面前的凳子，先是小心地抬起一条腿，弯曲着，放在上面，再缓缓把腰打直一些，尝试着提起另一条腿。由于上面已无可攀附之物，这张凳子成了巨大的障碍。在经过几次尝试后，他像突然下定决心似的，用力跨了上去。整个过程，他都不敢抬头看大家，因为知道所有的目光，都集中在他的两条腿上。如果仔细一些，可以看到他的双腿在微微打战。

这个高度叫“俯视”

有孩子带头鼓起了掌，接着整间教室都响起了给第一个勇士的热烈掌声。也许在很多年后，大家都不会忘记大脑里刻下的这一幕。而他，也在酝酿了三秒后，以洪亮的声音完成了自我介绍。可为用行动告诉大家，他真的经历了一次华丽的转身，他的潜能被成功唤醒。

他刚回到座位，我抓住机会大声地进行采访：“你从台上下来的时候，是不是变轻松了？你是不是发现，站上去并不是那么可怕？原来抓住机会并不是那么困难，是吗？”可为连续地点头。我又大声问：“这种感觉爽吗？”他坚定地回答：“爽！太爽了！”

勇敢也会传染，孩子们受此鼓舞，渐渐放开了，上去的越来越多。

当然，这个过程也有波折：有的孩子站上去后无法保持直立的姿势，有的两腿打战得厉害，有的要花很多时间才爬上凳子，有的声音太小……这时，下面的孩子，特别是已经上去过的孩子就大喊“加油”来鼓励他们。在短短的时间里，这群孩子在进入初中的第一天，就完成了对生命潜藏力量的正式唤醒。

六　感悟良多

不少孩子在周记中记录并感慨这次活动。像雅儿就写得很详细：“刚听说介绍要这样进行，我就开始蒙圈了，没想到进入初中的第一天竟这样恐怖。当老师宣布开始后，根本没人上去，教室里死一般静，像某种灾难即将来临，太让人窒息了。压力越来越弥散，也越来越大，让我的身体慢慢贴着桌子。此时好希望有人能发出一点声音，哪怕是一点点，我都不会那么压抑。上午那些淘气鬼、调皮蛋呢？这时居然都隐匿了。我低下头，呼吸都只得轻轻地进行，手里的笔开始还不甘心地转动着，后来都不敢转了。‘上去，就成功了’‘上去，就要被笑话了’互相斗争，脑子里乱成一团……不过，当我红着脸、满身汗水从台上下来时，心里却无比舒展、万分满足。请相信，战胜自己真的能带来莫大的快乐。”

维璐也有着这样的反思：“老师让每个人都必须上台，真是一件幸运的事，否则，我可能会像从前一样逃遁。这件事，让我认识到人生最大的遗憾不是失败，而是畏惧。想一想，当自己老了，生命像干涸的河床里最后一滴水般脆弱时，回想起青春年少时没去拼过的那些事，回想起自己浪费的生命潜能，看到自己只能在后悔中渐渐老去，那将是怎样的一出悲剧。我不想这样，所以，我要勇敢一点。以后，即使遇到让我畏惧的事，也决不退缩了。向前走一步，即使是一小步，也证明了我是一个勇敢的人。”

绝大部分孩子都有这样的记述，我知道这次活动在唤醒潜能的同时，开启了他们“自主发展”的新篇章。也许在将来的某一天，他们回想起自己的初中生涯，说出一句“我初中的第一天，真不赖”。那就真的是一种欣喜和安慰了。

◆◆◆◆◆探索感思◆◆◆◆◆

我始终相信，有一些东西，在人们心底潜得很深，嵌得很紧，让我们在翻找的时候，很是费劲。就像学生原以为自己拥有的“自我介绍的勇气”，其实都是漂浮的，一击就散。当面对众多的同学时，要把它激发出来，非得费一番功夫不可。此时我的角色，就是一个激发者，一个引导人。在孩子的心中，自我疆界以外，有一些柔软的地方，我们可以着陆，然后系上绳子，牵着它出来。就像这次，在孩子们进入初中的第一天，我搭建的一步以正视恐惧、唤醒勇气为核心的台阶，就带给了他们无限的惊喜。

每个人的心里都有两个“我”——自我和本我，它们之间有一个分界，被称为“自我疆界”。人一般生活于自我中，并在熟悉的环境里稳定了这个疆界。不过，人的自我疆界大多具有弹性，能容纳本我的一些原始冲动渗透其中，特别是孩子，可塑性更强。拓宽孩子的自我疆界，拓展他们的心理视野，是老师可以完成的任务。自我介绍，便是一次通过战胜恐惧来扩大自我疆界的机会。

一个从小学升上来的初中班，学生可能来自20个以上的班级，每个班级都有不同的特征。要把不同的钢板重新浇铸，最好的方法就是放进熔炉。怎样让他们尽快融入一个新的集体，我觉得这种触发内心的高强度活动有很好的效果。从某种意义上说，他们可借此完成对之前的心灵的清扫。经历一个强大的场域，覆盖住之前的怯懦，克服对新环境的陌生。所有人都在这种突然的强大刺激中，完成自我蜕变，便能真正建立起班级的第一条文化DNA。

在自我介绍刚开始时，那样的冷场，在意料之中。之所以没强制安排哪个孩子先上场，没有指定从第一排第一个孩子起按顺序进行，也不让孩子们讨论和说话，就是要他们带着那种复杂的感受静下来，让他们面对自己真实的内心，触到恐惧的底线。对于他们来说，那三分钟已经很漫长了。我们可以想象，孩子们的心里，其实经历了不停的斗争。在反复煎熬过后，他们的理智告诉自己，除了上去，别无选择；此时再受到他人的感染，那种潜藏的无畏力量，那种生命里迸发出来的勇气，就得到了释放。这也为在将来的岁月中，战胜恐惧心理，提供了很好的心理范本。同时，也让他们明白，在一个集体遇到困难时，需要有人主动站出来，为大家承担压力与责任。这种意识，为他们在接下来的团队生活中，找到自己的角色和与他人合作，奠定了基础。

这个活动的意义还在于，给了孩子们一种郑重的、战胜自我的“仪式”：让每个孩子都成为“大胆”的人，都敢于展示自己。

看到一个又一个孩子站上那个制高点，我相信他们所感受到的，除了教室里大家的眼光，一定还有一些其他的东西。我坚定地认为这些东西会影响他们初中三年，甚至更长远的时间。因为那种震撼的场景会变为一种美好回忆，刻在人生的这段轨迹中。这种基于战胜自我的勇气，会慢慢成为一个庞大的支撑系统，与生命融合，为他们将来面对挫折和磨难时，提供了战胜的可能。在人生成长的路上，有很多机会，是要自己去抓的。我不想孩子因害怕而错失机会。

人类的恐惧，是一种有利有弊的心理现象。只要是“人”，都有这样的意识行为。根据心理学研究，人的恐惧系统是伴随生活经验逐渐建立起来的，很多时候是基于对自我的保护，比如知道火的危险而不去靠近。但这种保护，有时又成了一种阻碍，因心里害怕而挡住了自己可能得到的发展。

因为恐惧心理的影响，每个人的生命里，都藏着一些被回避、被怀疑的力量，它们被划在了自我疆界以外。作为老师，所应做的，就是帮孩子们正视潜力的存在并开发它。有人说“认识自我”是自主发展的基础。我希望他们从进班的第一天起就拥有勇气——将来无论遇到怎样的困难，都可以让勇气从自己的脚下延伸出去，以便自信地面对。

我说你画，不只是趣味

常被一个现象迷惑：两个各方面条件都差不多的孩子，进入初中后，发展却大相径庭。也有老师常抱怨：某个问题讲了N多遍了，可学生仍然不会做题；考试时的题目，讲过三遍，还是有部分学生做错。以前，我对这个问题也感到迷惑，明明学生的智力没有问题，但结果为什么差异这么大呢？

我想，有不少老师都有过这样的困惑。当时我在想，如果是学生全部做不出来，那是老师的问题；如果大部分都做得出来，那就是学生的问题了。这样想来，心里也就坦然了。

不过，当看到同事因此把学生臭骂，看着学生越埋越低的头，我的心里不由生出愧疚感：难道老师讲三遍，学生就一定理解了吗？

其实，我隐隐约约觉得这中间一定有原因，而且老师方面的占比应该很大，不过就是悟不通、参不透。

后来心理学专业的杨璇老师告诉我："这是因为每个学生在听讲时，进行信息处理的方式差异导致的。对同样信息的处理，每个人大脑里发生的活动并不一样。同时，也跟学生所擅长的思维方式有关。"她还举了个例子，两个人听到"今天雨很大"这句话，一个听到的重点可能是"今天"，另一个听到的重点可能是"雨很大"。她说得有道理，而且这也是课堂教学的常识，但学生懂得吗？

为了让孩子们意识到听课差异的自身因素，她还设计了一个活动，并且到我班上来上课，促进学生自主思考这一课堂顽疾的解决方案。

当我向大家介绍杨老师是专业的心理学老师时，教室里立刻笼罩起神秘的氛围。可能他们跟我一样，对心理学怀有一种神秘和畏惧感。大家可能都想象着，某些影视里心理学家在与人聊天的过程中，就把一切都看透了。

我跟孩子们开玩笑说，杨老师没那么可怕，跟着杨老师参加活动即可。

第一步，杨老师进行了一些上课前的准备，这让孩子们觉得云里雾里，也让神秘感更浓了。她先让大家选出两名语言表达能力强的孩子，当然孩子们也可以自我推荐。经过自荐和推选，小蕾和小怡获得机会。杨老师又给每个人发了一张空白A4纸，让大家对折后裁为两张。孩子们一丝不苟地完成了。有孩子说，怕这个过程也是进行心理诊断的依据，因为“杨老师在观察着大家呢”。小家伙们心眼儿真多。接着杨老师告诉大家，她手里有两张印有图案的图片，将以此布置任务，进行比赛。

第二步，是告知孩子们比赛的规则：

（1）两名表述者打开图案就开始计时，她们看过图案后，向大家表述图案的内容。说话的时间都为三分钟。

（2）台上同学说话时，大家要把听到的内容画出来，画的时间可比描述时间适当延长。

（3）在第一个同学说话时，大家要调动全身的感官，认真听，即使没听清，也不能提问；第二个同学说话时，下边的同学除了听，还可以举手提问。

（4）表述者绝对不能把放在讲桌上的图案让大家看到，大家也不能站起来看。

（5）以比赛的形式完成活动，画出的图形与原图最接近的同学，给予奖励；由表述者评选，然后把原图和获奖图片展示给大家看。

杨老师还问大家是否有不明白的，没有人举手。看来，大家都觉得这是个简单的任务。

第三步，就是表述作图了。

杨老师先把一张印有图案的 A4 纸，左右对折后放在讲桌上（后来才知道，对折方式有讲究）。先上台为大家描述的是小蕾。这孩子当过两届班长，常处理一些班级事务，协调能力较强，属于爱思考的孩子，不管是与人沟通的能力还是学习成绩都不错。

她上台后，打开图，想笑，但忍住了。也许是上面的图案出乎她的意料。在看了几秒钟后，她沉吟了一下，开始说："这是一堆几何图形：首先是一个大矩形。在这个大矩形里，有几个三角形、菱形、长方形以及一个圆形和梯形。菱形处于这个大矩形的中间。两个长方形分列大矩形的左上、右下方。大家要注意位置关系。"给大家一点作画时间后，她接着说："紧挨着左上方长方形的是一个有 30 度角的直角三角形，对面是一个等腰三角形。在这个大矩形的左下方，是一个圆。然后过这个圆作一条切线，再沿此切线画一个梯形。再在这个梯形的右边画一个横着的长方形。"她尽可能说得慢，但按要求下边的同学不能提问，她就只能按自己的节奏进行叙述。从一个听讲者的角度来说，我只听出里面有不同的图形，但对于组合的位置，真的感到有点凌乱。我看到不少学生皱着眉头勉强作图。

等大家画好后，杨老师让同学们把名字写在所画图形的正上方（这也是一个技巧）。小蕾把图收上来后，开始评选。

接下来，杨老师拿出另一张A4纸的图案，不过是上下对折的。这个细节学生们没有注意到。

接着上台表述的是小怡。她是个数学高手，不管在学习还是生活中都很有自己的主见，看问题的角度往往很独到。虽然在前一个环节，大家明白自己做得不好，但因为有了这样的热身，接下来该做什么，该怎样做好，心里比较清楚。而且，这次描述作图，可以提问了，这让他们更有信心。

小怡打开图形后，也是顿了一顿才开始说："最外面是一个大矩形。"很显然，这个表述，几乎所有人都不会画错。"最外面"和"大"，准确地说出了所画的位置。这时有同学问："里面的图形多吗？"小怡回答："不太多。"这个回答，不好定性。她只有接着说："首先画一个矩形，矩形短的一边平行于地面。再作出矩形的两条对称轴，为辅助线。"这是对第一句话的补充。

小怡显然吸取了小蕾的教训，说话更注意节奏。"矩形短的两边与它的对称轴的交点为菱形的其中两个顶点；还有两个顶点，在另一条对称轴上，且在矩形内部，顺次连接四点。"这个长句子，好多孩子听到就蒙了，如果这步没画好，下一步几乎也废了，这时必须给大家反应和作画的时间，但总的时间只有三分钟。"看到矩形的左边。过菱形最左方的顶点分别作两条矩形左上方（实际应为左下方）的垂线段，为一个小的矩形。然后再在小矩形里面作一个菱形，菱形其中三个顶点与小矩形相接，未相接的顶点为菱形最下边的顶点。”看到大家的反应和作画速度，小怡有点急了。这样的描述作图，最怕长句，因为这会影响到大家大脑里的成像。大家都不想问了，因为一问，可能就影响到别人的思维。

“看到矩形的左上角，连接菱形最左方顶点和矩形最左边的顶点。再看到矩形右下角，作一个圆，且圆与菱形的一边，矩形的两边相切。”这样的描述，更讲究方位。眼瞅完不成了，干脆再等等。“看到矩形右上角。过菱形最右方的顶点分别作矩形右上角两边的垂线段……”没有问的时间了，结束，大家继续作图。

这一次也是边说边画。不过三分钟的时间很快到了，图形还差一点才表述完。画完后，同样是把名字写在正上方，然后收取和评选。

最后，公布获奖名单，第一次表述是小蕊所画与原图最接近，第二次是小杰。这两名同学将按之前的约定得到奖励。

第四步，进行对比展示。

评选结果出来后，杨老师问：“大家想不想看一看原图是什么样子的？”孩子们齐声说：“想。”于是，杨老师把第一张纸左右打开。这一展示，引得大家哈哈大笑，忍不住说：“这也太坑了。”杨老师问大家都看清楚了吗，大家说：“看清楚了。”

接着把第二张纸上下打开。这次展示，有些孩子发出遗憾的声音。“我猜是那样的，但没有画出来。”“我也觉得圆在右下角，但没有听清。”同样，待大家看清楚后，杨老师把图形收起来。

杨老师用心理学方法启发我们思考

我们都没想到，杨老师还会问大家一个简单的问题：“大家认为，我给大家的两个图案是一样的吗？”大家又一愣。看来，只有猜测了。有的答“一样”，有的答“不一样”。杨老师问：“作出肯定回答的同学，你们确定是完全一样的吗？”下边就不好回答了。我相信没有谁能保证是完全一样的。

杨老师又把两张图按左右和上下对折展开时，性急的孩子开始喊“不一样”。乍一看，确实不一样。等杨老师把右手的图旋转 90 度后，又都惊呼“原来是一样的”。这是前面对折图案不同设置出来的悬念。

我们可以看到，第一次表述时，孩子们画出来的图案往往很简单，而且只能凭自己的想象来画，无论是摆放的位置还是图案的大小，都很离谱。有的孩子甚至只能把各种图案画出来，无法形成一个统一的整体。

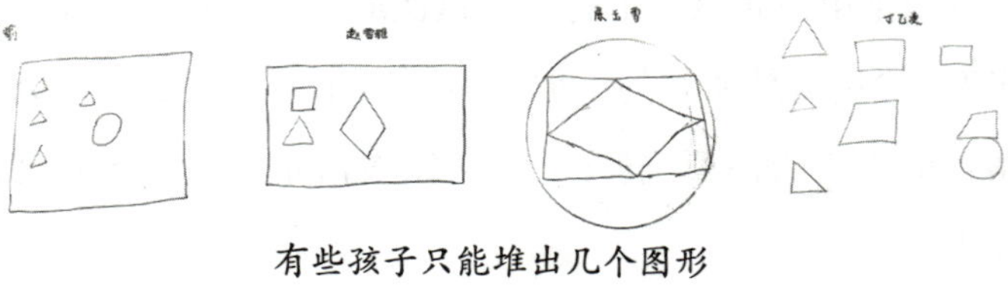

有些孩子只能堆出几个图形

还有一些孩子，画图案时没有信心，只得在旁边添加一些文字或别的图案。

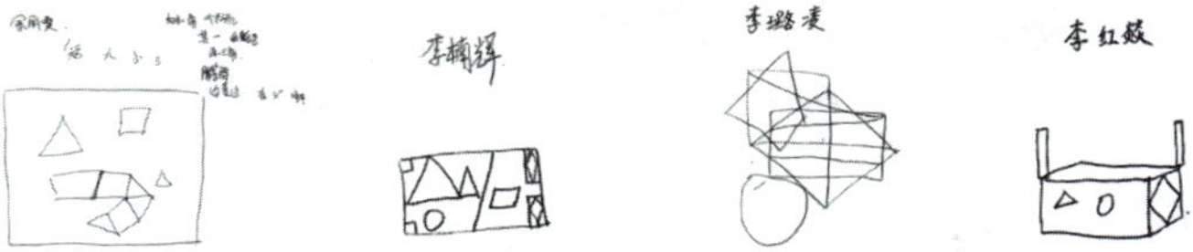

没画出来，干脆来点文字补充或画别的图案

第二次表述时，大家的图案明显要合理得多，也复杂得多。

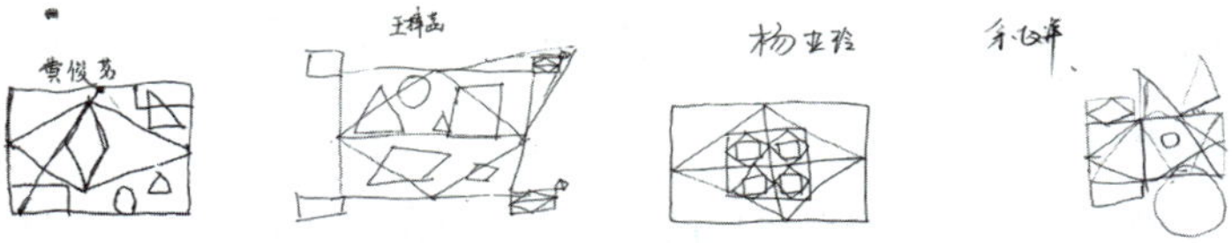

第二次画时可以询问，图案更接近实际

但无论怎样，我们看到，没有哪个孩子的图案跟原图是一样的，也没有哪两个孩子所画的图案是一样的。

事实上，杨老师给孩子们的图案和孩子们画的最接近的图案，是下边这个样子的，所以大家看到原图，都大笑，正所谓“耳听为虚，眼见为实”。但眼见为实，为何开始又认为两次看到的图案不一样呢？

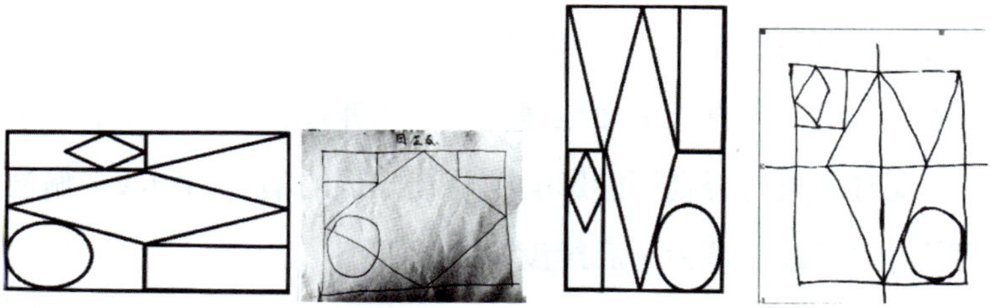

第一次叙述原图　第一次最接近图　第二次叙述原图　第二次最接近图

第五步，交流讨论。

杨老师先问两位获奖者同样一个问题：“你为什么要这样

画？”两个孩子均说是“边听边画的”。这显然不是杨老师想要的答案，就追问：“仔细想想，在画的时候你最注意什么？”

其实，从成绩上看，这两个孩子都不是最好的。当他们的图形被展示出来，大家先是哈哈大笑，可与自己的比较后，也都认同这个结果。

然后，杨老师问大家：“为什么画的与原图不一致？”有的说“时间太短了”。这明显是耍赖嘛。有的说“没听清楚”，有的说“没听仔细”，等等。这个现象，也证明了学生在接受和内化知识的时候，每个人大脑里发生的活动是不一样的。

第六步，反思。

杨老师让大家思考两分钟，谈一谈在这个活动中自己得到了哪些启示。有的孩子说：“听别人说话，要认真点。”“同样的图案，不同的形式，可能有不一样的结果。”“在听的时候，如果提出自己不懂的地方，讨论解决后会更容易理解。”“知识要靠自己学。”

当然，也有孩子理解得深刻一些：“通过这样的活动，我们可以从中得到很多思考。一是在上课时自以为听懂的东西，可能与实际不一样，甚至相差甚远。自己去实践和探索得到的收获，印象会更深，理解得也更透彻。如果把自己领悟的和别人适当交流，会更加全面地理解。在听课过程中，如果有疑问应该及时解决，否则可能影响到后续知识的消化和吸收。解决了当前的问题，是为了后续没有问题。”

小怡是一个做事认真的孩子，由于是亲历者，对此思考得也更深。她觉得，还有更好的办法，能让大家都通过听而画出这个图案来，那就是给图形标上定位的点。于是，就有了以下修改版的描述：

（1）作矩形 $ABCD$，AD、BC 为长的边且平行于地面。

（2）作辅助线 EF 垂直平分 BC，且点 E、F 分别在 AD、BC 上，作 EF 的三等分点，由上到下为 M、N，再作出 AB、CD 的中点 P、Q，顺次连接 $MPNQ$，为菱形。

（3）过点 M 作 MH 垂直于 AB，连接 ME，四边形 $AHME$ 为矩形，在矩形 $AHME$ 中作菱形 $A'B'C'D'$，且 B'、C'、D' 分别与 AE、ME、MH 相切，A' 在 $AHME$ 内部。

（4）连接 MD。

（5）连接 NF，作 NG 垂直于 CD。

（6）在矩形 $ABCD$ 左下角作个圆，且只有 PN、PB、BF 与其相切。

◆◆◆◆◆探索感思◆◆◆◆◆

小怡的简单修改，让图案绘制一目了然，标上了相应的字母，同学们在连线和作图时，对点的定位就更加准确。这也给我们老师一个启示：我们讲知识点，要尽量注意教学方法，把知识目标明确化，把教学过程条理化。如果不清晰，就会给学生的学习带来干扰，就会让他们走弯路，还可能让他们更迷茫。作为学生，在学习时，同样需要这样的思维，才能提高自己的效率。

很显然，这也值得我们班主任进行思考。对班上那些学习后进的学生，我们应该采取怎样的态度，应该怎样进行激励，怎样进行引导？对于那些本身很努力，但学习效率不高的孩子，我们是否应该帮他们找到更佳的学习方法、更优化的学习结构呢？

平时，我们教育学生，要多动脑、多动手，在学习时调动尽量多的感官，参与到学习活动中来。这些道理学生都懂，却无法形成深刻的感受和领悟。正所谓“道理不如故事，故事不如活动，活动不如经历”。通过这样的活动，学生们亲身经历了“听”的效率检测，发现如果只是听，不如跟着思路再“问”；而只是“问”，又不如亲自去体验。在班级教育中，要创造性地设计适切的活动，触发他们进行思维的“底层扫描”，才能把道理融入活动中，增强亲历感，从而获得更多的体悟。

以前，读到居里夫人的“我们必须相信，我们对每一件事情都有天赋的才能，并且，无论付出任何代价，都要把这件事情完成”这句话，总让我感到怀疑和不安。毕竟是励志文章，究竟是现实如此，还是心灵鸡汤？这是真的吗？我怀疑。如果是真的，而我却做不到，又让我感到不安。有的目标是好高骛远，有的目标是脚踏实地。如何给学生讲“人的潜能”，是摆在我面前的难题。

为此，杨璇老师帮我设计了一个“30 秒鼓掌”的活动，同样给学生们很多有益的启示。

先是让学生预估自己在 30 秒的时间里可能鼓掌的次数并记下来。没有过这样经历的人一般都会低估。接着通过实际计时，让学生以最快的速度鼓掌，并进行计数。最后分析活动带来的启发。

这样的活动看似简单，但如果在交流环节引导得好，可以让学生跳出现象看到本质。在分析交流自己实际鼓掌次数与预估偏差的原因时，有学生甚至总结“没回过神来就开始了”。

在让学生思考“怎样改进鼓掌的方式来增加次数”时，学生们总结“手掌拍动时的幅度”“拍手的位置”等调整好了，都可以提高成绩，还有学生说“在团队中去完成”“后一次在前一次基础上适当增加”效果更好。

在这个基础上，老师追问“生活中有没有类似可改进的情况”，这其实是让学生谈自己得到的启发，学生也能水到渠成地进行深入分析。

以我无言，拨你心弦

办公室一位新班主任与我聊起一件让人深思的事："曾在杂志上看到一个故事——某老师中途接班，只用一招就改变了学生们乱扔垃圾的习惯。其实这一招并不高深，只是在一次上课时，带头捡起了地上的纸屑。从此以后，教室卫生都保持得非常好。"他说自己在班上捡了若干次垃圾，但教室里还是垃圾遍地。于是，就只有苦笑——问题究竟出在哪里？

我笑他依葫芦画瓢，没画出瓢来。话说回来，这招"无言"之法，在很多时候，确实有用。不过，人家书上的方法，照搬恐怕效果不好，因为最关键的，是学生不知道你想干啥。如果他们不知道你是为了触动人心，那你捡垃圾，跟大街上任何人捡垃圾一样普通平常。只有你的行为促使他们反思了，才会得到认同，才会有成长的机会。

有一些班主任厉害啊，他们非常擅长通过自己的眼神、动作、肢体语言和文字与学生沟通。即使没有说话，也能起到潜移默化的作用。这样的方式不但比苦口婆心好，还能增进师生之间的情感，换得学生的理解，营造更好的班级氛围。

我也有过类似的经历，我给这样的教育取了个名字——以我无言，拨你心弦。关键不是"无言"，而是"拨弦"。

一　吸引聚焦，郑重其事

有一次，上课铃响后，我走上讲台，习惯性地环视一圈。

当眼光望向教室过道时，发现后墙黑板报下有一个小零食袋。由于我上课没有喊“起立”的习惯，孩子们就各自做着上课的准备。看到那个东西后，我没有质问是谁丢的，也没有呼叫谁去捡。我知道纠缠这样的事情，不是明智之举，课堂会被打断，学生可能会把精力停留在这件事上而不能专心上课。所以，我决定采用无言策略。

先是停了十秒不说话。这个时间比以往强调事情前的停顿更长。孩子们以为我是想强调坐姿，都坐直后抬起了头，腰也挺得直直的。我要的就是这个效果，因为接下来做的事，必须让他们全都看到。

有一个学生在周记里对我进行了描述：“这时，只见胡老（学生对我的昵称）双手相互搓了几下，我以为他像往常一样，要布置课堂任务。没想到，他突然快步穿过通道，走向教室后。我还以为是后排哪个同学有情况，结果不是。我们齐刷刷地跟着转头，发现他并没有走向任何一个同学，也没有望向任何一个同学，而是慢慢地、慢慢地弯下腰。不是诅咒他，我真以为是他刚才的动作太快闪到腰了。可是，我错了。接下来他做的事，让我，不只是我，而是我们，羞愧万分。因为他非常郑重地用双手捧起了一个颜色暗红、已撕开了口的、里面还有残渣的、半透明的小零食袋。这可是我们班上的稀客。当站起后，他又夸张地深情凝视片刻，像欣赏一件艺术品。接着，他又缓缓地移步。我们都知道是向垃圾桶走去。教室里只听见他的鞋与地面发出的摩擦声，很慢，也很沉。最后，他终于‘神圣’地把小零食袋扔进垃圾桶里，还显出依依不舍的表情。不知为什么，这些动作越慢，我的心里越不自在，虽然那个小零食袋不是我丢的，但它的棱角却刺痛着我。大家瞬间就明白了胡老的意图，动作快的急忙四处张望，赶快动手，连很小的一点纸屑都收拾得干干净净。真是‘手慢无’啊。从第二天起，在很长一段时间，只要他一走进教室，我们就会下意识地看下周围有没有垃圾，如果有，就捡起来。”

我不知道事情是否如他所描述的那样夸张，但有一点是肯定的，那就是我一定要让他们看到我做的事并引起思考。

一开始，就要有效引起孩子们注意。“停了十秒”，把学生的目光吸引过来，让所有学生的目光都成功聚焦于此。接着用夸张的动作，让他们去猜，老师究竟要做什么。同时有点冷幽默地走到垃圾桶旁，像与老朋友分别一样，表现出“依依不舍”的表情。到这时，所有学生都应该彻底明白了老师的用意。另一个学生的感受是：“胡老把垃圾捡得如此‘轰轰烈烈’，这一分钟，我们情愿被他骂，也不愿意让良心钉在羞愧架上。”

二　感染熏陶，触动其心

有些脏累的事，孩子们是不情愿做的，如果硬逼他们，则可能会引起反感。我也不止一次遇到过这样的抵触情绪。曾采取过强硬的措施，却是治标不治本，即使孩子们嘴上不说，心里也并不服气。有时强迫哪个孩子去做某事，他只要顶撞几句，就难免被其他孩子当成笑话来看了。我常常反思，呵斥不是最好的办法，退一步，以我无言，触其心弦，反而让其他孩子也受到感染。关键是，在不觉间让班级氛围更和谐了。

“环卫大评比”是学校在开学第三周的一个固定活动。对于刚接手不久的新班级，是一次锻炼的机会。除了因为卫生效果直接关系到评比的结果，更因为在活动中，能培养大家的团结意识、大局意识。我想，每个班主任都会注意抓住这样的机会的。

事前，召开班委会，要求班干部协助劳动委员把任务分解给每一个人。对于初中的孩子，肯定不用我亲自动手，而且，活动前，我还给他们引用了一句已毕业孩子的话——“如果大扫除都还要老师动手，那对班上真是一种耻辱。”当时我问他们觉得这句话有道理吗，他们都说“是这样”。所以我就只提醒容易漏掉的地方和注意安全。一般情况下，因为任务分解到位，很少出现偷懒的人。

“还是我来吧”

一开始，大家都干得热火朝天。可才进行到一半，班长就跑来对我说：“胡老，小军不服从安排，还怪劳动委员整他。”我知道这样的情况肯定有原因，只是现在没有时间去追究，而且负面的情绪会传染，毕竟是大扫除，总会有人多干一点或是少干一点的。如果真有人撂挑子，就会影响其他人的积极性，大家就都不想干了。

我赶忙过去，看到小军坐在一张课桌上，嘴巴噘起，一副爱搭不理的表情。劳动委员小亮无奈地看着他。小军见到我后，可能发现坐在桌子上确实不雅，很勉强地站到地上来，眼神有些不甘和挑衅，意思是他受委屈了，一副受害者模样，看我怎么办。

我扫视一圈，很快发现了端倪：冲洗过地面后，会有很多水积在上面，应该把它拖干。这项工作如果两人配合，会事半功倍：一个握住拖把杆，一个把水拧到桶里。小军人高手大，被安排负责拧水。这本来是一个很适合他的任务，但看样子是他嫌脏，才认为劳动委员故意整他。

明白缘由后，我感觉怒火往上冒。为了保证效果，在劳动委员布置任务后，我又强调过，只有大家都不斤斤计较，才能让我们班更团结、更美好。我原想强制训斥他去拧或对他晓之以理，但转念一想，如果这样，其他孩子反而会看笑话甚至嘲笑，让小军下不来台，也影响工作进度。这都不是最好的选择。

突然，我想到一位同事曾经的建议，于是灵机一动，心想：这不正是一次教育的好机会吗？我看了小军一眼，二话不说，微笑着卷起袖子，示意小杰把拖把递过来，先分出拖布的一半，用力一拧，水干了。等我要拧另一半的时候，小军赶忙弯下腰，一把抢了过去，连忙说："老师，怎么能让您来拧呢！"接着，又小声说了一句："对不起……是……是我不对。"我假装没听到，答非所问地回了一句："哎呀，现在才发现你的力气比老师大，拧得更干呢。这个工作最适合你了。"

大家都哈哈地笑了。孩子们看到这场景，干得更加起劲了。

在读书时，学校办公楼顶上有“学高为师　身正为范”八个字。有时候，我发现，老师的行为，真的可以感染到学生。这样的行为示范，能带给学生以熏陶，并渗入他们的生命中。有时我在想，如果当时我以自己的权威，迫使小军就范，可能就不会有每次大扫除都争着干脏活累活的小军了。虽然小军并没有写下他当时的感受，但我想，他可能永远都会记得，有一个老师，在那样的场景下，给他上了人生中震撼的一课。

三　暗含期待，感乎其情

可能每个班主任，都会遇到几个胆小的孩子，为了让他们变得勇敢坚强，可谓是想方设法。遗憾的是，在从教之初的几年中，我常常忽略了对这些孩子的引导。因为胆小，所以他们并不引人注目。有个叫小雅的孩子，就曾经写过一篇《课堂上的懦弱》的作文：

> “又是这样，唉。”我低下头，轻轻地叹气，手里的笔不甘心地挥动着，把一个个文字写到书上，黑色的字仿佛在嘲笑我。
>
> “胆小如鼠”这个词不知何时与我扯上了关系。一旦遇上课堂提问的时候，心脏就开始“怦怦怦”跳起来，它不满胸腔的束缚，发誓要跳出去。肾上腺素也开始捣乱，配合着心脏，让我双腿无力、发软，双手不停地出汗，大脑也不听指挥，各种画面在我眼前闪过，各种知识在我眼前闪过，脑子里乱成一团。

“有了答案就直接起来回答。”老师说。

“起来吧。”一个声音在心里说。我悄悄扫视了教室一周，“没有人打算起来吗？还是等有人说了我再说吧。”另一个声音也在暗示。

在那十几秒里，教室里十分安静，安静得空气都被凝固了，我有那么一瞬间在怀疑：时间是不是被冻住了？

终于有人站起来了。“等他坐下后就站起来吧，没什么大不了的——算了……还是再等等。”我一边不自在地玩弄钢笔一边对自己说。

一个、两个、三个……起来的人渐渐多了，等他们一一说完，教室里又出现了短暂的寂静。“起来吧，就只是回答问题，错了又不会怎样……还是算了。”

“没人说了那就我来说了。”老师说道。

我心里非常复杂，希望老师再给一次机会，又怀疑自己能不能抓住这个机会。所有复杂的情绪变成了不甘心的叹气，我不甘地挥舞着钢笔，不甘心地描着书上的字。

阳光穿过窗户投射到课桌上，反射出一片刺眼的金光，无情地嘲笑着胆小的人，嘲笑着像老鼠一样胆小的人。

直到今天，我仍然觉得那片金光、挥动的钢笔、黑色的字迹都是在嘲笑我的胆小。

我很遗憾没能及时与小雅进行真正有效的沟通，没有进行良好的引导，以致让她在胆小的迷雾中挣扎了很久。

后来，当小雅终于战胜自己并成为我的科代表后，我才发现像她这样的学生，在班上还不止一个，特别是乡镇上的学校，情况更甚。这部分学生，就是大家常说的“容易被边缘化的学生”。我很自责。虽然在带班的过程中，我尽可能把学生放在集体中，让更多的人参加到维护班级荣誉的活动中来，但始终有一些学生，无法主动融进来。事实上，那些开朗大方、敢于担当的学生，无论是回答问题，还是参加活动，机会都要多得多。

另外，到了初中，由于时间紧，很多班主任都更愿意选有某方面特长，又勇于表现的学生承担各项“速成”任务（有时的确是时间太紧，只能把机会给这样的学生）。这就成了良性和恶性的双循环：善于表现自己的学生，机会越来越多；胆小怯懦的学生，机会越来越少。说句实话，如果不是刻意去了解，可能真的容易忽略这个现象的存在。

从我自己来讲，就有过胆小怯懦的经历，也让我在相当长的一段时间里自卑而胆小。这让我与这样的学生有一种“共情”，也让我有更多关注于此的思考。

后来，我发现，像小雅那样胆小内向的孩子，我们更需要训练他们一步步敢于面对困难，愿意与老师交流。这个过程，也是艰难而反复的，如果全靠外力去推动他们，效果不好，只有等他们自己内心有了这样的渴望，找到了改变的方法，才能真正超越自己，破茧成蝶。

很多老师都会用谈心这一方法。这确实是好的，但也要根据个人而定。例如，“办公室”三个字，对有的学生来讲就是一个禁区。他们从心理上对这个地点有害怕的情绪，假如在这样的地点谈心，效果可能会打折扣。而且，即使把他们请到办公室，往往也是老师的“单口相声”，作用其实很小。

这时，搭建一个沟通的平台就很重要。我们常看到，古装剧里有这样的情节：当郎有情、女有意，又不方便当面讲明时，就采用鸿雁传书的方式，达到沟通的目的。我们可以从古装剧里借用此“无言”招式突破沟通的障碍。

在阅读周记时，看到小岚无意中透露了自己课堂上的胆怯——“只要一想回答问题就紧张，手就发抖”。我一看：这不就是曾经自己的翻版吗？于是，在周记的结尾处，批了这样的话：“呵呵，没想到，岚儿与曾经的胡老一样，害怕在课堂上回答问题呢，终于找到知音了。我在读初一时，曾经代表班上参加一次竞赛，因为紧张，一个问题都不敢回答，现在想想，真是糗死了。从此后，就更加害怕回答问题了。不过，后来，我终于找到了克服紧张的办法。其实很简单，如果你也想试的话，午休时到办公室找我吧。”

接着，我把以前写的一篇关于“初中囧事”的随笔，打印后夹在周记本里。

初中囧事之第一次上台

这是在那个年代学校极少组织的活动——全校学生都参加。只是有些是观众，有些是选手。

近五百人的会场。坐在台上的我，是长到13岁第一次面对这么多人。

幸好在我的面前，有一张书桌。我觉得它似乎可以挡住我的窘迫，却挡不住我慌乱的内心。

我正在参加的，是一项学校组织的《中学生守则》和《中学生日常行为规范》的全校知识竞赛，地点在学校的舞台，下边坐着全校的同学。赛前一周，老师布置对这两项内容进行背诵。只是因为我比别人多记了一点，所以王老师选了我和另外两位同学代表本班参加。我只是比别人多用了一点点心而已。

当选到我的时候，我第一反应是——为什么是我！让我多背一点和默写都行，要上台的话，我真没那个胆子。机会是给有准备的人的，但对上台，我从未有过准备。它就这样错位地眷顾于我。

但还是硬着头皮进行了准备。

可惜——

我从小成长的环境中，培养的都是脆弱的内心，没有哪怕一点、即使一点点的自信让我支撑住这样的场面。虽然我的学习成绩还算好，但在其他方面完全一无是处。

一直到现在，虽然有过多次面对几百、几千人演讲的经历，也勇敢了不少，但仍然不能克服上场前紧张的心态。这也许是成长中的曲折所致吧。

比赛采用分班对决的方式进行。隐约中，记得主持人杨老师念到“现在轮到一（3）班和二（1）班上场比赛”时，我心里一下子就发麻了。现在已经忘了是怎样走上台、怎样坐下的。只记得似乎不管我用什么样的姿势坐，都觉得不适应、不舒服，甚至觉得所有人的眼光，似乎都变成了一根根刺往我身上扎。我就这样僵硬而麻木地坐着，唯一的感觉就是不适应。

故事并没有像伟人传记中那样有了反转性的发展，如：一下子忘了所有的紧张，怎样潇洒地面对全场，怎样振振有词，怎样……

整个比赛，我在场上，没有说过一句话，没有进行过一次抢答，没做过一次比赛该有的动作。我就坐在两位同学中间，甚至已经忘了问了些什么题。紧张而发怵，只茫然地望了一眼全场，就埋头盯着面前桌面上的一个很小的凹槽。

过了十多分钟，也许只有几分钟，比赛终于结束。我知道我现在的描述是多么轻描淡写，其实我心里非常清楚，在很长的一段时间里，我都不愿意去面对、更不愿意别人提起这件事，我几乎认为它已成了我初中生活中的一个阴影，也恨自己太没出息了。

结束后，我费力地挪出舞台。那一瞬间，才把老师问的问题全都想起来。确切地说，所有的答案我都知道。

故事的后来，就是我在初中阶段，只要提到“表演”二字，就大受打击。我用消极抵触来掩饰自卑不堪。初中，我再没有上台的机会。

很遗憾，我没有遇到点化我的人。这段经历刻在了我的潜意识里，整个初中时期都不愿意再去触碰。

所幸后来读了师范。虽然有人说，读师范影响学历和自身素养的提高，但对我来说，却让我的人生从此走出了这段阴暗。即使有影响，即使我面对正规场合也会紧张，不过它的影响已很有限了。

进入师范后，学校和班级会有很多各种各样的活动，每个人都必须走上前台，把自己展现在别人的面前，读报、练字、演讲、辩论、音乐试唱、练耳、舞蹈、合唱、广播操等。不管你愿不愿意，不管你有过怎样的经历，都一视同仁。

正因为读师范学校时这些“必须”的一次次训练，让我慢慢地走了出来，慢慢地战胜了自己。也许正因为初中的这件囧事，让我慢慢地争取并珍惜锻炼自己的机会。我知道需要给自己一个真诚的交代。

直到今天，我才明白，我后来从教之路上的成长，一直没有绕开过这个问题。当我布置孩子们以“我的初中生活”为题写作文时，才发现这件尘封的往事，曾经让我那么刻骨铭心。

但愿有更多像我一样在初中有如此囧事的孩子，能勇敢面对，走出心的困境，去仰望繁星满天的太空。

本来，我是想借此创造一个机会和话题，让小岚敢于面对自己。可惜她并没有来。我明白勉强不得，所以没直接把她“请”来。在第二次周记中，小岚说曾来过办公室门口，却没有勇气跨进去，过后又很后悔。

我想，既然如此，那就继续用文字与她沟通吧。也就仍通过留言给她鼓励：“岚儿，请相信事在人为。看来胡老不得不把方法在这里写出来了，你可不要外传哦。这个方法是：你先利用下课的时间，走上讲台，站稳后注视台下三秒钟（可以悄悄去做，没人会注意到你），说不定会有意想不到的收获。”让她这样做，其实是让她熟悉台上的环境和自己内心的感觉。人在熟悉的环境中，陌生感会降低，安全感会增加。

接着，我还进行心理疏导：“在课堂上要有‘敢于试错’的勇气，我不是常说‘不犯错误的学生不是好学生’吗？想想十年后，谁还记得你初中时答错过某道题呢？现在我们来个约定，下次上课，我一提出问题，你就不再犹豫，马上起来回答，可以吧？以前，胡老曾认定自己会胆小一辈子，可惜老天偏偏不让我如愿（有点小骄傲），就像现在，胡老认定岚儿一定可以克服怯懦（你也可以有小骄傲哦）。”通过这两次书面沟通后，小岚果然第一次主动起来回答了问题。再后来，越来越自然，越来越自信，还竞选成了班干部呢。

后来我反思，小岚之所以能有此改变，有三个方面的原因：第一，我先是作为一名理解者，站在她的角度思考，还自揭囧事，点出老师曾经也胆小紧张，并诚恳地附上文章，让她明白老师的真诚。第二，采用了无言教育的方式，避免了使用语言交流时的潜在心理对抗。第三，也是最关键的一点，是小岚愿意从自己身上进行改变，有自主成长的意愿。而我呢，也给出等待和缓冲的时间，避免了急躁。第一次孩子没来，但等来了深入交流的再次沟通。同时，又教给她训练的方法，她会认为，在老师身上有用的法子，可以一试，也加深了信任。

也许因为在我们的无言交流中，蕴藏着对小岚的期待，让她终于明白老师的真诚关心，拨动了她的心弦，才让她找到了突破自我的勇气。

◆◆◆◆◆探索感思◆◆◆◆◆

“无言策略”是非暴力沟通的有效形式，它由态度、情绪、言语构成。当我研究这个方法时，觉得它非常有意思。在班级教育中，如果我们也用“我听到”“我感到”“我需要”“我希望”这样的词语，只谈事实不谈情绪，学生往往更容易接受。

老师对学生的教育，很多时候均通过“言传”的形式，对其正面、针对性地进行。然而在一些特殊情况下，老师若换为“身教”，采用无言策略进行沟通，能起到更好的效果。正因为这一策略的“无言”属性，我觉得它更适合某些特定教育对象的心理特点，能更好地促使其积极反思，自主成长。

在这几件事的处理中，我采用的方法就是无言策略，也达到了想要的效果。老师可以通过眼神、动作、肢体语言等与学生进行沟通，去观察和感受，触动其心灵，从而唤醒学生，达到预期教育效果。

我发现，无言策略有这样一些特征：

1. 无言其实“有言”。

老师在对学生进行教育时，需要传达出一定的信息。很显然，使用无言策略时，老师表达的信息都包含在了无言的方式里。在上述例子中，我就向小军传出了以下信息：（1）老师都不怕脏；（2）老师亲自做给你看；（3）老师都可以做到，你不也可以做到吗；（4）老师不想以惩罚的方式解决问题……

我发现，在管理过程中运用无言策略，老师虽然并未说话，却比苦口婆心更为有效。不仅如此，在很多时候还能增进师生间的情感，换得学生的理解，营造出更好的班级氛围。这是因为以无言的方式传达出来的信息，给人更多的缓冲空间和想象空间。正因如此，就更容易让学生有接受的心理准备，从而起到“言在言外”的效果。

反之，在很多时候，我们对一些事情反反复复地强调，怕学生听不进、学不到、弄不清，时间一长，反而会引起学生的反感。这值得我们深思。

2. 无言是主动作为。

在使用无言策略时，老师需要用眼神、动作、肢体语言等积极地传达教育信息。

我们可以假想，在这里如果我苦口婆心地说教，或用强制力甚至换其他人做，效果会怎样呢？如果苦口婆心地加以劝说，一套一套地向小军讲那些他已经懂得的道理，也许他心里仍过不了“觉得被整”的坎，还会增加时间成本。如果用强硬的方式迫使小军就范，则可能引起小军更大的不满。即使没有明确对抗，但也会心里不服。随着时间增长，小军很可能把这种情绪积压在心里，在某一个时刻突然爆发。假如另外安排一个人去做，绕开小军去处理问题，则会起到一个坏的带动，其他学生也可能因此仿效，那么班级工作推进就会越来越艰难，老实人会越来越吃亏。所以，这些都不是最佳选择。

因此，我在这里采用无言策略，主动示范、积极作为，既走进了学生的心，又大大提高了管理效率，还树立了威信。综合来看，需要采用无言策略的这些场景，老师起着主导作用，所以往往这种非语言的表达，有着超越语言表达的效果。

3. 无言中暗含期待。

使用无言策略，也应有明确的教育目标。在施行这一策略时，老师也应清醒地知道自己的目的是什么，这样才会让教育行为有意义。

因为无言策略的使用过程没有“语言”，所以教育目的是隐藏的。怎样让学生感受到呢？这就需要老师在使用无言策略时有暗含的期待。当正向的、积极的期待呈现时，学生接收到后，就容易形成驱动自我的积极能量，往老师期待的方向发展。期待的前提是信任，建立在信任的基础上，才能感乎其情，触动其心。

罗森塔尔效应证明，学生的很多想法、认识、感知，很少是单纯地来源于自己，大多时候来自权威的影响。相对学生而言，老师是理所当然的权威。当老师发自内心并以无言的方式向学生释放出有着权威力量的期待时，学生就可能找到改变自己并积极实现自我价值的源头力量。

4. 无言策略需要老师示范、鼓励、点醒。

因为老师起核心主导作用，所以在进行无言策略时，老师的示范，可以成为学生的样板。正所谓“身正为范”，这正体现了老师的表率作用，从而可以感染到学生。

无言策略中老师可采用的方式有很多：要求学生做到的，老师率先做到，就是一种无言的熏陶；善于用眼神制止学生、提醒学生，最常用在课堂上学生做小动作时；当学生出现不良情绪时，摸摸他的头、给一个轻轻的拥抱等，能让学生感受到来自老师的力量；也可以是学生战胜自己时，给他竖起大拇指，鼓舞士气；还可以与学生约定，出现某种特定情形，用某个特定的动作，大家做出统一的反应，比如老师举起右手，竖起食指，就表示安静下来、端正坐好。无言可以是语言表达之外的很多形式。

我发现，无言策略使用时还要考虑以下方面：

1. **适用判断**。

孟国泰说："聪明的教师用1000种方法教一个学生！"这句话告诉我们：即使是同一个学生，面对不同场景时，也应采用不同的教育方法。对不同场景的分析和判断，是处理问题有效与否的基石。不同的场景，应有不同的应对。

在使用无言策略时，首先要判断这个场景是否适合使用该策略，以老师对学生的了解和学生当时所处的环境，分析使用这个策略是否有用，是否能达到最佳的效果。

2. **吸引聚焦**。

因为无言策略的特征是不用语言，所以在运用这一策略时，老师需让学生明白你这样做的意图，否则，就像同事捡垃圾，即使做了，学生没有看到、没有引起思考和反省，仍然起不到应有的作用。要让学生明白意图，则需要吸引聚焦。像案例里，我"看了小军一眼"后，小军和其他人的目光自然被吸引了过来。这样，老师就成为处理事件的焦点，无论是"卷起袖子"，还是"拧"等动作神态，学生都看得一清二楚。

只有老师的一切动作都在学生的注视之下，整个氛围才在老师的掌握之中。通过分析可以发现，吸引聚焦是使用无言策略最为关键的一环。

3. **抓准时机**。

当成功吸引聚集后，接下来老师就要抓住时机，实施这一策略。教育行为中，往往有一些时间节点，在什么时间做什么事情，关系到效果的好坏。

孔子说：“不愤不启，不悱不发。”可见，教育是有时机要求的。在实施教育行为时，过早不行，过迟也不行。只有刚刚好，才能巧行其事，事半功倍。

4. **释放善意**。

老师在采用无言策略时，要让学生感知到老师的善意，要让学生明白老师的出发点不是针对他，而是为了改善关系、处理问题。只有老师释放出善意，才能构建出“我”和“你”的关系，与学生站在一起，让学生的心灵被照亮。当老师的善意成为打开学生生命通道的钥匙时，就能激发出学生的自我效能。

仔细分析，还可发现无言策略的使用有一些误区：

比如，前面讲的同事在班上捡了很多次垃圾，学生仍然会乱丢乱扔；老师盯着某个学生看时，传达给学生的，却是害怕之感；老师的一些动作、表情，不能得到学生的回应等。这说明不能“为了无言而无言”。

1. **老师没有向学生传达出爱与善**。

在设置无言策略的教育目标时，有一个基本的初衷，那就是需要以“爱”作为施行这一策略的支点，要有对学生的人性关怀，不能为达目的不择手段。从“心”开始的教育，是无言策略的出发点。否则，无言可能走向冷暴力的泥潭，给学生心灵造成严重的伤害。

2. **没厘清问题的复杂属性**。

从操作层面上思考，无言策略往往对短程的、就近的教育问题效果更好。而学生的很多问题，可能具有极复杂的原因，有时还需要专业的心理干预。选择使用无言策略解决问题，是因其成因简单，往往目标清楚、操作简便。因此，那些需要长期坚持的、要探究根源的问题，就要慎重选择使用这一策略。

3. 没有激发出学生的自我效能感。

老师作为外部世界的权威向导，是一种能量，也容易是一种压迫。如果过于强大，易导致学生的压抑或是逆反。在使用无言策略时，老师要尊重学生的主体感受，给他们积极的期待，把握准触动他的时机，让他觉知自己、主动成长，而不是被动改造。也就是说，要让学生在权威引导下激发自我效能，释放出自我改变的能量，体会到自我成就。

4. 没有把事实从情绪中剥离出来。

老师在使用这一策略时，要理性地分清事实和情绪，即对事不对人。在使用无言策略时，老师除了要注意不要被情绪左右，还要认清有些失范行为并不是学生品德问题，而可能是习惯或无意使然。老师最典型的不恰当行为是事后再去纠缠。如果仅是事情本身，通过无言策略已经解决，学生得到了成长，老师没有必要再把学生带回到失范的情境中，让学生再次感受“当时的愚蠢”。

无言策略的使用，是在一些特定场景下的教育选择。班级教育中也需要不断尝试并积累经验，找准关键，辨识出使用误区，在充满人文的关怀中，才能从师者的“心”抵达学生的“心”，也才能辟出蹊径，改进我们的教育行为，让教育效益得到最大化的体现，达到激醒学生的教育效果。

生命原来有多种可能

接到小益升学宴的邀请电话，我一时百感交集，大脑里一下子冒出一句话：生命原来有多种可能。

在河滩进行野炊

一　爹不疼，娘不爱

那年春季学期开学不久，小益的父母恳求我帮忙，把孩子转到我所在的乡镇学校就读，而且不要让小益知道是他们联系转学的。从以往的经验看，那种转来转去的学生多少都存在这样或那样的问题。说真心话我是不情愿的，往往遇到一个超调皮的就让人脱层皮，但朋友情谊又让我不得不收。同时我也在纳闷：为什么不让孩子知道呢？

小益的父母告知的原因是亲子之间的关系水火不容，整个寒假两代人在家里都互不招呼。他们已对孩子摆出一副“不再管教”的架势，因为这孩子从小学六年级起越来越让父母寒心，做的事越来越出格，已经超出了他们的底线。

当矛盾发展到高峰时，他们告诉孩子要把房子卖了，说是家里还欠着别人的钱，而且这样一个不肖子不值得留房子，处理房子后手头就宽裕了。最后朋友夫妇真的搬出家另租房子住，告知孩子房子已经卖了。本来孩子还有一丝侥幸，哪有父母不疼孩子的呢？可这时，他终于发现，自己已没有任何依靠。

在这种“你不管我”“我不认你”的气氛中，双方都在胶着，进出都是相互瞪眼。

春节后，当看到同龄的伙伴都去上学了，自己真正成了一个爹不疼娘不爱的人，小益此时倒没再整天往外跑了，反而就待在家里。不过双方仍没有任何“表示”，继续保持怒怼状态。

当看到孩子“真的”没人管，而孩子心里还是想读书时，隔壁的袁阿姨站了出来。她先是问：“想不想读书？”孩子就像一个淹在水中的人，终于抓到了一根救命的稻草，略带犹豫地说“想读”。

我的思维曾在这个情节停留过较长的时间。如果袁阿姨当时问“想不想与父母和好”，可能结果就糟糕了。因为后来我才知道，自尊对这个孩子来讲，比任何东西都重要。孩子会这样叛逆（甚至是忤逆），要这样堕落，都跟自尊太强有莫大的关系。

二　不得已的收留

当袁阿姨得到“想读书”的答案时，意味着我遇到了一个巨大的难题。因为我的班里，前一学期已经转来了两个非常让人操心的学生——小烨和小宇（与小益之前在一个学校），如果再加上他，这三人铁定会变成“三角形”，将极具稳定性和杀伤力，我该如何办？

最终，我收下了这个叫小益的学生，那个被父母“放弃”了的孩子。

安排好这些后，我打电话让袁阿姨把小益送到了学校。可怜天下父母心，这一切其实都是小益父母的安排。所谓让袁阿姨去问、去劝，也都是他们在“导演”。

在校门那里一见到小益，我心里就发堵——高大结实、满脸横肉、目露凶光、玩世不恭、表情挑衅，脸上没有一点柔和之色，恶狠狠的没有一点笑意，完全颠覆了几年前那个“小可爱”的形象。

看样子是想给我一个下马威。我呢，假装不知道他的用意，其实内心早已拔凉拔凉了。好吧，我知道一切都无法挽回，该来的总会来，担心又有什么用呢？

在答应小益转到我班的时候，我能想到的第一个办法就是跟他约法三章，白纸黑字封死他的退路，想对他形成约束。

其实我也在心里暗笑，对于他来说这不过是小儿科的把戏。这几年写过的“三章”怕不少吧，否则也不会被逼得转学。只是实在想不出更好的办法，才用此下策；当然，万一管不了，也算是对他父母有一个交代。

虽然对他转到我班还算有一些心理准备，但后来的事实证明准备明显是不足的。

三　底线试探

教育，有时候并不是一件简单的事。在引导小益的过程中，体会更是深刻。

这孩子非常聪明，情商太高、人太油滑，很社会化。每次听我说话的时候，似乎都有深层次的另一个他在进行思考、判断、衡量。他要做到尽量对他有利。

跟预料的一样，还不到一天，小益就和小烨、小宇结结实实地“伙”在了一起。

为了“照顾”这三人，我约其他几位任课老师实施了班级史上最严的纪律。其实这些纪律对于其他孩子毫无意义，因为他们都自律性强、积极主动、有张有弛，整体氛围很好。

没想到，当天晚自习刚响铃，这三人不但不回教室，反而准备往寝室跑，只甩下了一个“我们没带书”的理由。守晚自习的刘老师经验丰富，她没有一下子严厉制止，而是充满智慧地给他们预设了回来的时间。可惜回到教室时，已超时十多分钟。

也许上晚自习对他们来说其本身是件不自由的事，或者是已习惯了一上自习就溜出去玩，又或者他们想测试一下这个学校老师的“制裁”底线。总之，的确是迟到了。

当然，刘老师也是从风雨中走过来的，二话不说，惩罚他们 400 个下蹲。这是一个此消彼长的时间，要么刘老师灭了他们威风，要么他们从此无法无天。

这下他们知道了刘老师并非好啃的骨头，还笑眯眯地一出手就是 400 个下蹲。

于是，他们一边呼天抢地做起下蹲，一边磨蹭敷衍。看样子小益还能挺一挺，可苦了小烨和小宇，小烨本身偏胖，小宇又缺少锻炼，400 个下蹲下来路都走不了。好在惩罚过程中想方设法“偷工减料”，才免除了不少痛楚。

说句实话，小烨和小宇自上学期来到班上后，虽然因太调皮与其他学生“不同道”，不过与来之前相比已转变了不少。可小益一来，我之前的功夫全白费了。

这三人的另一个问题，就是没把跟班实习的李老师放在眼里。虽然李老师认真负责，但要与三人斗智斗勇确实道行浅了，再加上她只是实习老师，效果更打折扣了。她一上课下边这三人就像闲聊一样讲开了，东拉西扯，目空一切，完全把实习老师当摆设。连课下也有事没事就跟李老师摆“龙门阵”，小益还吹嘘之前是如何了得，模样非常显摆。我想他的目的恐怕是想让李老师转告于我，来探我的底线吧。只是我假装不知，吹就吹吧。

有一件事，让我发现小益毕竟是孩子。那天体育课休息时，我和他坐在旗台那里聊天。他不是爱吹吗，就给他机会。我的目的是看他究竟有多少招数，等他全使出来了，我就能找到破绽了。

几天过后，小益眼里对外界的敌意减少了很多，也让他慢慢放下心来。我知道他还是想找一个可靠的人谈谈，不过班上的同学肯定接不住，在他眼里同学们都还是“小屁孩”——不懂事、不可靠、不江湖。

皇天不负苦心人，这次居然有所收获。小益聊天用的是衬托法。他告诉我，在以前那所学校，小烨很不非凡，之所以要转到这里来，是因为打了架，还动了刀子。后来怕人家下黑手，也怕惹更大的祸才转到我们学校的。小宇要好些，但同样“不恭敬”，也打过架。

当时我在想，他说这些难道是想让我了解他们这三人有多么辉煌的过去，有多么冲动，有多么暴躁，在之前有多么混得转，多么跩?

其实都不是。因为接下来这句话，让我突然看到教育的转机。

他说：“小烨虽然混得不错，但尚不如我。”

我差点没绷住笑出来。不过我敏感地觉得面前突然有了一丝曙光，因为只有这些话才像个孩子。通过炫耀历史来标榜自己，是不成熟的表现之一。正因为不成熟，我才有教育的机会。

我知道，那些桥段不过是卖弄和显摆过去而已。我假装不懂，还真诚地告诉他：“不管在以前的学校，还是在这里，低调点好。我们学校有一个习惯，有事大家管。对于你们，学校已宽容以待，要懂得好自为之。”我也是不着痕迹地把学校的底线告知了他。

四　没有触底，就没有反弹

因之前的下蹲，他们几天借故腿疼不参加大课间训练。我默许他们没参加，不过需要在旗台处陪我。

我再次成了一个忠实听众，听他们聊过去，还真是“灿烂辉煌”，用现在的话说那叫“有故事的人”。

跟他们聊天其实很累的。特别是小益，每次交流过后，我都要分析他的哪些话是真的，哪些是假的，他说那些话的目的是什么。但也正是这些聊天，让我逐渐对小益恶习形成的症结有了一些了解。

不久，班上按惯例准备去春游，大家都很积极。小益周末返校时自豪地告诉我，他买了200多块钱的零食。

我心里有些好笑，一个靠邻居“救济”读书的人，还要买200多块钱的零食参加春游，不叫奢侈，是虚荣。所以他的话一出口，我只有假装佩服而惊奇地道：“既然这样，你就分一点给别人好了，不管哪些同学跟你一组，都一定是件幸运的事。”

一般说来，有点大哥气质的人都会比较豪爽，但我万万没想到，小益不但没答应，还说：“我才不会跟他们一组呢，谁也别想得到我的东西吃。”

看来他还是没把同学看上眼，更没把同学当同学。要知道，在你的眼里我不与你同类，反过来，在我的眼里你也不跟我同类。就像一只猫看到一只兔一样，它们可以彼此相望，却永远没有共同的话题。

我想了想，也没点穿，说：“我怕你太早吃完，不如就放在我那里吧。你看，要星期六才去春游，如果这几天你吃完了怎么办？”

不用说，我都能猜到他一定不会答应。分析原因可能是真的自私，或者没有买200块钱那么多，假如放我那里，就露底了。

当然，不管怎么说孩子就是孩子，在某个时候，他表现出了缺点，正好说明他的真实。要知道，如果一个人在你面前永远只是“优秀”，那么你看到的一定不全面。

作为一名老师，教到调皮的孩子肯定不是一件快乐的事；作为一名老师，没有教过调皮的孩子肯定也是一件遗憾的事。

说句实话，在教育调皮孩子的过程中，我最大的启示不是标榜对他们有多爱，有多严，而是有多耐心、多懂他们。我喜欢自己像磁铁一样，把那些有这样或那样缺点的孩子吸到面前，再跟他们慢慢磨——磨掉他们的缺点和不足，镶上人性的光辉，让他们感受到人之为人的乐趣。当孩子做了一些像马特洛索夫说的“让人们因我的存在而感到幸福”的事情时，我们的教育就有了意义。

正是因为这样的交流方式，他没有像在以前学校那样逆反，因为他的情绪触不了底，也就没有了反弹。

五　总有一个点，会让你发光

那段时间我养成了一个习惯，几乎每天都跟他们聊天。慢慢地，我让他们觉得可以信任。我呢，该惩罚就惩罚，与全班一视同仁。反正是先说断后不乱，我面带微笑，既高深，又让他们哭笑不得。就像小烨感叹的：别看胡老师平时笑呵呵的，但在他面前最好自觉点，千万别惹，惹了就躲不掉。

这样的交锋其实很是累人，“高深”只是我的策略，最让他们感到温暖的，可能是我始终以一个理解者和帮助者的角色融入他们的生活——即使是惩罚，也让他们觉得是一种帮助。

慢慢地，外界的引导让他们有了一些改变：老师们呼得动了，有什么事布置给他们，马上就去做了，学习也比之前踏实多了。特别是小烨，认真起来的样子挺可爱的。

如果说前段时间发现了小益身上有可教育的缝隙，那么春游让我改变了自己以往的心态，也让我有更大的耐心去面对、引导、感化。

春游那天，跟想象中一样，因为小益太过强势和自私，又不好相处，即使是班上最善良的孩子，也没有跟他们搭伙。于是乎，其他同学都是有分工合作的团队，他们呢，迫不得已只能三人一组。

在整个过程中，小宇因为什么都不懂，被呼来喝去，不知所措。这个在别人面前威风凛凛的孩子，在小益和小烨面前只得忍气吞声。

那天我才发现，其实小宇的脾气挺好的，显得很大气，不计较，特别是被小益和小烨吼，甚至骂时，他都没有生气。

按春游的约定，每个组要把最拿手的菜给老师们评判，哪个组的菜最好，会给予奖励。当小益端上他做的菜后，其他老师给予了极高的评价，这也让他们很高兴。可这时，我的成见却害我差点失去了最佳的教育机会。一开始，我并不想尝他们的菜。我知道这是以小人之心度君子之腹——我怕他们在菜里放一些非调味品，如口水、小石头、灰之类的。这个阴影来自读初中时，一位老师转身出了教室后，他的茶杯里被一个学生吐了口水。即使现在，只要在办公室发现杯子被动过，里面的水我都不会再喝。

幸好，我给自己找了品尝的理由：一是，因为其他老师的称赞，觉得味道还行；二是，他们做饭的地方离得并不远，没看见有出格的神态和行为；三是，这段时间付出了那么多的努力，还是想给他们一个展“志气”的机会，借此给点表扬和肯定，毕竟他们很在乎我的评判。因为这三个原因，即使吃一点灰或土我也认了。

在品尝完菜后，我当即赞不绝口，这不是虚伪，而是菜的味道确实超过想象。老师们也不吝啬，把他们的菜评为“最佳菜品”。教育的机会往往一闪而过，在得到大家的首肯后，他们都比较认真地参加完了春游的所有活动。我相信，总有一天那条缝隙会越变越大，让阳光照进去。

只是，我没有盲目乐观，而是趁热打铁，当天晚上，我就找他们三人来聊天。

我对他们说：“虽然你们今天的表现很好，但也应该好好反思。第一点，春游只有三人一组，全班仅此一例。”小益此时正好显出他世故的一面，说班上还是有一个同学告诉他，不是不愿意跟他们一组，但如果跟他们一组，就有讨好他们的嫌疑，所以就不来了。

我没有客套，接着说：“这正是你们的失败之处，人际关系的处理上，你们真的太差了。要相信，班上的其他同学还是有起码的是非观念的，这恰恰说明你们的行为让人觉得糟糕。”

接下来我谈的第二点是对小宇的印象。“因为小宇成长的环境比你们还优裕，所以至今可能洗衣、做饭之类的事都不会做，懂得的事也不多。但你们却以自己的标准去要求他，这显然不合情理。在这一过程中，你们二人都对他爆粗大骂，这就是你们的友情吗？什么是真正的友情？骂别人妈和娘他就该忍受，这是兄弟感情吗？”

这些话被我无情地摆到了明面上，小宇一下子变得非常沮丧。但我装着没去看他，我知道他心里此刻非常不好过，头埋了下去，转向另一边，不去看小益和小烨，这两人脸上也写满了惭愧。

我知道要把外界的压力引导为自主的动力并有质的改变，还需要再加一把火，再收紧绳索。于是我说到了第三点："我现在要告诉你们一个深思熟虑后的决定，如果你们三个还像现在这样无所事事，整天游手好闲，没有学习的样子，让我每天都要操很多心，期中考试你们的成绩又都在后二分之一的话，我只能留下成绩稍好的两个。因为我的精力有限，我还得为班上其他同学负责，还得为我的家庭负责。虽然小烨和小宇的长辈跟我家是世交，小益的家长跟我是朋友，你们长辈和家长的面子我已经给了。我相信春游时你们的菜能得到所有老师的认同，你们接下来的行动，也能让所有老师给你们点赞。"

很明显，这种状态不能长时间纠缠下去，必须借此机会切断他们的退路，他们才能有一个彻底的转身。通过春游可以看出他们潜意识里渴望被认同，通过这段时间的相处，他们对我有了一种信任，对班级也有了一些依恋。

最后，我做了一件让他们很久都没法忘记的事：把那段时间关于他们的专题日记给他们看。很快他们就看到了从入学那天以来的大事小事，每天是什么状态，什么样子，带给我什么感受，一应俱全。三个人一致表现出不可思议的神情。我告诉他们，希望这样的日记还可以继续下去。

过后，三个孩子都是安静地回到教室。小宇一直趴在桌子上，埋着头不言不语。我相信他是真的心酸，因为可能到此时才有人告诉他，什么样的朋友才是真正的朋友。小益坐在那里像在反思，也可能在琢磨。小烨要单纯一些，找了一本书马上认真地看了起来。

本来学校晚上九点下晚自习的，他们保持那样的姿态一直到所有人都走了，才默契地和我一同离开教室。

从那以后，三人的状态果然好了许多。其间，小益还告诉我他为什么会那么激烈地对抗父母。原来在他八岁的时候，有一天犯了错被母亲脱光了跪在马路边上打。那时正是学校放学的时间，很多人看他的笑话，以至于随着年龄的增长，逆反之心越来越大，直到初二时强烈爆发，与父母决裂。

再后来，他们积极组织和参加学校的趣味运动会，出了大力，让班级取得较好的名次。

终于，在大家的努力下，小益与父母不再敌我相对。在一次生病后，他的父母来到学校看他，自此亲子关系有了很大的改善。小益也越来越像个孩子了。

六　生命的可能

小益高中毕业考上了外省一所很好的重本院校，特意请我参加他的升学宴。

在仪式上，小益的发言中有这么一句："感谢爸爸妈妈这么多年对我的不离不弃。"很多人可能觉得这句话很平常，但我明白其中真正的含义。我知道这里面有多少的辛酸、多少的无奈、多少的故事，更重要的是这里面有作为父母百分之百的希望和付出。

当初他父母所谓"不管你"的表态，其实都只是做做样子——当孩子跑出去以后，他们是确定孩子安全时才放下悬着的心；当孩子想读书时，他们请了邻居袁阿姨来当“托儿”，一切费用还是父母负担，所有的动向他们都了解得一清二楚；当得知孩子在学校生病后，他们毫不犹豫地冲进夜色，冲进雨里，带着药，俯下身来、降低姿态，抛开了所有的隔阂……

我从未想过小益能考上重本，也从未想过这样一个孩子，能让人生如此逆转。宴席敬酒时，小益给了我一个深深的拥抱。我也不曾想过他会感谢我，从某种意义上说，应该是我感谢他，是他让我懂得一个人的成长需要在经历挫折、失败、疼痛后，找机会反省自己、思考自己、规划自己，最终用经验和教训去证明自己。这个过程没有人可以替代他们去经历。

◆◆◆◆◆探索感思◆◆◆◆◆

小益的故事让我深思：即使孩子真的有缺点也不能“有罪推定”，成见可能会让我们彻底否定孩子，封死他们改变的出口。不能轻视了孩子的潜能。

教育，是一种爱，一种行走，一种方式，一种意义，一种情怀。我们用爱行走，用文字铺路，用生命标点。这样的教育生活，每一天都温暖实在。

有很多人都害怕走向外部世界，同时又渴望被看见。每个孩子都是独特的生命个体，每个生命都需要我们认真对待。如果以挑剔的眼光看孩子，很多都不合成年人的意——他们那么幼稚，那么任性，那么自私。

小益的变化再次证明，“成长”就是一个人在经历挫折、失败、疼痛后，找机会反省自己、思考自己、规划自己，最终用经验和教训去再次印证自己的过程。这个过程没有人可以替代他们去经历。成长就像是一个人的“心灵独舞”，一切没有触及心灵的东西，就都是流于形式；无法让他们真正地成长的自主，都不是真正的自主。追求自主发展，乃是与生命离得最近的舞步。

在孩子成长的过程中，老师和家长需要给他们足够的尊重和自由。尊严和自由是与生俱来的，我们要呵护，千万不要去抹杀、伤害或是剥夺。一个懂得尊严的人，更具有责任感。

有人说：“不是失败，而是低的目标让人可悲。你有梦想，大的梦想，不可能的梦想，那些可以带来改变的梦想。活出一个传奇，并且让那些梦想成为你的人生作品，是你来到这个星球的目的。”

某个学生可能由于孤僻、自卑导致交往障碍，这就需要引导他敞开心扉、主动交往、积极参与活动。现在想来，引导的过程，似乎就是很多次压制自己的火气，很多次告诉自己再耐心一点，很多次看到“明天的评说”。

曾经让学生做过这样一项活动：任意画一棵生命树，树根表示出生地、家庭成员，地面表示日常生活和兴趣爱好，树干表示自己的技能、相关故事和重要影响，树顶表示自己的梦想，枝叶表示重要的人物、收到的重要礼物。

在画完后，请学生们谈自己的感想。很多孩子都认识到，所画出的这些东西，对自己都是那么重要。当一个人认识到他人对自己很重要时，就更容易从自私走向公允了。

巧用图形，让黑板报出彩

因为长期在农村初中任教，所在学校每期均要进行黑板报的评比，这件事真让我费了不少脑细胞。对于城市的初中生来说，办黑板报要容易得多。毕竟有很多孩子从小就参加美术绘画学习，办黑板报对他们来说，不是件太难的事。因为有美术基础，无论在构图、版面设计等方面，都有农村孩子所没有的优势。而我的学生，有些还是第一次看到彩色粉笔呢，更不用说办出美观的黑板报了。

刚当班主任时，看着其他班学生办得一手漂亮的黑板报，而我班的学生却像小孩涂鸦，心里既羡慕又很着急。但急归急，因为学校明确规定，老师只能指导，不能动手，所以每次都排名垫底。在经过若干次摸爬滚打、琢磨反思后，我在引导农村学生办黑板报方面，还真总结了一些经验和教训。

黑板报有一些关键要素是必须进行考虑的，如版面设计。在欣赏一块黑板报时，往往最先感知的是版面怎么样。版面美观，才有让人阅读下去的欲望，怎样让版面美观大方呢？最重要的是设计时要有整体意识，这也是最花功夫的事。

我以为，对没有任何美术基础的农村学生来说，可以分阶段进行训练。针对学生美术零基础的现状，我想到的办法是让学生用所学过的图形来构建版面；在画刊头的时候，也尽量使用单线单色，少用色块（因为粉笔涂色，效果真不好）。

根据初中生已有的知识和认知规律，我把利用图形办好黑板报，需在“巧”字上下功夫，分为三个阶段进行引导。

第一阶段，刚入初中，以小学掌握的图形为基础设计版面。

在黑板上画出简单的图形，如长方形、圆形、平行四边形等，他们是能办到的。而老师要做的，就是引导他们在一块黑板上，把这些图形摆放得简洁、美观一些。根据黑板长度，大多数黑板报都是三大版面，六个板块。除了刊头，就只剩下四五个板块了。于是我们把五个图形，放在这几个地方。

在此过程中，老师一定要在“整体意识”上进行把关。我的很多学生，一开始办板报都是画好一个图就忙着写字，这是办板报的大忌。务必把版面设计出来定稿后，再填充文字。根据经验，我们发现：

（1）先在外围打一个框，看起来更通透；

（2）对比色越强烈，色彩搭配越显明快；

（3）相同的图形别堆在一起；

（4）如果用圆作为版面，可以适当进行处理，用两条直线截取其中的一部分会显得更稳；

（5）板块之间不要拥挤，要能“透气”；

（6）留出一个画尾花的位置，简单装饰，效果更好；

（7）字距、行距的安排，要大方、得体；

（8）在勾线时，尽量一笔画完，不要涂抹。

此时的黑板报，往往以长方形为基础进行设计。如果全用长方形，又显得单调。怎么办呢？最好是适当进行装饰。如图一，就是刚进校的学生进行的变通，长方形的线条就没有那么死板了。

图一（同事供图）

值得一提的是，在进行小标题的安排时，用简单图形来完成，看起来也不错。如两个字的小标题，就画两个小方框或两个小圆圈。如果学生在构图上实在困难，即使刊头等重要版面，也都以图形为基础进行展现，这样就大大降低了难度。

我们知道，学生对心里认为可以办到的事会更加有信心。无疑，有了这样的引导，即使让那些一点美术基础都没有的孩子办黑板报，也不会有消极抵触情绪。当他们觉得自己可以办到时，积极效应会更持久，觉得大不了多擦几遍，很容易就能找到感觉了。

第二阶段，时间稍长，以图形的组合和略变来设计版面。

当每组的学生都办过两轮黑板报后，就已经总结了一定的经验。无论是色彩搭配、整体构思，还是内容选择等方面都有了一些自己的积累。这时就可以引导学生通过适当改变图形，构建出更加美观的版面。

这个阶段大约在七年级下学期到八年级上学期，对学生来说，对数学思维和空间思维的认识都有了较大的提高，对图形的运用也在不断深入，如果引导他们把图形进行组合并适当加以改变来构思黑板报，是比较容易的。

在这个过程中，同样要以整体效果为出发点。在选择图形时，可先进行自由组合，如两个半圆组合、两个菱形组合、直线与曲线组合等，孩子们会惊喜于图形组合的很多可能。最关键的一点是每个板块的图形，要围绕中心线改变。如图二左上角的板块，表现出来的是曲线，但在实际构图时，是先画出矩形，再围绕矩形的边勾出曲线，这样板块的重心才不会偏移。

这一阶段是办黑板报的过渡时期，比上一层次难度增加，但因为学生在图形与图案大小等方面已具有一定的经验，只要老师引导得当，办出来的黑板报会更加美观。当然，这也不能突破缺少基本功带来的限制。以我的经验，学生在这一阶段停留的时间会很长，我带的班级有些组就只能到这个阶段。

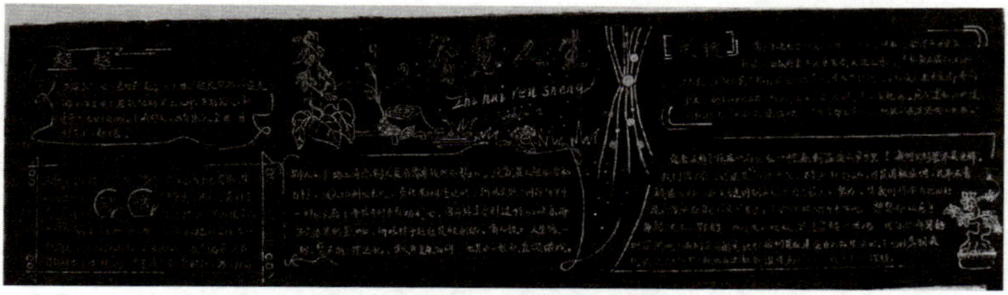

图二，黑板报就是图形框框

第三阶段，突破提高，以图形变式和加花来设计版面。

有了前两阶段的训练和巩固作为基础，就可以对黑板报的版面进一步升华。如果在前两个阶段进行了不折不扣的训练，很多学生在初三时就自然不再囿于死板边框的限制，在版面设计上就会更加灵动。他们在线条的运用和把控上更显得自如，在版面布局特别是在斜线的运用上，以及对整体意识的体会更加深刻，在色彩的选择上也更加慎重。

如果说第二阶段是图形的单独变化和组合的话，那第三阶段就是整体的变式组合。怎样变，变到什么程度都比之前更讲究。很重要的一点是通过图形的变式和配合，让板报的整体显得更流畅、自然、生动。这种设计，往往能让版面营造出隔而未隔、界而未界的效果。从材料的选择上，也偏向于更适合绘画的水粉等颜料。

这个阶段办出来的板报质量，取决于学生抽象思维的发展程度和审美的水平。学生的思维本身天马行空，他们只需选择出五个左右的关键点，就可设计出互补和谐的版面来（如图三）。作为老师，往往不用也不能有太多的干涉，否则会影响他们的思维。因此，这一阶段在很大程度上，由学生自己完成。

图三（同事供图）

在对农村学生办板报的训练过程中，我们还探讨出了一些辅助方法。例如，刊头的字因为比较大，学生写不好，可先在电脑上进行空心打印，再用复写纸拓在黑板上，写出来就好看多了。我们还自制了一把 4 厘米宽、200 厘米长的直尺，可用来画外围的边框和写字的格子（现在可以用铝合金条）。

其实，这些都是不得已的办法，解决的只是技术层面的问题。如果我们无法遇到一开始就能把黑板报办得错落有致、有张有弛、像艺术作品一样的学生，那么就让所有学生动起来，我们进行一些可操作的指导，让他们把黑板报办得更好一点。

◆◆◆◆◆探索感思◆◆◆◆◆

在对学生的教育中，几分引几分导，几分管几分理，老师要介入多少，都应该有所讲究，并且不同的班情还要体现不同的差异。一切努力，都为了让学生能最大限度地自主发展。

在班级教育中，即使小如办黑板报这样的事，也可让班主任找到创新的契机。这样提升办黑板报能力，从学科视角和学生视角出发，让学生易于接受，乐于完成，争取做到：遵循学科学习的客观规律，新颖、明快、高效，在稳定中探求新、变、异，促进了学生思维和能力发展。这样的引导便于营造轻松愉快的氛围，让学生在不知不觉间习得知识，提升能力，真正起到促进学生思维高阶发展的作用。

心理学研究表明，人们对固有的东西有一种思维惰性，即“熟悉的地方没有风景”。在办黑板报的时候，如果让学生一开始就停留在“我不会办”的惰性思维中，那就没有跳出来的机会了。在指导的时候，如果没有思维层级的递增，即使再好的方法，用的时间久了也会让学生厌烦。

当固有化思维定式形成，并对思路和思考有阻碍时，我们就该用创造性思维去打破它。若能改变思维的固化，思考问题的范围就会大大拓展，就有利于在班级教育中以新的方法帮助学生解决问题。以新的思路、新的方法去巩固和掌握学过的知识，打破“固有化”的定式，就能锻炼新的能力，让他们超越习惯的范围，冲破常规的限制。当我们常常用“新”带给学生前所未有的体验时，就能让他们感受到任务完成带来的生命愉悦。

一首诗，一片“痴”

从没想到，一首《断章》的教学要占用那么多的时间。

确实，《断章》很短，只有四句，基本上读一遍就可以背下来。因此，完全没必要琢磨如何讲。但学生们偏偏对这首诗情有独钟。

好吧，我承认自己是一个感性的人，只要学生愿意，停一停又何妨，让他们品一品，顺便感受汉字的魅力。这样的事发生了不知多少回了，本来一节课可以处理五首诗的，没想到一首都没弄完。

那个读出诗中痴情的女孩很爱笑

原本，本期诗歌单元中，《断章》和另外四首诗一起组成了一课。我猜想编者的意图，也只是让学生们多了解一些现当代诗歌。一般情况下，我不会仔细品赏：一是，因为我自己太浅薄，对诗歌把握不住；二是，初三时间太紧；三是，学生们可能觉得抽象……总之，我决定只用一节课让他们读一读，感受感受，再简单提一下诗歌的语言、手法、文化常识。

对于这首诗，我是熟悉的，也特别喜欢这首诗的哲理感。而课堂上，学生们的视角更广。

相信你跟我一样，第一次看到“断章”两个字，先是觉得莫名其妙，而后会联想到一个成语“断章取义”。是的，学生们在预习时，已查过资料，这首诗就是这样来的。因为本身很长，但“长不达意”，作者卞之琳从中选了这四句，合成了一首诗，取名《断章》。幸好他敢于舍弃，才铸就了现代诗歌史上的又一经典。你看，是不是挺有意思的？

不过，与写作方面的敢于舍弃相比，在另一方面，诗人却表现得那么牵肠挂肚、藕断丝连，又瞻前顾后。请允许我卖个关子，因为下课时间到了。实际上，该诗为谁而写，表何心境，已有学生进行了探究。我只能说，那一颗仿佛永远的诗心，裹住了一粒沙子，成就了一颗珍珠，纯洁如玉。

看学生们意犹未尽，于是，我布置了一个作文训练——从《断章》中任意挑选一句进行扩写（“扩写”本来也是该单元的作文训练主题）。这不，欢燕很倔地又不按套路来。

痴

欢　燕

世界上最苦的恋，大概就是你在我心中，而你却不知道。

1933 年初秋北平，我看见了你。仅一眼，就被你深深吸引，不能自拔。你天真活泼，开朗直率，像一株开得正浓烈的红玫瑰。温婉秀丽的样子，让我认定你就是我要找的那个人。从此，我的心中多了一个你。

喜欢，甚至爱，但不敢表达出来。怕你会因此而厌恶，怕到时候你会离我远去，连朋友都做不成。

接下来的日子里，我想尽一切方法与你相处。从中知道我们都来自江南，同在北大上学，而且我们都爱好昆曲和文艺。我以为我们有相通的一点，可没想到，多年以后才发现，这只是我以为。

我开始了以自我为中心的表白，也开始给你写信，将我绵密的感情写入诗中寄给你，虽然你连一个字都吝啬回我。之后，我明白了你的心意，决定逃离。可是我忘不了你，怎么也忘不了，你的笑容，你的声音，你的一切。我每天都是活在疯狂想你的日子里，痛苦煎熬。我想闻春日的雨，也想看夏天的傍晚。但是这些，不及你一个回眸。依稀看见乌云压过来，雷声轰隆隆，期待果然又落空。

可惜呀，我决定重拾信心追求你，你却认为我平淡无新意的行为像小丑。1937 年我将写给你的诗编成《装饰集》赠予你。你说，你并不爱我。嗬，没事儿，我早就知道了，但这并不妨碍我在你身边陪伴你呀！虽然我痛得不敢再呼吸，心似乎也碎了。不过没事儿，只需你在空闲的时间看我一眼，只需一眼，我便可以满血复活。

但，你连一眼都吝于施舍给我，甚至狠心地剥夺了我守护在你身边的机会。1948 年，你与傅汉思结婚了，你们才认识七个月啊！我苦恋了你十年，十年啊！我可笑的十年啊，或许，这就是命吧……像志摩所说：遇，我幸；不遇，我命。

再见面，我们都老了。我也早娶了妻。我爱她，很爱很爱。而你仍是我心中那一抹白月光，但妻却治愈了我支离破碎的心。我们，相濡以沫，一生，两人，三餐，四季，看最美的风景。

其实，如果这首诗真是为一个女子而作，那诗的背景真让芸芸众生的我们感到艳羡。

文中的女子叫张充和，出身名门。二姐允和与语言学家周有光结为伉俪，三姐则是沈从文妻子张兆和。对了，还有大姐张元和是著名昆曲度曲家。“张氏四姐妹”美貌与智慧并存，在当时的名气仅次于“宋氏三姐妹”。张充和蕙质兰心，据说，北大录取她就是因为才华：数学零分，国文满分。

自 1933 年初秋，在北京沈从文家遇到张充和，卞之琳柔软的心弦被拨动了。同上北大，都喜昆曲和文艺，又那么美，有那么多共同语言。我想，那几天，他们应该聊了很多吧，从诗词歌赋到人生哲学，从个人爱好到理想抱负。一个师从徐志摩和胡适的23岁才子，一个温婉灵秀、娴雅清丽的19岁佳人。唉，孽缘啊。

不过，单相思的男人并非像上文中渲染的那么悲凉。1936 年 10 月，卞奔丧后特意去苏州探视张充和，在张家小住，充和陪他游名胜古迹；1946 年，又特意在江南逗留半年，还在张家过中秋。1947 年，出国前在苏州小住，与充和话别。可惜，不久后，也是在姐夫沈从文家，充和与后来的丈夫傅汉思相识，几个月后结婚，1949 年双双去了大洋彼岸。

“我终于失去了你”，这一生，痴痴恋恋，溢满遗憾。“天天下雨，自从你走了”，也许，卞虽有着沈从文一般的浪漫，却少了沈从文《致张兆和情书》一样的大胆（在青山绿水之间 / 我想牵着你的手 / 走过这座桥 / 桥上是绿叶红花 / 桥下是流水人家 / 桥的那头是青丝 / 桥的这头是白发）。之前读《湘行散记》时觉得太肉麻，至此才明白，佳人本来“值得如此”。不禁又想到金岳霖，想到《与妻书》，还想到朋友的一首诗“你来如春风 / 温柔怡梦 / 去似龙卷 / 摔我一世疼痛”。嗯，是我没懂爱情。

时光如水，再回首，已到 1980 年，卞去美国访问，两人才又见面。2015 年 6 月 18 日凌晨，民国才女充和女士离世，享年 101 岁。而那份相思，往事也好，知性也罢，痴缠纠结，情难自禁，都成了风景，灿若星辉。

真是汗颜，我都跟着八卦了。不过，从哲理诗跨到情诗，怎么感觉《断章》除了灵魂，忽然间又有血肉了呢？

在欢燕的文章里，最后一段有这样一句——“我也早娶了妻。我爱她，很爱很爱。”本来我觉得多余，想删掉，后来一想，这何尝不是她对美好的悦纳理解，对爱情的审视认识，对人生的体会感思。珍惜过往，也珍惜眼前。痴的，又何止是卞呢？

一首诗，确实花了意料之外的时间，所幸学生终有机会感悟：爱情是什么？心里住着一个“她”，美吗？曾经爱过？人生，无时无刻不是风景？压缩过往，顾惜当前。

◆◆◆◆◆探索感思◆◆◆◆◆

偶然间，我翻到这样的笔记，好像是武志红老师讲的——

好的人生，是一种过程，而不是一种状态；它是一个方向，而不是终点。

美好的生活是对自己负责任地、自由地成为真实的自我的生活；美好的生活是自我实现的生活；美好的生活是开放的、自我信任的、敏感的、充分的、健全的生活；美好的生活是一种创造性的生活；美好的生活是丰富的、激动的、有益的、挑战性的、意义深长的生活；美好的生活是一个过程，而非一种存在的状态。

因此卡尔·罗杰斯说："自我实现的人有一种惊人的能力，他们能够带着敬畏、愉悦、惊奇乃至心醉神迷的狂喜，神清气爽、天真烂漫地一次又一次地欣赏生活的原初的善（basic goods of life），尽管这些体验对别人来说，则可能是陈旧乏味的东西。"

作为老师，我们要引导学生"不要做一辆该死的弹药车，要做一支来复枪"，要做一个有智慧的人，而不是被知识的重量压垮的人。只要某项活动感觉好像是值得去做的，那么它就是值得去做的。罗杰斯强调，在达到这一目标的过程中，教师要贯彻"非指导性"教学的理论与策略，即教师要尊重学生、珍视学生，在感情上和思想上与学生产生共鸣；应像治疗者对来访者一样对学生产生同情式理解，从学生的内心深处了解学生的反应，敏感地意识到学生对教育与学习的看法；要信任学生，并同时感受到学生的信任。这样才会取得理想的教育效果。

第二编

战胜自我：锤炼生命韧劲

教室布置，不要有看客

从大城市到小地方，很多学校的教室布置，大多千篇一律，有的学校还统一印制了内容，让我们无论看过多少遍，都没什么印象。

也许，在很多老师看来，教室就是学生的一个学习场所嘛，它的布置有什么可“玩”的呢？不就是贴几张名人名言、学生作品、励志口号和班规守则吗？因此，很多教室走进去不但感觉僵化，甚至还有一股冷冰冰的气息。老师和学生都觉得那是理所当然的。

如果我们仔细想想，这可是学生在学校待的主要场所，而有什么样的环境就有什么样的班级文化，那我们是否可以把教室打造得温馨舒适一点，让学生有归属感、安全感、自豪感，尽可能发挥教室的育人功能呢？

创新其实伴随着班级管理的方方面面。在近些年的班主任工作中，我还真“玩”到了一些收获。其中最大的，便是不要让任何一个学生当看客。

瞧，自己分到的笔画写得多认真

一　累，却不讨好

刚从偏远乡镇调到大河初中时，学校每期都把“环卫大评比”作为规定活动，教室布置是其中最重要的板块。那时的教室布置不像现在，什么都可以买，还可以在电脑上进行个性化设计，而是几乎所有的内容都需要自己设计好后，买材料动手制作，再张贴上去。

恰恰是这种原生态的创造，让学校的每一间教室都各具特色，班主任的爱好和风格也更加凸显。

刚开始的两年，在此项活动中，我总是费尽心血、亲力亲为，为了得到好的名次，基本不敢让学生参与进来。该画的、该勾的、该剪的都自己动手；需要书法作品时，还要去请“高手”帮忙书写，所以常常晚上都加班，累得呼哧呼哧的。

可惜，学生们对此并不领情：精心布置的黑板报，转眼就有几条手指划过的痕迹；挂在教室两旁柱子上的书法卷轴，过不了几天就被弄破；卫生角挂拖把的钉子，也很快找不到了……

我想不通，都初中生了，为何如此不珍惜别人的劳动成果。

直到有一次，我才有了反思。因为检查组已到隔壁班，才发现黑板报上忘记写上班级编号。按要求，这是必填项目，没有就要扣分。而此时如果再由我去写，检查组看到不太好。

不得已，我让一个学生补上去。虽然补上去的字与整个风格不太一致，但却给了我很大的启发。因为让人没想到的是那个经常被擦花的地方，班级编号却随时被补写，而且清清楚楚地展现在大家面前。

我总算找到了原因——只有学生自己的“作品”，他们才会倍加爱护。而就是这次“意外”，让我看到了学生内生力量的巨大作用。出于“自恋”需求，人往往会非常珍惜“自己的”东西而轻视“别人的”。比如自己做的饭、自己写的字、自己唱的歌等，都渴望得到别人的肯定。很显然，这里的班级编号就暗含着对肯定的渴望。

教室布置好，本来就是供所有学生自己享受的，作为初中学生，理应由他们来完成。仔细想想，之前的越俎代庖是剥离了育人本质的行为，也是很蹩脚的一厢情愿。教室布置，怎么能成为老师的表演场所呢?

这一思想的转变，在无形中唤醒了学生们的责任感，他们的主人翁意识被调动了出来，从而让他们把“别人的劳动”变成了“自己的劳动”，也把“老师的责任”变成了“我们的责任”。

于是，我决定放手。虽然一开始学生感觉无从下手，但厘清思路后，就完全是另一番景象了。没想到这一放，也真的放出了轻松，放出了老师和学生的相互信任，放出了更多的创意和灵感，也让我从具体的事务中解脱了出来，站得更高，也看得更全面。

二　没有看客，才会有集体责任与个体担当的对接

因为是乡镇学校，我们的教室已很老旧，设计也不太合理。窗子是木头的不说，每次最难布置的是教室内墙两边的砖柱。

一般情况下，我们都是挂上两幅卷轴——由书法高手老师写的名人名言等，既遮丑，又有文化含量。可由于砖柱是凸出来的，从砖柱上方垂下来的卷轴如果不注意保护，非常容易损坏。有些靠墙挨着卷轴坐的孩子，上课时有意无意地用手去拨弄，让它荡来晃去；有时因为天气不好，卷轴被风吹起来又摔下去，常常是卷轴下面的小木棒没多久就裸露了出来，再过一段时间，就残破了。

按以前的做事风格，我会嘱咐全班学生相互监督，看谁是卷轴的破坏者，要么采用扣操行分的办法，要么进行批评教育。这么做的结果，还是让我沉浸在侦查猜测等无谓的班级事务中，耗费掉很多时间和精力。

后来，受黑板报“补班名”事件的启发，我开始调动集体的力量，轻松解决了卷轴易损的难题。

我并没有让全班来监督或管理，只是把卷轴变为全班学生的作品——让每个人参与书写卷轴上的字。这个让“存在感”发生的决定，现在回想起来还有一种很美妙的感觉。

怎样把书法卷轴变为学生作品呢？我曾有过纠结。之前都是请别的老师写，很是美观，像书法作品，假如换成学生来写，可能不好看，而且由哪个学生来写，也是一个问题。在乡镇学校，要找一个书法还过得去的学生，真是千难万难，对于班主任来说，那是可遇而不可求的机缘。而且即使有，写字的学生也不可能成天盯着保护卷轴。

后来我想，卷轴的作用重在激励，如果他们不上心，即使大师级的作品天天挂在教室里，可能也无法入脑入心。与其如此，那还不如放手让全班学生参与进来，不就达到卷轴育人之目的了吗？

于是，在选出所写内容后，我让班长把所要写的字先分解到各组，再由各组拆解成笔画，分解到人头，每个人写 2 ~ 4 个笔画。也就是说，笔画多的字往往由三四个学生合作完成。学生不管字写得好还是差，都必须留下“墨宝”。

比如所选的内容是“只要朝着阳光，就不会看见阴影”和“尊重是友情的说明书或梗概”共 25 个字，第一组分到的是“只要朝”三个字共 26 画，第一个学生写的内容便是“只”字上边的“口”字这三画。原以为学生写三个笔画会很简单，应该很快就会完成。没想到在“创作”的过程中，为了让字的书写水平更高一些，几乎所有的孩子都跑去向老师请教毛笔字的书写要领，又把自己要写的内容请老师示范后练习若干次；而写同一个字的几个孩子，为了让字表现得协调和谐，更是合练了很多遍，才小心翼翼地写到卷轴上去。

创作完作品，额外的收获是：教室布置后，练字居然成了班级延续时间较长的自发性课余活动。

由于这两幅“作品”凝聚着大家的心血，不但被大家视为至宝，而且挂出来后，孩子们还想到了在卷轴的左右两端用两颗钉子和一根细线固定它的下半部分的办法，一劳永逸地解决了每幅卷轴容易被弄坏的问题。我能看到他们脸上随时挂着自豪的表情，还会偶尔偷偷看一眼自己写的笔画呢。

这让我反思，有时老师把“权”攥得太紧，以为这样才是解决问题的根本办法，殊不知，如果没有给学生参与和锻炼的机会，那不过是告诉学生“老师很厉害”，而把学生排除在外，也等于告诉他们你们不用操心了。而反过来，当学生的内在驱动力被点燃时，他们更容易挑起担子，负起责任，也就完成了个体担当与集体责任的对接。因此，在班级管理中，我们不能让学生觉得“老师很厉害”，而要让他们觉得“我们很厉害”。

三　没有看客，才会有深度参与

在尝到集体力量的甜头后，跟很多老师一样，我把班级布置的构想和实施，交给了全班学生。除了征集大家对教室布置的建议和意见，还把任务根据学生的优势下放给每一个人。即使需要我出面解决的事，也是由他们来“请”我，帮是情分，不帮是本分。

我由策划者、指挥者变成了旁观者、帮助者，是他们围着教室布置转，而不是我围着他们转。这么多年来，还没有看到哪个学生不愿意为教室布置付出的。因为他们都希望教室是自己的，“我”生活的班级“最漂亮”。正因如此，教室布置中的很多细节，让我深受感动。遗憾的是，受当时条件的限制，没有把他们的“作品”都保留下来。

我们学校因地处偏远，在布置的过程中，不能买到现成的材料。一“花”一“草”，均需自己动手，“卫生角”“张贴栏”等字样，也是一笔一画剪下来贴上去的。由于既要上课，还要完成作业，时间并不多，所以住校生和家离校近的学生，常常会在晚自习后熬夜“工作”，“加班”完成任务。有很多次我都不忍，差点又“动手”，但还是狠下心来，打消了此念头，陪着他们就够了。这个过程，艰苦而难熬，但学生们都愿意。这样的愿意，使他们坚持下来并非常投入地参与进去。

有一次，我们班接手的讲桌，前方破了一个洞。开始大家都没注意，等把教室布置好后，才觉得那个洞太刺眼，与整体环境格格不入。想要修补，又找不到材料，不补的话，又“有碍观瞻”。这个问题一直困扰着全班，有几个学生连续问了几天“怎么办”。我以为，这是“历史遗留问题”，本来就不是我们班故意损坏的，在教室布置评比中，也不会作为“问题”而影响打分，所以只是小事而已。但学生们认为，评比只是一个方面，大家每天都生活在这里才更重要——看着那个破洞，会影响心情。是啊，让教室成为一个温馨的环境，不就是人文气息的体现吗？

就在大家一筹莫展时，有个孩子想出了一个绝妙的主意——在那个破洞处贴一朵花，遮了丑还有特色。大家听了纷纷鼓掌。

后来就有了下图这个效果。虽然孩子们的绘画和刀功都非常一般，但却不是随意创作。它是在某个特定的场景中，孩子们所思所悟的结果。也就是说，这样的参与是深度的，是孩子们内驱力得到释放产生的结果。

吴宏刚老师供图。您发现那个破洞了吗

我想，如果没有把全班学生的积极性调动起来，就一定不会有他们的深度参与和积极的出谋划策。

四　没有看客，才会有不断超越

之前，对教室后墙的布置，几乎都是贴上一句话或是几个词就完成了。孩子们在我的指导下，中规中矩地贴出来即完事，我也没有觉得不妥。然而当我把“权力”下放后，孩子们却想要有所突破。我当时想，这是不可能的。如果能有创意，早被其他资深班主任“占先”了，怎么会等到我的班？

这又是一个我认为可以忽略的事。

未承想，当我们成年人以固化的思维考虑问题，用停滞的眼光不细加分析时，事情往往会向意料之外发展。就在我断定不会有任何突破的时候，孩子们却用创意让我看到了另一种存在。他们把教室的后墙图案化，并配上合适的文字。我们不该忘了，任何时候都不要去打击学生的积极性，当我们给予他们时间和空间时，他们往往会还我们想不到的惊喜。学生的表现再次给我上了生动的一课。

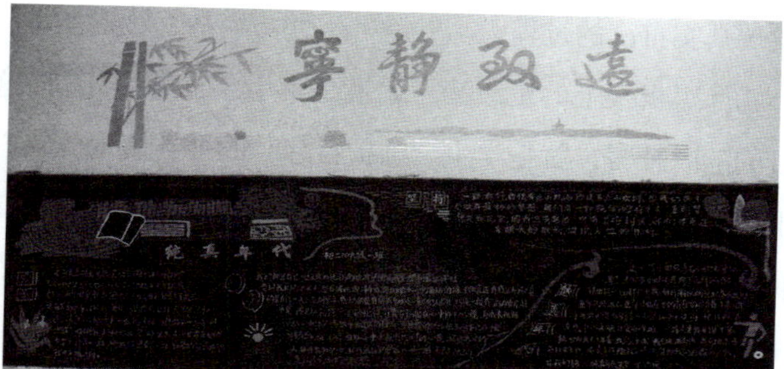

王驰老师供图

当学生把几个枯燥的词变成了形象的字与图案的结合，从表面看，这是外显形式的变化；从实质上讲，却是学生主动性得到发挥的结果。而这些具有超越意义的创意得以发挥出来的根本原因，在于教室布置中没有让学生当看客，而让他们成了责任担当者，在于给学生原创力施展的机会，在于老师的“放手”。对于班级来说，有一些隐性的力量往往被我们忽略，就像内驱力。给学生创造的机会，也就是给他们用内驱力碰撞智慧的机会。这样的机会有着超出我们想象的高度和无穷的力量。

◆◆◆◆◆探索感思◆◆◆◆◆

在班级管理工作中，老师的想法或是方法，往往有局限性，毕竟班主任只有一个脑袋。因此，我们不能把学生死死箍住，这样他们怎会有成长的空间呢？班主任的智慧，不在于做了班级中的多少事务，而在于给学生提供了多少机会。如果学生中没有看客了，他们的内在潜能就被激发并释放，他们对班级的态度就由钝感变得敏感了。这个激发和释放的过程，就是让学生觉知自己存在的过程，就是与集体融合生长的过程，就是发现真实自己的过程。

就像黑板报上的班级编号，就是学生“自己的”，而这个编号的随时补写，就是学生“维护自恋”的外在表现。从心理学上说，自恋是生命的动力之一。我何不既满足他们的自恋，又布置了教室，还减轻了自己的负担呢?

让学生觉得是“老师很厉害”，还是“我们很厉害”，这本身是一个不用讨论的问题。不过，在实际工作中，我们往往以自己的经验判断、过早地干预阻断了他们变得“很厉害”的道路。

有一次办黑板报，在基本完成后，学生来征求我的意见。

由于效果不太好，我只说了一句话——建议擦掉重办。如此反复三次，我假装没看到他们脸上临近崩溃的神情。到第四次，他们终于流着泪把黑板报办好了。不过，我能明显感受到他们对我的烦怨，特别是负责组织的小娅，一边哭，一边办，且一整天都不再与我说话。直到评比结果出来，我们班得了一等奖，她才在周记中写下了这样的话："我们当时对你真是怨恨至极，因为你一来，只说一个'擦'字，我们感到无比心寒……不过，当看到我们班获得了一等奖，我的劳动得到了认可，才发现你的良苦用心，那是为我们好，为班级好……现在我才发现自己很重要。谢谢你，胡子（学生当时对我的称呼）。"我知道，从那一刻起，她的生命里已经有了与别人不一样的积淀。

其实我也在反思当时自己是否过于残忍，但也知道，只有这样才能让事情的本身不只是办出好的黑板报，更是让学生得到淬炼。只有做好了事情，才会让他们觉得"我很厉害""我很重要"。

有老师形容，管好一个班级，采用"盯观跟"的战术是很好的办法。盯，就是盯住学生，随时提醒，别让他们犯错；观，就是关注、观察，看他们有哪些"越轨"行为；跟，就是跟进，在教育完学生后，看他是否会再犯。有的老师还会在班上发展一些"线人"，随时为自己提供情报。粗略一想，觉得这个方法很好，立竿见影。但我觉得，这些行为大都把学生想象成了坏人，甚至是在培养坏人。在这样的环境中，学生将过着怎样的日子，会有着怎样的惶恐？他们将怎样寻找发泄的出口？

每个学生，都希望带着主体感去发现，去感受，去成长，而不是被动接受和改造。

有一种生命力是“被看见”“被展现”，这是人出于对“自恋需求”的满足。在班级活动中，只要没有看客，他们就会觉得自己被看见，就会产生更多的创想体验。那一刻，他们的生命就会被照亮，从而使班级保持着一种蓬勃的状态。

我们不能让学生觉得“老师很厉害”，而应是“我很厉害”。

外出活动，让理性与激情一起出发

我们这里到处是山，也到处是山路。对于教育来说，真是得天独厚的郊游资源。加上地处蜀地南部，丘陵地形让区域内有了几条不大不小的河流。山间阔地，阳光河滩，伴青青绿草，随浅浅清流，我与学生们留下过一次次快乐的旅程。

我们与大自然合影

一

每一届当班主任，我都会带学生出游。

在最初的几年，每次出游，都是我在“精心”地进行策划和组织。先是把这个消息告诉学生，让他们提前安排好周末的事情。接着是分组和安排布置各项任务，从吃的主食到需要的刀具，从锅碗瓢盆到作料桌布，从邀请老师到各人角色，从地点考察到通信联络，事无巨细，全都亲自过问。因此，每次活动都把自己累得像条狗，而每次结束，我都对自己说“再也不组织了”。

可每次学生提出想去野炊时，我又“好了伤疤忘了痛”，想着自己读书时的野炊经历，又继续恶性循环。

我是在小学五年级经历第一次野炊的。有很多具体的情节虽已不再历历在目，但却带给我深刻的记忆和不可磨灭的念想。在那次活动中，我学会了包抄手（跟馄饨类似），而且至今没忘。从那时起，我知道了这样的野外活动，可以带给人改变。一些平时懒散的同学，都争着把包往肩上扛，一些成绩一塌糊涂的同学都刷到了存在感，班级凝聚力明显增强。

后来读初中，再没参加过。我知道虽然不是每个孩子都喜欢山水乐趣，我也不确定这样的活动是否在每个人心里都会留下深刻烙印，也猜测不是每个已经毕业的孩子都会说这样的活动让他（她）记忆深刻，但我仍坚定地认为，郊野和自然对孩子、对教育来说，一定有重要的意义。

累，是存在的；放弃，又不是我想的。在这样的矛盾纠结中，外出次数的增多迫使我思考：难道我必须这样累，就不能轻松一点吗？

作为班主任，当这样的问题冒出来后，那一定是值得庆贺的事，因为离找到解决方案就不远了。

结果，还真琢磨出了一个让自己轻松的方法，而且还能对学生有更多的锻炼与磨砺。那就是把外出活动升级：除了感性的激情，还要有理性的自主。

二

全班出游，永远是孩子们最向往的活动，梦翔班尤其如此。因为他们在小学时，从未去过。

有的孩子感动地说，小学老师承诺了好多次，都没有实现，没想到刚进初中，这么快就去成了。那段时间，他们都直呼我“胡大大”呢。集体活动不像个体活动那么简单，随便找个地方都可以。对于全班活动，地点的确定、活动的安排等环节，都需要精心布置。策划得好，每一个环节都会是对孩子的锻炼。

我可不想让他们觉得，这样的机会太过容易，所以我把更多的压力，转移到了孩子们的身上。倒不是要设置新的障碍，或是完成多少任务，而是就郊游本身，让他们做更多的事。当然，我有一个原则，绝不拿“必须完成某一项任务，否则就不能去秋游了”之类的话去胁迫他们。一旦如此，出游的风险可能就会变大，毕竟人都有逆反心理，遭遇这样的压制后，他们会找一个释放的窗口，在出游时做出一些没有道理的事，让老师手足无措。

三

梦翔班的第一次秋游，主要活动是野炊。我指导的理念还是“自主”，一切依靠自己。

与孩子们的热烈响应相比，家长却显得冷静而充满担忧，他们不无担心地说：“孩子从没做过饭，怕吃生的哦。”我知道，这个班的学生主要生活在县城，好多生活上的事情都由父母包办，过着衣来伸手、饭来张口的日子。我告诉他们：“要相信孩子，否则他们永远长不大。”

其实，除了需要亲手做饭，还有两个特殊要求，没敢告诉心存顾虑的家长：第一，必须有最合理的预算，做到最节俭。第二，每个组把做得最好吃的那个菜分一份给老师和参加的家长品尝，到时将评出厨艺最精湛的组。这两项都做得好的，回来后给予奖励。

很多人认为第二个要求更难，其实不是。对于一群少有做饭经历的孩子来说，要去测算柴米油盐和食物的比例，绝对是一个很大的考验。很多孩子都是请教了家人，个别孩子甚至请教厨师亲戚才拟定好菜谱。

这个过程，本身也是一种锻炼。不只是学做饭，还有人际交往，与父母的沟通和交流。对于这个班的学生来说，十几块钱基本不是问题，关键是有机会把钱以最合理的方式花出去。

为了搞好秋游活动，班委负责人先安排各小组协商后，又召集组长开了两次会，策划案修改了三次才勉强过关。班级教育要创新，很多时候不能奔着结果去，而是要盯住过程。

第一次只是把怎样分组、组长是谁、纪律要求列了出来。我一看，这根本不是策划案，就打回去了。第二次交上来时，我看到了每个组做哪些菜和安排了人员分工。不过，没有体现协作，太零散，也没有相应的预案。我让他们在网上查找方案，按要求来制定。第三次，又对出发时间、地点、路线、集合信号、各项目负责人、怎样排除隐患等进行了安排，才勉强过关。主要是考虑到他们是初一的孩子，能做到这样算不错了。我只在后面加进了一条惩罚措施：如果因某个同学的原因导致了不良后果，第二学期就取消这样的活动。最后大家在策划案上签名确认。

这次的目的地是打渔村的小河边。听名字，就知道那里山清水秀。那一段河流不急，沙滩较长较宽，比较安全。

我与孩子们一起徒步五公里后到达目的地，但没有人因走路劳累而懈怠，反而瞬间就展现出一番热火朝天的景象。

刚开始，还是有些忙乱。有两个组遇到了小麻烦，不知道怎样搭建灶台。要么石头垒宽了，锅要掉下去；要么又窄了，把锅安上去后无法生火。活动方案里没有对此进行说明。幸好人多，不少孩子对做饭也不陌生，知道用集体智慧，才终于解决了难题。

很少看到他们有这样的兴致。只见一群孩子整齐有序地来到小河边的沙滩上，不一会儿就有四五处炊烟升起，他们来来回回，分工明确。小男生们找地点、筑灶台、搬柴火，小女生们洗切菜、铺地毡、摆东西，个个脸上洋溢着欣喜的笑容。有的孩子啃着半个苹果，手里拿着盆碗盘碟；有的孩子双手抱着柴火奋力前行；有的孩子蹲在河边、侧着身子清洗；有的孩子趴在冒烟的灶台旁专注地用力吹气；有的花着脸笑嘻嘻地往灶台里添柴；有的试着把锅放在灶台上；有的往锅里加水……

他们添的不是柴，是快乐；切的不是菜，是欣喜。那是一种从心底发出的愿意，五星级大酒店的厨房里，恐怕也找不到这番光景。我呢，乐呵呵地到处观察，看他们折腾。

就这样，在一片不大的沙滩上，欣赏着孩子们带来的美丽风景，青山、小河，流水、沙滩，孩子、炊烟，喧闹、趣味，不就是一幅和谐的图画吗？原来，教育还能以这样的姿态融入自然乡野。

我喜欢看着孩子们这种鼓捣折腾的劲儿，喜欢看着他们脸上对未知事物的迷惑，喜欢看着他们眼里闪烁的探求与征服的光芒。时间过得很快，在清理好所有垃圾后，孩子们意犹未尽地往回走。

每一次活动，都是一个有机的教育体系。有一个满怀期待的开头，还要有一个复盘提升的收尾，才能让他们在每一次活动后，都有完整的收获。

所以，回来后孩子们进行了总结，概括起来，有以下几点：

1. 有的作料可以几个组合买。比如盐，每组买一包的话，根本用不完，不符合节约原则。

2. 组长的统筹很重要，安排需更合理，否则有的组已经散发出香味了，有的组火都还没生起。

3. 有一个组把饭在家里煮好后，放在电饭煲里带去，既节约了时间，又可以保温；如果到达地点后再煮米蒸饭，太花时间。

4. 对生火做饭的细节不熟悉，有的组花了很长时间，火才旺起来。

5. 准备不充分，那里柴不好找，考察员没及时通知大家，所以需要更多生活经验。

6. 没有一个组带了超大器皿来装水。

7. 第 4、5、6 个问题，基本都是胡老帮忙解决的。

解决问题确实让我在孩子们心中的形象更高大了些。原来，在看了他们的策划案后，结合以往的教训，我已提前做了安排——请离那里很近的上一届学生、家里开木材厂的小鸿，用摩托车驮了几捆柴和几桶饮用水去救急。这样的安排，真是雪中送炭，让他们顿觉我真是神机妙算呢。

巨扬的家长对这次活动有这样的留言，里面渗透着对教育的反思：

1. 孩子必须自己成长，其间定要体验挫折、失败，我们要学会适当放手。

2. 孩子需要肯定与鼓励，需用正能量来牵引出他的自信。

3. 相信孩子，他会很棒；欣赏孩子，会令自己愉悦。

让人欣喜的是，孩子们在这次活动中，有主动思考，预想了很多的难题，也在活动结束后及时复盘。

总结和反思，是生命成长的必备素养，也会为以后的活动积累更多的经验。

四

时间转眼又到春季学期，开学一个月后，就有孩子询问要不要去春游。

对于上次活动，孩子们表现得合规合矩，没有越界。按约定，理所应当带他们去。

在前一次活动中，孩子们做饭的潜力、组织的潜力被激发了出来。不过，如果这次仍然去野炊，对他们来说，就轻车熟路，缺少了难度。

经过一个多学期的观察，也凭着对他们各方面情况的了解，我打算这次增加难度，让这群年少轻狂的生命经受一次炼狱般的磨砺。

班会课，我把可以组织去春游的消息告诉他们时，先是迎来当我不存在一般的欢呼雀跃，接着便知趣地安静下来，等待我对活动提出特别的要求。小家伙们早已习惯班级所有活动都自己讨论、策划、组织、制定方案。不过，每次活动我都会笑嘻嘻地提出让他们感到意外的条件。怪不得有孩子形容：参加胡大大的活动，满满都是套路，也大大的有难度。

也许正因如此，在确定有未知难度的时候，总会激起他们的好奇与不甘。

此时，我见大家都集中注意力望向我，才顿了顿说："我们这次嘛，就不野炊了。"下边传来几声"唉——"的叹息。看来，还沉浸在上次的成就中呢。似乎对他们来说，出游就只有野炊了。我接着说："不用叹息，春游不只是做饭才锻炼人，本次活动会更具挑战。就是不知道大家敢不敢？"没想到，下边瞬间兴奋，震天大喊："敢！"他们连什么任务都不问，只要是游玩，就都高兴，就可以身奔赴。

很多时候，孩子的顾虑比大人少，冲得比大人快。

激将法往往让人智商瞬间降低。怪不得古往今来，有那么多仁人志士折在此计上。我继续用平淡的语气说："这次我决定带领大家进行30公里暴走，地点是青山岩（一个很高很偏远的地方）。"他们可能觉得只是"走"而已，明显有不屑的表情。我又补充："都知道那里风景优美，只是走路对体力有较高要求，如果有觉得不适合参加的，现在可以提出来，以免到时后悔。"

不知是谁调皮地接了一句："不去才后悔呢。"典型的破釜沉舟，他们是怕我反悔吗？

我说："那就按老规矩，辛苦这两周的值日班长做方案，小组长协助；每个组准备好 30 公里暴走所需的物品，相关事宜建议上网查找或咨询父母。"

我对出发前的准备记忆犹新。

因为这次活动比以往危险系数都大，所以策划案的修改我都记不清有多少次。开始交给我时，他们只得到一个字——"改"。班长又召集组长开会修改。这个过程不是三两天，所以有孩子这样写道："进入初中，老师变得很'懒'，你有问题问他，他不会马上给你解答，而是反问'你觉得这个问题该怎样解决'。如果问题太难，胡老会给一点指导，但不会直接告诉答案。这次策划就是例证。"还有孩子写道："本来以为问老师就可以解决了，没想到老师却不告诉我。不过，仔细想来，大多数问题，都可以靠自己解决。以前偶尔感觉胡老不通情理，但现在觉得，这样的锻炼，让自己成长得更快了。"

我知道，这个过程必须跟他们磨：一是，让他们自己磨出来策划案，才会更好地遵守和深入人心；二是，越磨越好，积累的经验就越多，以后的活动才更得心应手。

到后来，实在找不到改的地方了，我才进行引导，比如，给他们描述最陡峭处的地形，让他们思考可能发生哪些意外。于是，他们又郑重地认真分析，思考策略，制定措施。

这种活动的准备过程，远比一般的野炊和郊游要难得多，未知因素也多得多。事后证明，包括我在内，都考虑得不完善。

五

与初稿相比，策划案终稿增加的内容中，以下几点值得借鉴：

一是物品怎样分解来带。举个例子，水、食物、纸等物品，放包里都讲究一定的位置才会方便，否则，如果把水放在最底层，等要喝的时候，得把包都翻一遍，费时费力。有的在中途休息点才用的物品，要相应放在一起或单独装进小袋，以免拿错，影响能量补给。简单的物品放置，也能让孩子们学会整体把控、统筹安排，既渗透了已有经验，也充满着未知挑战。

二是背包的最大重量。“久路无轻担”，对于长途跋涉来说，既不能少带东西，也不能带太多东西。班委给大家拟了一个必带物品清单，每个人根据食量带齐，最多 8 公斤。如果有临时想起需要补充的物品，第一时间发到群里与大家交流。

三是爬陡坡时人与人之间的安全距离。对于出行来说，安全第一，不容怠慢，必须尽量考虑周全。在爬陡坡时，不能跟得太紧、挨得太近，不能站在别人的正后方，要有不少于 60 厘米的缓冲距离；极端路面每一拨人不能超过 3 个。在实际走的时候，才发现这一点非常重要。

四是在末尾用横线画出的友情提示（需要所有人背下来）：

1. 前一天早点休息；

2. 带足一天的食物和水；

3. 同学间可交换食物，但需要征得被交换人同意；

4. 禁止个人英雄主义，需要紧密团结在组长周围；

5. 带上手机，遇突发情况时联系老师或班长肯定比家长来得快（你存好号码了吗？）；

6. 我们是勇敢的行者，不是垃圾的制造者；

7. 团结，团结，团结。

我看了后说："可也。不过，任何方案与现实都有差距，所以它仍需要在实践中进行检验。活动结束后记得收集存在的问题，以便下次改进。"

另外，班长还让喜欢户外的同学与大家交流发生意外时的自救和心理调适。虽气氛搞得有点紧张，但年轻的心脏里，都充满着对刺激的渴望。从准备到实施，还真没有人因主观原因退缩。他们都很有自信，似乎这个活动本身就是为了证明他们的潜能。

六

随着走的时间越来越长，道路越来越崎岖，草木越来越深，孩子们却越来越兴奋。行走在茂密的森林里，听鸟雀和鸣，看高山水库，孩子们赞叹自然之妙。

走到一处，出现一绝壁平台，脚下就是断崖。往下看，一片平坦，有村落人家、青林翠竹、小桥田径，一条小河蜿蜒平静地淌过；远一些地方笼罩着丝丝缕缕的雾，再远点，隐约可见群山，黛绿、青翠，相互映衬。不知谁问："这里叫什么名字？"当然没人知道。看着这幅江山画轴，有孩子取名叫"望乡台"。真是贴切。站在台上，孩子们大喊大叫，似乎好久没有发泄过，不过听不到回声。

一边走，"哈哈哈"的声音随时回荡在林间。

在周记中，孩子们还记录了一些我不知道的事。桐儿写道：“我一边走，一边欣赏着沿途的风景，抬眼看见一位背柴的老奶奶，前面的两名同学马上充满敬意地让开道路。这一让，体现着空手者对负重者的敬畏。”小鱼说：“我一边一步步挪腿而上，一边感慨开路人的智举与艰辛。当鞋与石梯接触的瞬间，我感受到与砂石的亲切摩擦，每走一步，都想象着我的脚印刻在了那些石阶上。深吸一口气，真怀疑，梦里曾经来过。”楷娃的眼里，有别样的风景：“我的思绪停留在高山上的小学校，那里只有一个班，一位老师在坚守着。竹子的栅栏，小小的平房，被森林环绕。人虽疲累，却有着对教育的敬意，为那里的老师和孩子，也为大自然合围下的人类文明。”大魁深情地写下“大自然留给我们的，不只是艰难，还有享受。远足不在于地点，只在于心情。看着别人的背影，也留给别人以背影。总之，一路皆是风景”的话语。小星的眼光很独特：“看到一棵树，只有半边皮了，却长得枝繁叶茂。疲惫的我，看到它，感觉身体充满了力量。”平时有些后进的小江写道：“悬崖上居然有一丛幽然盛开的花，那是人徒手上不去的地方。花儿没有脚，它是怎样完成这番壮举的？花尚且如此，我是不是该更努力呢？”我看到他们已融入沿途的风景中。只有在平静的状态下，才会有更多发自内心的体察。

七

出游的感觉真好，不过，那都在前半程。

行走路线是一个大圆圈，后半程才是真正的挑战。特别是 20 公里后，对孩子们来说简直是巨大的磨难。

背上的包袱轻了，脚上的步子却重了。慢慢地，大家已经不再讨论路途的景致，即使是看着悬泉瀑布，身处桫椤幽谷，都再没有了初见时的欣喜。

时已下午，人群静默地各怀心事地移动脚步，队伍越拉越长，掉队的人越来越多。下得山来，走上了机耕道，我们在一小树林下休整，还有 8 公里。可能是刚才下山的路太陡，有孩子的腿停下来就打战。还有几个孩子，脚直接抽筋了，蹬踢着好一会儿才缓解。

孩子们围坐在地上，为了放松，要我讲个笑话刺激一下。其实，我也很疲累，但一转念，慢慢地说："好吧，讲一个。从前，有一个先生，带着一群学生游历，你们猜他是谁？"有的说是"孔子"。我说："不是孔子，是胡子（他们听了果然笑了，因为我姓胡）。出发前大家都自信满满，走着走着，就有人想坐车了。"学生们转头四望，苦笑了一下，原来是说中了他们的心事。我接着道："坐车是不成的，这里也没有车坐。决定了的事，大家如果完不成，那就成了一个笑话啊。"有个男生说："就是。"我说："以我对大家的了解，是一定不想让别人笑话的，所以啊，只有几公里了，我们再坚持坚持，就胜利了。以后的困难那么多，我们不能总给自己找逃避的借口吧？其实，老师也很累，不过，为了给你们树立榜样，我没有说出口。所以胡老一定会'雄壮'一次的。你们呢？"

大家想想，觉得有道理，就没人叹气了。是啊，叹息是一种传染病，影响整个集体的情绪。现在已经医好，我发现，再次出发时，队伍变得紧凑多了。

这段路程，为了给孩子们安全感，也为了给他们加油，我走在最后。同行的孩子居然发现了一个奇怪的现象——跟着前方人的走路节奏，要不了多久，就会追上他。也算是苦中作乐吧。

后来的两次休息中，我也在想方设法分散他们对疲劳本身的感受。看着他们挪步的动作，一度让我怀疑开展这次活动是否太过残忍。在这群孩子中，最小的才11岁。我甚至担心假如有人哭闹着不走，要不要启动应急预案？

不过，这些担心，都成了多余，更多的是看到他们的相互鼓励。这群偏远山区的“00后”孩子，给了我一个别样的感动。当我们从这样那样的现象中对他们的能力和毅力进行怀疑时，其实，很多时候都小看了他们，因为他们可以做到。最让我感动的是小睿。因为家境优裕，缺少锻炼，身体又偏重，走路简直是在挪，但她最终放弃了求助，在蹒跚中走到终点。

八

回来后，孩子们及时总结了这次活动的经验与不足。最大的收获是“意志得到了磨炼”。不足的有以下几点：

第一，在林间手机根本没信号，有的同学走得太远了，喊不答应。（我也没想到会是这样，确实有隐患。）

第二，原以为30公里是一个很小的数字，可身处其间，才知道这数字差点让我们成了一个笑话，我们的体力和思想都准备不足。

第三，所有组都知道带干粮，却只有一个组带了荤菜。在饿极时，谈起荤菜就直流口水。这是导致下午体力不足的直接原因。（至今还记得，有个女生带着贪婪而失望的眼神说：“我要吃肉。”）

第四，体力处于瓶颈状态时，如果马上原地休息，不利于意志的磨炼。

活动结束，当我以《山高人为峰》为题，跟家长们写信交流时，很多家长和孩子，都写下了让人感动的留言。

梓菡爸爸： 磨砺是成长不可缺少的经历。感谢组织孩子们远足的老师，让孩子们经历了苦和累，体验了美与乐。我相信孩子们一定留下了深刻的印象，并在这深刻而美好的印象下健康成长。

艺可妈妈： 现在的孩子缺失的东西太多，如吃苦、坚持、毅力、分享，而组织这样的活动，恰好能锻炼孩子们的毅力，让孩子们亲近自然，领略大自然的魅力，寓教于行、开阔视野、启迪智慧、陶冶情操，促进孩子健康快乐地成长。

楷娃： 重新品味着那一天的快乐，才明白它并非只是快乐，还有感动。一路上，我们看到了别样的风景，有了特殊的体会。在群英小学，我们明白坚守的意义；在桫椤沟，我们见识了大自然的美好。当腿已经酸到极致时，我们继续前进，那种感觉令我终生难忘。一路上，嬉闹声就没离开过队伍。我们唱着歌，一起走，互相分享着干粮，一起忍着酸痛坚持走……这份同学情，我们会永远铭记。最后，我们必须感谢胡老师。我渐渐明白带班出游的老师所承受的巨大压力，有这份勇气的老师少之又少。可我们的胡老师，他做到了。

红燚： 回味经历的酸甜，确实很美好。虽然我的脚走酸了，但我无悔，因为我收获了许多：学会了勇敢，学会了分享，学会了凡事都要有毅力。这段美好的时光，我会铭记在心。

静蕾：别看我们班男生平时闹哄哄的，其实他们很细心。记得当时在爬“十二梯”（途中最陡峭的地方）的时候，许多女生都走不动了，男生们就用矿泉水瓶拉着女生们爬。这一点，就充分说明他们在帮别人的时候，很有绅士风度。我当时就是被拉着上去的，哈哈。所以一想起来，就仿佛又回到了那一天。虽极艰苦，却有些不舍，或许以后就真的没有这种机会了。再见，青山岩。

玉雪：暴走了30公里山路，坚持了近10个小时。虽然归来时人很累脚很痛，但如果再让我选择一次，我还是会毫不犹豫地选择去。因为我觉得在这接近10个小时的旅程中，大家的心拉近了。在走坎坷道路时同学们会互帮互助，自己有好吃的食物会分享给他人。在休息的时候大家有说有笑，山谷里飘荡起了一片欢声笑语。路途中，有些同学走起路来有点困难，力气大的同学就自愿背起这些伙伴。现在回想起这一幕幕，也感到很暖心。

◆◆◆◆◆探索感思◆◆◆◆◆

对于外出活动，学生非常喜欢。但理性与激情，哪个更重要？

有很多老师做过一个心理实验：让学生估计和测量一分钟内鼓掌的次数，从而让学生明白自己拥有的潜能。如果告诉学生，世界吉尼斯纪录的鼓掌次数是一分钟804次，他们会相信吗？可能很多孩子持怀疑态度。

心理学上，著名的“乔哈里视窗”理论将人际沟通的信息比作一扇窗，它被分为四个区域：开放区、隐秘区、盲目区、未知区。其实也隐喻着人对自己的评价可分为以下四类：自己知道的区域、自己不知道的区域、别人知道但自己不知道的区域、自己和别人都不知道的区域。在教育中，我们可借此做一些让学生提升自我认知和激发潜能的活动，让他们能更清晰地认识自己并成为自己。

毫无疑问，无论是野炊做饭，还是30公里暴走，都是对生命潜能的开发。这不只是体现在过程中，其实，从策划到实施的整个过程，都是对潜能的开发。

以前，我在开展活动的时候，总觉得缺少些什么。也常常思考：为什么效果并不理想呢？其实，这跟活动的启动和过程监管不到位有关。作为教育者，在活动过程中，要保持起码的理性。这种理性，就是要让整个过程，都发挥育人的功能。

我喜欢“游山玩水”，特别是带着学生一起去。10年前，每次野炊，我都累得“呼儿嘿哟”。除了应对学生们那些烦琐的事务，还要照顾同去的老师们。我一直清楚，能一起去的同事，要么是关系好的，要么是非常喜欢孩子们的，所以每次我总是尽量不让他们有怠慢之感。最麻烦的是做饭。因为没与学生同吃，所以我还要提供从买东西到生火做饭的“一条龙服务”。幸好那时乡村学生多，比较自觉，动手能力也强，不至于吃生的。直到后来，在一位同事的建议下，让每个组把自认为做得最好的菜分一份给老师，再由老师们进行评选，才彻底解决了分身乏术的难题。当然，并非披着“评比”的外衣，占学生的便宜，而是让他们在理解老师难处的基础上，让自己处在竞争氛围中。把最好的菜分给老师，既是感恩，也是为了让老师和家长有更多的时间对孩子们进行督促和指导。一举多得，何乐而不为呢？

后来，为了让活动搞得更有意义，我又思考怎样从策划案开始就触及学生的内心。现在，几乎每次活动，都是由他们先做出策划案再开展。这可不是走过场，因为我们的所有环节，都必须按照策划案按部就班地进行。

由于有了策划时进行过的心理预演，在开展活动时，就容易产生明确的分工，关键是有章可依，让活动有序地开展。在以往的很多活动中，我忽略了学生策划带来的好处。事实证明，如果我越俎代庖，一切由我安排，效果就会大打折扣。

因为策划案是全班通过的，要签字确认，所以大家认同是基本前提。这也是一种契约精神。我相信，在将来他们还会组织或参加各种活动，那么现在的策划能力、组织能力、调控能力，都会对他们有所帮助。“领袖气质”和心理韧性也就在这一次次的活动中得到训练。除了“将军”，还有“士兵”，角色意识，也会帮助他们为自己找到更准确的定位。

通过这些训练，学生的依赖意识慢慢地变弱。更多的时候，他们会想着，怎样用自己的能力和方法去解决问题。

很多时候，经过一个多学期的训练，他们的自主意识和判断能力就能明显增强，对老师下达的自主任务，也有更好的情绪去接受。所以，在第二次野外活动时，即使处在体力低谷，他们仍然以顽强的毅力完成了整个活动。

我的任务，就是把他们自主的能量进一步释放。

每一次磨砺，都是一次升华，是一次心理韧性的锤炼。不管是自我介绍时的害怕、挣扎、逃避，还是暴走时的面对、无畏、坚韧，我所要做的，就是给他们机会，把他们生命中沉睡的力量唤醒。当他们把策划案修改到自认为完美无缺后，又坦然承受现实的低分评判；当他们开始自信满满，后来又拖着几乎想爬的双腿完成30公里的跋涉；当他们从埋头作业的单调生活，到看见背柴老人时对生活的敬畏；从步履匆匆的习以为常，到遇见残树红花时想到生命终有不甘……这些不都是潜能吗？他们的生命里，潜藏着我们想象不到的能量。

未来，他们的人生路上，还有若干个30公里挑战。这一次，不过是将来生活的预演。事实证明，即使准备充分，生活也还是会给人一些临时的考验，只有在突破自我的极限中，才能懂得面对挫折时应有的姿态。

如果拥有了这样的素养，我们有理由相信，学生们不仅可以保护自己免受困难与挫折的侵蚀，还能增强生命的活力，以勇气与智慧去探索求知的世界。作为老师，带着理性，感受着他们的激情，才能看见生命的潜能被激发出来，看见他们找到真正的自我，看见他们从受挫后奋起，看见他们朝着更高更远处一步步迈进。

附：写给家长的信，作为过程叙述补充

山高人为峰

如标题，“山高人为峰”是一种气势，被梦翔班再次验证，写进了班级的精神。2015年4月25日，星期六，咱们班49个孩子、3个家长加上老师，8:00准时从体育馆坐车，约8:20在太平

工业园区下车后，向一个叫青山岩的地方进发。很多孩子都在日记中对此有详尽的叙述。按照前一封信中说的，由班长艺可和亚玲带领班委组织和策划，一切有序地进行。既然是暴走，那肯定要留下深刻印象才算。在此先感谢参加的家长，辛苦了。

整个过程可以分为三个部分：上山、中途休息、归途。

刚下车，孩子们都乐呵呵地往前冲，边走边背诵刚学的文言文，从孩子们的脸上，可以看出他们的兴奋、期待、乐观和兴趣，也能看出他们潜藏着的力量。走了大约两公里，有孩子开始问还有多远。开始是大路，很大的路，接着是乡村公路，再走便是山路。风景就是这样，越崎岖越有趣。孩子们边走边惊叹，风景是如此美好，当然，这些是发生在到半山腰之前的事。

在第一阶梯、第二阶梯和山顶，向下望到的，是不一样的景致。

有孩子这样形容当时的一个小插曲：有的把东西交给力气大的同学；有的呢，在前面拉；有的在后面让人推；还有的，手脚并用回到原始时代——爬。那就是爬青山岩著名的“十二梯”了。于是，有的孩子感叹，这山怎么这么陡；有的已经在后悔，不该来；有的叫腿疼；还有喊“妈”的……我知道这是孩子们遇到的第一个体力瓶颈，如果坚持，咬牙挺过，那就上去了。我当时拍了几张照片，等家长会时与大家分享。

当然，咱们班还有另一类孩子，一边走，一边欣赏着沿途的风景；一边眼望背柴的老人，一边充满敬意地让道；一边一步步踏阶而上，一边感慨开路人的智举与艰辛。当鞋与石梯接触的瞬间，想象着与砂石亲切摩擦留下的脚印……大自然留给我们的，不只是艰难，还有享受，不在于地点，只在于心情。看着别人的背影，也留给别人以背影。总之，一路皆可是风景。

当爬上高山，有些孩子已经面带微笑地向我分享：为自己刚才的付出而快乐。我知道，那是一种发掘潜能后的满足，这种快乐，只有经历过的人才能体会。中途休息的地点有两个，一个是高山上的小学校，那里只有一个班，一位老师在那里坚守着。小小的平房，竹子做的栅栏，被森林合围。虽然累了，但却有着对教育的敬意，为那里的老师，也为那里的孩子，为大自然合围下的人类文明。在那里，我想到了曾经的自己，想到那些在异乡一个人在一个乡村小学守望的岁月。也许，就是从那时起，让我有了与大自然亲密接触的冲动。这所小学的名字真好——群英小学。相信那里，一定会群英辈出。

从小学到下一个休息之地杪椤沟，是一段泥泞大路，也是一段少有的陡滑的村路。虽然下陡坡时会向下冲，虽然陡得让我们的腿酸痛无比，虽然累得很想从山上滚下去算了，但当大家经过那个叫“望乡台”的地方时，就觉得这些酸痛，都值得。在那里，可以像欣赏江山画轴一样欣赏现实的美景：脚下就是绝壁断崖，几百米下，一片平坦，有村落，有河流，有小桥，有竹树林木，远一些有了一丝丝的雾，再远点，隐约有着群山，黛绿、青翠，相互映衬。深吸一口气，真怀疑，那是梦里来过的地方。如果有三五个人一起欣赏，你一言我一语，很容易就有了共鸣，很容易就觉得自己很高大。在山顶，已没有了比自己更高的地方，那是何等的气概啊。山高人为峰，攀登上去了，自有一种胜利者的体味。怪不得，此处被他们取名叫“望乡台”，也只有此处，最能领略到山河之美了。

桫椤沟是我们一定要去的，不是因为要在那里休息，而是在那里，我们不但可以观赏到活化石般的桫椤树，还可以去聆听谷中瀑布的声响，看到葱茏林木间层层叠叠的水流从上而泻，当然，更可以在没有污染的山谷里，为自己的肺洗个澡。当我们眼望绿茸茸的苔藓一直爬上树梢，当我们看到紫背天葵绿得发亮的叶子，我们都不由得感慨这里的山怎有如此的灵气，水怎有如此的清澈。有孩子甚至说：真想就在那里住下来了。是啊，疲劳被暂时遗忘。

由于中午没有安排午餐，就由各组长组织在那里简单吃点所带的食品，可惜，很多孩子已经在这之前就吃完了，当巨扬问大家是否要吃"烧耳肉"的时候，我们才发现，原来我们的准备还是考虑不全。特别是何老师在那里向大家形容：本来打算买两只猪蹄、切点猪耳朵、带点花生米，好多人都馋得直流口水。那是肚子饥饿时的呐喊，是肠胃干涸时的呼救，是体力耗尽时的奢望。

我对孩子们说：这一次的教训，就是我们下一次的经验。在自然中我们很渺小，由此再次受教了。

在这个渺无人烟的地方，购买是一种妄想。幸好总有一些做事节制、善于计划、行事大方的孩子，愿意拿出食物与大家分享。这样，某些人才不至于饿得太惨。这时，我看到孩子们身上善良的光辉。这不是潜能，而是被隐藏了的金子。谁说"00后"很自私？

"莫言下岭便无难"，与去时相比，归途就显得很仓促，但孩子们还是到清凉洞去逛了一圈。因为体力的差异，孩子们开始分成了几拨，幸好在前面走的孩子走错了路，怕后来再走错，才没有拉开太大的距离。

真正的比拼，发生在回来的途中。整个暴走的过程就像人生：体力、毅力、态度——年轻时觉得生活取决于体力，中年明白需要有毅力，等年老了，清楚活的是态度。有的孩子抱怨绕远了，有的孩子埋怨路太长，而乐观的孩子，直到上了公交车，都还在打算“下次再来”。团队活动的好处也正在于此。我想，如果不是团体活动，可能绝大多数孩子都会只到半路就回来了。10 个小时的活动，走路的时间约 8 个小时，基本接近孩子们的体能极限。

生命中还潜藏着很多力量，希望下次孩子们仍然能发扬梦翔精神，攀得更高，迈得更远。

家长会，亲子增情助力剂

一

当我把“准备家长会”作为一周工作重点安排给梦翔班班委时，他们却露出苦笑的神情。这种表情有些特别，是我之前在乡镇学校工作时没有见过的。

我有些迷惑地问他们原因，却听到几个让我惊讶的答案。第一种，担心被责骂。因为开了家长会，不少同学回去都要被惩罚。第二种，为老师着想，认为这是我的麻烦事。他们很体贴地对我说：“胡老，你要有准备，家长们一来就会问成绩、查表现。特别是来得早的。”第三种，有些家长也不愿意来参加，怕被骂。为什么不喜欢呢，因为过程恐怖——老师把作业摆在课桌上，接着就开始批斗：谁谁谁，作业经常乱做；谁谁谁，上课经常迟到，家长也不管管……从学生、老师、家长的角度分析，都有不喜欢的理由。他们还绘声绘色地讲了一些之前的经历。用某位班委的话说：只要说开家长会，大部分人都会感到害怕。家长会就是老师和家长联合起来对学生的绞杀。

原来他们认为的家长会就是告状会，很多学生都曾被伤害过。由此可看出，家长会真不大受学生待见。虽然他们才初一上学期，进入初中的时间也不长，但真的怕啊。

我从来没想过，学生对家长会居然有如此深刻的芥蒂和这么痛的领悟。原来他们经历过的家长会是这个样子，而我一点也不知道。虽然来到县城已过一年，只是这一年来，接手的是初三特长班，大部分家长要么不管孩子，要么在外打工。当时遇到很多事，都是我主动跟他们联系。这样想来，我倒乐得自在。现在接了初一，才有更多的了解。

不过我很疑惑，当着全班家长的面，以伤自尊的方式批评某个学生，能有多大的教育效果呢？能争取到家长的支持吗？何必要让某些家长觉得低人一等呢？有些孩子被惩罚、被冷眼、被隔离，也许老师无形中成了推波助澜的黑手。这确实是个怪现象。

我在想，班级所存在的问题可分为集体问题和个体问题。集体问题可通过班会等方式解决，至于属于个体的问题，应该有更多的解决方式。如果是个体的事，在家长会这样的集体场合中来处理，恰当吗？如果想处理某个学生的情况，与该生家长单独联系，不是更容易解决问题吗？如果是班级的集体问题，那也不应该点名批评啊。我猜，家长会成了老师泄愤的机会了。

以前看过一则笑话：开了家长会后，学生的遭遇先是“男子单打”，接着是“女子单打”，再糟糕点，还有“男女混合双打”。假如家长会就是为了让有问题的学生挨一顿打，那真是冤枉它的功能了。

二

了解和分析这些情况后，我决定由班委来构想、设计、组织这次家长会。在开始筹备前，我跟他们探讨了几个问题。

我问：“对于我们班来说，家长会最应该发挥的功能是什么？”这个问题，引发了一些讨论。小蕾说：“让家长了解我们在学校的情况。”小鑫说：“让老师帮助我们，比如让家长不要疑神疑鬼，不要管得太多、太严。”小涛说：“可以让家长好好跟我们说话，不要一交流就给我们上‘政治课’。”渐渐地，话题越来越多，你一言我一语。有的说：“我的家长做事太直接了，一看电视，就把闭路停了。”有的说：“我们家里，只有命令，‘看书，看书，看书’。”

本来，我已想好了第二个问题：“你觉得，家长会可以帮助你解决什么难题？”现在都不问了，他们所讨论的都是想解决的问题。我说：“这些问题，通过一次家长会就解决掉，那是不现实的。现在想想，哪个问题是大家最想解决的问题？”班委都沉默了。看来，又得逼他们一下。进入初中了，不可能再直接给他们提供办法，大部分问题我相信他们都可以解决。况且，作为班干部，本来就应该思考这些问题的。

大家相互望了望，尝试着给了几个答案，有学习、成绩、管理。有个孩子说：“关系。”我听了，很感动，说：“对的，其实，你们说的这些，回到根本上来，是要解决亲子之间的关系啊。父母其实很关心你们的，胡老在县城工作后对这一点体会非常深。有的不只是关心，而是太关心。亲子之间的不和谐关系，多半是由于家长太紧张所导致的。只要一有风吹草动，就足够他们紧张半天。”

停了停，我接着问：“要构建良好的亲子关系，最重要的一点是什么？”同样没人回答。我又启发：“你想想，你们和胡老的关系很亲近，你们觉得我比较懂你们，其中一个重要原因是什么？”小可说：“我们啥事都跟你说，你又愿意给我们出主意，还促使我们思考，最主要的是站在我们的立场上来想。”她说得在理，不过还需要深入一些。最后，小扬终于说到了“沟通”一词。我笑着说：“对啊，我们现在要做的，就是在家长会上帮助大家做好沟通。不过，谁来做呢？”他们都知道答：“我们来做。”再问：“之前我们发现和分析了家长会容易存在的问题，现在又探讨了家长会最主要的论题是沟通。通过对比可以知道，这次家长会应该怎样进行呢？”“快乐地进行。”

看来他们心里有底了。

三

下午上课前，我把这个消息向全班公布。之所以由我来，主要是还想发挥全班的力量，得到更好的策划方案。

当我一说“告诉大家一个好消息，年级组决定下周召开家长会”时，一片唱衰之声。幸好有心理准备。等略微安静，我说了一句让他们“感恩戴德”的话：“我班上的家长会，从来不告状，而且要快乐地进行。”下边终于有了欣喜之色，他们知道我一向是说到做到的。我接着说：“不过，我有一个要求，整个家长会由你们来策划、组织。”稍微停顿，补充一句：“这样，胡老就没有告状的机会了。班委已经有了一个基本的思路，进一步确定后，在今天放学前，会跟大家商量。”这下子大家都开心了，没想到我会把家长会的权限下放。本来下午第一节课一般都有点疲惫，此时却被这件事激活了。

孩子们的周记，也有记录。世杰说：“其实对家长会的看法，我就一直认为那是告状会，现在终于被颠覆了。”小羽写道："第一次开这样的家长会，我感到很惊奇。以前的家长会上，老师都只讲我们在校不好的事情。梦翔班就是不一样。胡老威武。"小喻说："我小学就读于村小，没开过家长会。刚入初中不久，就听说要开，说实话，我很是好奇家长会是什么样子的。但同学告诉我，家长会其实就是告状会。瞬间我就无语了。不过，后来才知道，我们班开的家长会那么独特，剧情完全反转。"芷蕊也写道："原本对家长会的恐惧变成了像在家一样的温馨。比起其他班枯燥乏味的告状会，更具梦翔特色。"

如果说家长会的召开过程训练的是能力，那么前期的准备，则更锻炼思维，特别是策划和修改方案。由于时间紧，又是初一学生，那时我正紧张准备参加市上的赛课，对很多细节都只能做提醒，仅审了下活动安排环节的可行性。

因此，在召开前还是有些担心。不过很多事实证明，假如我们敢于给学生机会，学生往往还我们以惊喜。所以除了策划时多操了点心，整个开会的过程我非常轻松，像会场准备、用品购买、接待安排、借用音响、给家长引路、端茶递水、会后打扫等我都没花心思。

四

由于熟悉所有环节，我以为对整个会议我都能完全把控，未承想却还有意外之喜，那便是孩子们的真诚，让我很感动。

在全校集中开会后，才是分班开。我们班的家长会，学生全都参加；家长没能来的学生，还安排了重要位置，以免他们被冷落。

进了教室后，整个会议都由大班长小可主持。她的主持，还是挺有范儿的。在代表老师对家长的到来及对班级活动的支持表示感谢后，还有一段跟家长真诚交流的话：“首先，这次家长会是我们全班同学共同策划的，有不恰当的地方，请爷爷奶奶、爸爸妈妈指出。其次，对于家长会，我们不希望开成告状会。试想，对于一个十二三岁的孩子，当着全班学生和家长的面，数落他这样那样的不是，心里该多么难受。我们觉得，要培养孩子自信、乐观、积极的心态，不能让家长会以打击、发泄为目的，这会适得其反。况且，家长来到学校，当着那么多人的面，如果是孩子受到表扬，那自然高兴，如果孩子受到批评，就像自己看到孩子被当成被告，各位爸爸妈妈也不会开心吧？很多同学害怕家长会后，被家长‘算账’，这就更不利于亲子关系的和谐发展了。”（从家长群里的留言可看出，他们很支持这样的做法，特别是部分诚惶诚恐的家长，终于放下心了。）

这段话，给后面的活动安排做了一个良好的铺垫，也让家长放下了心里的包袱，积极地参与到活动中来。

接着安排的环节有：介绍班级的管理情况，六个班长的自我介绍，学生代表发言等。我呢，就坐在教室的前门处，本来准备随时救场的，但看他们有模有样地循序推进，也就慢慢打消了顾虑。

五

这几个环节时间很短，之后是家长会的重头戏——互动节目。他们在安排上还讲究起承转合呢，既逐步推进，又环环相扣。

第一个节目很普通，叫“踩气球”。目的是搞活气氛，是表演给家长看的，孩子们用他们的疯狂，展现了不一样的自己。但有点小遗憾，当时有几个胆子小的女家长，被吓出了教室。

从第二个节目开始，由家长与孩子一起参加，气氛变得更加活跃，也非常让人感动。当宣布“接下来这个节目叫‘爱的抱抱’”时，我还怕家长不好意思或是流于形式，毕竟，我们班有很多孩子生活在农村，亲子之间表达感情的方式比较含蓄。没想到，他们都主动地参与。特别是一些爷爷奶奶，抱着自己的大孙子、大孙女时，我能明显感受到他们的慈祥，也许是好久没抱过他们了。爸爸妈妈也一样，孩子站着几乎与他们一般高了，这样的拥抱，早就忘了。泪点低的妈妈眼睛已开始噙着泪花。是啊，上一次的拥抱，可能还是四五岁或者七八岁的时候呢。如果说上一个节目，家长还是观众的话，那这个节目，他们变成了剧中人了。有了这“爱的抱抱”，亲子之间的距离拉近了。

挑战性更大、默契需要更高的节目是第三个“心灵默契”。这个节目电视里常有：一个人比画和描述（不能出现词语中的字），另一个人猜。从“苹果”猜到“门锁”，从“眼镜框”到“爱心早餐”，不只是把节目从电视搬到生活，更考验着家长与孩子之间心灵相通的程度，还有中间可能已忘却的亲情记忆和故事。值得一提的是，有些孩子平时比较内向，但家长比较外向，这时，家长就非常积极地牵着孩子出来与另一个家庭比赛；也有相反的，由孩子拉着家长出来参加挑战。即使是看别的家庭比赛，也能给自己反思。竞赛，已经超出了本身的定义，它带给了一个家庭新的活力。

第四个节目，孩子们给我安排了一项工作。这个叫“牵手”的节目，是我听了某位老师的交流后建议的。小时候，都是大人牵着孩子的手，一步一步教他学走路，牵着他小心地过马路。每天沟沟坎坎，总是耐心地提醒。直到孩子长大，相扣的手指松开了，但心里的牵挂却永远都在。而这个节目，却反过来做。由孩子牵着蒙了双眼的父亲或母亲的手，沿着提前设置的“沟沟坎坎”慢慢地走，在此过程中孩子必须耐心地提醒，才能避免家长绊着或是跌倒，像父母当初提醒自己学走路时一样。

“让我牵着您的手”

就这样，当屏幕上播放着一张张孩子们童年的照片时（提前收集），小扬牵着他爸爸的手，一步一步往前走……而我的工作，就是在王铮亮的《时间都去哪儿了》和筷子兄弟的《父亲》的歌曲中，配上一段声情并茂的朗诵：“爸爸妈妈，当我还很小的时候，是你们花了很多很多的时间，教我学会用汤匙、用筷子吃东西，教我系鞋带、扣扣子，教我穿衣服、梳头发、擤鼻涕……特别是教会我独自走路，你们抱扶着我，弓着腰，一步，一步，又一步，往前摔倒又向后摇晃……我不知重复了多少次，而您也不知鼓励了多少次。今天，就让我牵着您的手，就像当初您牵着我一样，耐心、告诫、鼓励、担心……”还有一段是网上的一篇散文：“孩子，哪天你看到我日渐老去，身体也渐渐不行了，请耐着性子试着了解我；如果我吃得脏兮兮，如果我不会穿衣服，有耐心一点……”

很多家长对这个环节非常感触。是啊，假如没有这个节目，活动就缺少一种深度，就变成了单纯的娱乐。在这样的场域中，不管是学生还是家长，都有了一次全新的审视。

当然，气氛不能就此热烈，以沟通为主线的家长会，还需要有具体的了解。所以，最后一个节目，叫“听听我的真心话”，即每个孩子把自己想对家长说的话，写在一张纸上，统一投放在一个纸箱里，由家长抽出写有孩子们真诚想法的纸条，念出来与大家分享。内容很多，从思想到行动，从认识到格局，从大理想到小秘密，可谓五花八门。最为关键的，是有一些家长本没有放在心上或是不会放在心上的小事，被孩子们写了出来，触动他们去思考，留给他们去总结。在念的过程中，不少家长一边读，一边感慨连连。

最后，孩子们才安排我发言，也算是总结吧。我表达了以下几层意思：

第一，你很忙，但你应该来。因为孩子是你的，如果算一算，到孩子高中毕业，也开不了几次家长会。

第二，当你关注孩子飞得高不高时，更希望你关心他们飞得累不累。

第三，黑板上有我们家长会的主题——心连心，希望你能够真正理解这三个字。

第四，借用几句话送给大家：如果一个孩子生活在批评中，他就学会了谴责；如果一个孩子生活在鼓励中，他就学会了自信；如果一个孩子生活在忍耐中，他就学会了坚韧；如果一个孩子生活在表扬中，他就学会了感激；如果一个孩子生活在分享中，他就学会了慷慨；如果一个孩子生活在真诚中，他才能学会头脑冷静。

总之，教子比爱子更重要。

六

跟以往一样，每次活动结束后，都需要对整个流程进行总结，我觉得这是帮助孩子们自主发展的必走途径。

这次大家一共总结了几点不足：主持词除了一个开头，就只有一个流程，中间的过渡比较生硬，让有些环节显得突然，让家长缺少思维缓冲的空间；场地的具体布置不完全适应家长会对环境的要求；没有纪律方面的提醒，导致某些场面有点混乱；没有为集体活动做好规划；没有最大限度调动所有同学的积极性；没有对会前、会中、会后的工作做出细致明确的规定……

虽然有这些缺点，但它们都不是阻止我放手让孩子们自主去策划、组织的理由。任何一个活动，都不能做到完美。我相信，不断地给他们机会，一定会越来越进步，所谓的领袖气质、独立能力，就应该从这些事务中体现和培养。这便是放手而不放任。

孩子们在这个过程中，真的付出了很多，他们也渴望得到认同，得到鼓励，得到发展。对于这些，家长们也能看出来，从会后家长们的留言中便可知道。

婷婷爸爸留言：通过学习，我认为要多给孩子赞赏，尽力满足孩子的成就感，家长要多发现孩子的优点、特长、爱好，使孩子能更好地发展。

维璐爸爸留言：我对胡老师的教育方法很认同。家长会形式新颖，给了孩子一个展现自我的平台，给了家长和孩子交流的机会。在活动中营造一个良好的学习氛围，这些也是我们家长应该思考的。

◆◆◆◆◆探索感思◆◆◆◆◆

设计一项自主探索活动，是一种享受。在活动中，激发出学生发自内心的宏大力量，更是一种大享受。此时我的角色，就是一个激发者，一个引导人。在孩子的心中，有一些柔软的地方，我们可以着陆，然后系上绳子，牵着它出来。

比如，在听了他们对家长会的看法后，我是非常感慨的。以前我也曾是家长会上的主角，当家长们坐到教室里后都是我在讲，从学生表现到作业完成，从学习状态到道德品质。虽然不点某个表现不好学生的名，但表扬是有的。往往在这个时候，教室里的气氛是有喜有忧，有的微笑有的埋头。而任课老师，脾气不太好的就难免说些抱怨的话，既增添了沉重，也没能解决多少问题。而且我们并不知道虽然老师费尽心力，但家长会却是学生心中不认可的一项活动。

因此，那种一板一眼的家长会，其实很鸡肋。就像学生分析的一样，除了老师累，他们不喜欢，家长也并不乐意，特别是孩子成绩差的家长会觉得丢脸。实际上，学生的很多问题其根源可能在于家庭教育，我们不可能通过家长会以指责的方式去解决。孩子成绩好的家长，又会想方设法地发现孩子存在的问题，希望能取得更好的成绩。仔细想来，以前在乡镇学校工作，学生因为内敛，没有这样直接指出来而已。

既然如此，我们可以把家长会开成家长轻松、学生喜欢的样子，既考虑学生的真正需要，又巩固班级凝聚力。

在这次活动中，准备时的讨论是一种触发，虽然带有一些抱怨，但也给了他们启迪，促使他们去思考“我们需要怎样的家长会”“家长会需要怎样的议题”。这既是活动的起点，也是活动的目标。在这两个核心问题的驱动下，学生才可能在不知不觉中，把通常是老师的事，主动认定为他们自己的事。当老师敢于放手时，学生才有机会。

接着，才是怎样召开家长会。框架并非为了讨好学生，重点是解决最需要处理的问题。

当然，受这次家长会的启发，每次召开，可以确定一个主题，可以用活动、研讨等方式，拓展家长会的功能和作用，启发家长对家庭教育的思考。毕竟，家长会，是以“家”为中心的。

一个流浪孩子的寒冬

永远微笑着面对生活

一位同事偶然间和我谈起班上的孩子们。他说："我觉得你带的班有一个特点，学生们很有礼貌，还乐于助人。"我有些惭愧，也感到疑惑。他说，某次课间，看到一位女老师抱着东西很吃力地走去上课，我们班学生的行为让他感动。

原来是音乐老师抱着一堆书（音乐教材循环使用，课前下发），还提着一个录音机和其他教学资料。其他从旁边经过的学生视若无睹，有的说笑着走开，有的跑跳着离去，没觉得有什么不妥。同事看不下去了，正准备上前帮忙。这时，我班的一个学生快速跑过去，接过了老师手里的书，另一个学生也微笑着接过录音机，帮老师送到上课的教室。本以为他们是上课班级的学生，后来发现不是，因为他们跑回了我们班的教室（我们的教室在一楼，他们送到了二楼）。

得到同事的表扬，我心里很高兴。毕竟，我认为不管出于礼貌还是真诚，举手之劳、助人为乐的事都该做。要不，学生为什么要接受教育呢？善良，应该是每个人都该有的基本属性。不过，有时候我们大人反而丢掉了。

那年秋季学期，学校在新建教师周转房。我没有想过，这会跟我和学生们发生什么交集。因为施工期间，他们是禁止靠近的。

在 12 月 16 日的札记里，我记录着这样的话："几天前，就有孩子与我谈起学校里有个流浪儿童，很是可怜，他们打算做点什么。"

真是可爱的孩子！这个班几乎全是住校生，大都来自周围的四乡八岭。我一直庆幸，他们永远保持着乡土气息和人情味。由于学校在乡镇，我也住在学校，近几天确实看到有个头发很长、穿着很脏、八九岁的孩子在学校里跑来跑去。

开始以为是校外的，后来才知道他就住在我们学校。不过，他不是"原住民"，而是"移民"——跟随修建房子的工人来的。房子的框架已经完工，他们就住在里面。当时我有点奇怪：这个孩子为什么没有上学？只是因为这样那样的事，没有细想。现在，孩子们表现出的善良让我有着不安。

能做点什么呢？我在问自己。当流浪撞上善良，是否注定是一个温暖的故事，我以为是。很显然，出于职业的习惯，我希望这是一次带给学生教育的机会。看来，我是习惯了套路，这也显示了作为成年人的俗气。

17 日，趁着晚自习前的时间，我问孩子们有何打算。他们说想凑一点钱，给这个小弟弟买件衣服，天越来越冷了，大家都不忍心。

听到这个想法，我很为他们高兴。至少，这个打算已经超出了我的想象，原以为不过是给他一点儿钱，让他去买个面包或是烤肠之类。如果这样，我还要花一点时间，动之以情，晓之以理，让他们和我一起，做点实际并长久些的事，借此机会，让他们心中善良的种子继续发芽。没想到，他们给我的竟是一个意外的回答。意外到让我为我的小心眼感到羞愧。

本以为这件事，在买了衣服后就过去了。现在想想，真是难受，我怎么变得如此冷漠？因为现实的残酷比想象中复杂得多，而我却从未想过彻底解决。我和他们面临的是一个无法解开的死结。

12 月 18 日，同样是晚自习前。刚到教室门口，小钰和小静就跑了过来，看样子刚抹干泪水。不待我发问，她们就主动开口，让我一定给想个办法。虽然她们的表达因主观的感性而语无伦次，但了解到事情的真相后，却再次让我心里为学生们骄傲。在昨天送了物品后，这孩子与他们很是亲近。可能是终于找到一个没有吼骂、没有白眼的地方，他感到安全，就把自己的遭遇给哥哥姐姐们讲了。

现在，孩子的情况是这样：他来自邻县的一个偏僻山乡，跟随父亲来到这里。其实他早就来了，不过以前住在围墙外的工棚里，搬进来后，才在学校里活动。孩子的父亲是工地上的一名小工（给大工打下手，干搬水泥、拌料、挑砂浆、运砖等粗活的工人）。本来工资不高也就罢了，没想到一周却只上两天班，其余五天都在醉酒，一醉酒，就拿这孩子出气。孩子的母亲因受不了丈夫，出走他乡了。这也可能加剧了对孩子的伤害。为了安全，孩子只得尽量跑出来玩，也没见大人来找过他。

孩子手上的伤痕露了出来，学生们一个个从教室走出，义愤填膺地说：这是典型的虐待儿童。不过他们没有处理的办法。在他们的心里，只有我能解决这件事。至少，他们这样认为。

其实我知道，要解决这件事谈何容易，比买两件衣服难多了。这是现实中的无奈，谁又能真正管得了？只是我不敢把这句话说出口，我怕他们生出对现实的愤恨。在教育生涯里，我一直不愿面对这样的灰色地带，也不知该如何处理这样的事情。

曾经遇到过一学生，父母离婚，孩子判给父亲。孩子想跟母亲过，但母亲没固定收入；跟父亲的话，父亲脾气又不好。我只能眼睁睁看着孩子陷入痛苦、矛盾、纠结当中，能做的就只是安慰与开导。其实，我知道那是多么的苍白无力。后来，我在沉重中，写了一篇《爱情的慈悲》，希望家长能读到。只是，像这样的家长连电脑、手机都没有，又怎能看到呢？

我在教室门口的花园里，看见孩子穿着才换上的新衣服和有着闪灯的新鞋子，正在不远处跑来跑去。也许只有在这时，他才有些许的平静和安全，能自在地在一群人的关心下，感受到生活的乐趣。可能他平时也就那样麻木地活着，只有当下，不知道下一刻将发生什么。我特别担心班上的孩子们对此次事件结局的心理承受能力。

连我都感到无计可施，何况一群十二三岁的小孩子，他们又能做什么？我知道他们都在看着我。整整两节课的时间，我都在教室和办公室之间闲转，不敢与他们的目光相对。我真的怕他们对事情的结局感到失望和无助。

可是他们并没有放弃，而是做了一个决定，去会一会他的家长。我知道，这样的情况我必须在场。谁也不知道，找到小孩子的家长后会发生什么，而确保他们的安全，是我的职责。

下了晚自习后，班长小双提着另外的一包衣服（都是给孩子买的），和我一起，由那孩子带着去找他的亲人——那个不称职的父亲。在一片漆黑中，我们摸索着走进那幢正在修建的乱七八糟的新宿舍楼，随时相互提醒，千万注意地上是否有木头，木头上是否有钉子。沿着没有扶手的楼梯，我们踩着一些断砖和建筑垃圾，一步步挪到了二楼角落的那间屋子。

这时，那种喝酒（该是醉酒）后发出的呼噜声一阵阵传来。沉默，只有沉默。我和小双在杂乱的微光中对望了一眼。沉默了几秒，我只有无助地对他说："这个样子，来这一趟是不起作用的。只有等明天再说了。"这是一句让人心酸的话。我在白天见过工地上的宿舍，那种四处透风的墙壁，像动物的窝一样的床铺，可能好几个人挤在一起，湿气裹着冷气一阵阵袭来，冲击着底层生活中的心脏。

睡觉之前，我去男生寝室检查，男生们再一次围住我，说那孩子晚上没地方住，他被赶出来了。他们打算把他留在寝室里睡一晚。唉，一个小孩子，本该有安乐的生活，却被逼得像小说里一样流离失所。这可不是励志，而是辛酸。

我不知道该怎样劝慰我可爱的孩子们，他们正用人性中的关爱，诠释着世间之"善"的存在。但说真的，我也不知道他们会怎样看待这个流浪的孩子。我更不知是否要告诉孩子们：

该学着残忍，让自己度过心灵的寒冬。

第二天一早，我便迫不及待地冲到工地上，找到那个生活混乱的工人。虽然他没想到会有这样一个多管闲事的人来找他，不过沟通比想象中要顺利。当我告诉他这里有一群学生在关心着他的孩子时，他连忙道谢。

我本来想声色俱厉地告诫他要做一个合格的父亲，看到他这样的态度，也就心软了。他还说了家里的情况：妻子走了，自己长年在外打工，不能每天回家，又没老人帮忙，只有让孩子寄住在堂兄家里。前段时间，孩子因偷拿别人的东西，学校通知他带回家教育一段时间，不得已才把他带到工地上来，都一个多月了。

我不想去推测他话里的真实性，听了后只觉得更加叹息。最后，我还是告诫他，假如你不希望孩子像你一样的话，就不要拿孩子出气，尽早送孩子回去上学。他说，后天是星期天，就要送回去了，下周去上学。听了这些话，我心里终于舒服了一点。

后来，在校园里，我又遇到了那个小孩，我特意把他喊到水池旁边的花坛边坐下，与他聊了一会儿。

我问他："这些大哥哥、大姐姐们这样关心你，你高兴吗？"他回答："高兴。"我接着说："你知道吗，大哥哥、大姐姐们觉得你很可爱，所以才愿意帮助你的。不过，你可能不知道，他们给你买衣服、鞋子的钱，是三块五块凑起来的。其实，他们的钱也不多，都是从每周几十块钱的生活费里节省出来的。你要知道，别人送东西给你，只能解决这两天的问题，这不是每天都有的。这些大哥哥、大姐姐们也只有帮你成这样了。我是他们的老师，他们都听我的，你愿意听我的吗？”

他说：“愿意。”

这次仔细端详了孩子，发现他眉目间确有些狡猾，又有些麻木。很少见到这样的孩子，可能是他的生活本来如此吧。怀着一丝沉重，我继续道：“他们呢，希望你懂事一点，勇敢一点，坚强一点。”可能是还不懂得这几个词的意思吧，他有些茫然地看着我。

我接着问：“你爸爸说下周要送你去读书了，是真的吗？”他说：“是真的。”我说：“那太好了。这次去可不要再犯错哦。”看他不懂，我只得解释：“比如，拿别人的东西，就是犯错误。你不会再做了吧？”毕竟是孩子，也可能因此事受过极重的惩罚，他埋下了头。

对于我们来说，这可能算是可以接受的结果吧。

下午放学时，我把这几天的感触告诉学生们，话题从那个流浪的孩子引出。我说：“记得前几天，我和几个孩子看了某卫视制作的《网变》节目，主人公高占喜在城市生活了几天后，以为城市一切都比山区好，他为了锻炼，也为了进一步体会城市生活，便决定去卖报纸。其间，碰到了一个八九岁的孩子，因为母亲生病，被生活所迫不得不去卖报纸。这让高占喜知道，城市里并非一切都好。在现实面前，人的力量非常有限。

“就像校园里跟随父亲的小孩，你们给他买衣服，给他吃的，那只是一时的，如果他天天来找你呢？如果他习惯了来找你呢？如果他自此知道，世界上还有不相干的人可以依靠呢？

“我们先得感到幸运，自己有一个较好的家庭；我们还要感恩自己的父母，正因为他们的辛苦，才让我们坐到了这里。应该说，那个小孩子如果不是因为他自身有许多原因，如果不是因为他父亲的懒惰和恶习，我想不可能是这番境况。现在，这孩子的问题基本解决了。我也把电话给了他，如果有大的困难，他还可以跟我联系，虽然我的力量也很微小。

“当然，胡老师最欣慰的是大家有这样的爱心，有世界上最闪亮的金子般的心。我相信在你们长大成人后，人性的善良会让你给周围、给社会、给人类带来温暖。但是，当我们无力去彻底解决问题的时候，胡老师告诉你，善良还有另一种存在形式——残忍。面对那些不堪的境况，人可能会被磨得更强大。对同样的事，往好的方面想，就可能有好的结果。

“当世间的复杂让我们感觉不幸的时候，请整理好自己现在的心情，走好自己现在的路。孩子们，生活对于任何人都非易事，我们必须有坚忍不拔的精神。”

最终，我没有告诉他们，这个孩子偷拿别人东西的事。对十二三岁的孩子来说，我还是希望他们的善，单纯些。

后来，在毕业前夕，这群可爱的孩子们把自己剩余的零花钱、卖废品的钱、剩余的班费，全集中起来，成立了“胡子教育基金”（2013年已停），用来帮助那些家庭困难的学弟学妹们。

本来，我觉得在现有条件下，应该不存在读不起书的孩子。没想到，这只是我一厢情愿的认为。当我接到下一届学生的时候，才发现我对世界的体察远远不够。之前的那群孩子，基本来自辖区外。一般情况下，能把孩子送来的家庭条件都还算可以。等我后来再接学生时，才发现是另外一回事。看来，他们对生存困难的认识是超过我的。

◆◆◆◆◆探索感思◆◆◆◆◆

对于我们成年人来说，很多时候难分真善和伪善。我们常常被那些打着慈善噱头的行为弄得看不清本质，但可以肯定的是，我的这个班的孩子们，一直保留着人性中善的真诚。

可见善良不只是一种美，还是对自身的认识，对生活、对世界的感悟。不过，随着经验的不断积累，我越来越意识到，除了制度上促进学生的自我觉知和发展，还需要对孩子的内心进行一些改变和强化，那就是“心灵观照下的自我成长”。很多老师都认为，相信孩子、给他们机会就能有意想不到的收获。但我们该怎样相信孩子？怎样给他们矛盾、徘徊、挣扎、彷徨、疼痛、反省、调整的机会？怎样让那些指向灵魂的“折磨”既能平安着陆，又能让学生的潜能和才能得到释放，让生命得以升华？

有人说，教育就是你把老师教的东西全部遗忘后余下的。我常常在想，当孩子们把知识全部清除后，还留下些什么？以教育人的名义施行的活动，真的叫教育吗？

每个问题学生的背后，都有一个问题家庭。在这个案例中，我最希望的是孩子们能辩证地看待这个世界的好与坏、善与恶。

这其实很简单。就像很多时候我们都被一些东西“绑架”了，如电脑游戏、手机，但我们的灵魂深处，对这些东西是抵触的，我们不希望它们浪费我们的时间，不希望它们占据我们的精力，却又对此情不自禁。这样，我们就没有了自己。事实上，我们要真正拥有自己很难。与其如此，还不如把它们当作生活和休闲的工具，让它们发挥应有的价值，而不是纠结和煎熬。

教育的功能，在于让孩子学会成长。成长的内涵除了“懂得放弃”，还有“找回自信”“学会承受”……在广阔的社会中，孩子有这样的机会吗？如果没有，希望我们能给他们创造，然后陪伴他们面对。

我很赞同有一本书上说的——教育就是唤醒。有些道理不是我们教的，而是我们帮助孩子寻找到的。我们根本无法“教”给孩子，而只能由他们自己习得或是唤醒。

其实很多时候的成长，都是孩子在经历一些事情时的做法和选择得到的结果。“成长”会伴随孩子的一生。当我们抛开功利看教育，会发现我们所艰难选择的不过是一些常识，但由于外部评价的影响可能有些跑偏（比如：以前人们夸别人的孩子“家教好”，而现在碰面就问“你孩子的成绩怎么样”），让我们不得不做出一些选择，而这些选择则以“教育”的名义作用于孩子的身上。这就让孩子失去了对成长本身的敬意，也让我们忽略了作为成年人本来该做的，只是对孩子成长的关注与呵护，帮助他们寻找人生的坐标系，引导他们在人生中的某个点上，该选择什么，该做什么。

像案例中那个流浪孩子的境遇，是孩子们所不想看到的。但作为老师，能做的只能是引导，让善良更有力量，让心灵更坚强，让视野更广阔，让认知更完善，从而能接纳“整个”世界。

外教来了

对于一所偏远山区的初中学校来说，能请到外籍老师来上课，那真是稀奇事。不过，在2015年春，都江堰某学校还真的把外教送到了这里。只是由于我们年级有28个班，而他们只有三位外教老师，时间又只有半天，就不可能全部班级都能上课了。幸好，我们班被选上了。

我知道这是一个极好的让孩子们训练英语口语的机会。同时，我也猜到让孩子们在这个过程中主动训练自己还有些难度。仔细想想，突然面对一位外国人，本来就有距离，还要用才学一年的英语进行交流（那时大部分孩子都是从初一才开始学英语的），那种陌生感，那种尴尬，都会成为一种障碍。当然，孩子们也表现出一点小激动。作为班主任，就需要在外教到来之前，进行一定的准备和疏导，这样才能让交流活动的效果更佳。

原则上，准备工作应该由英语科代表进行。不过由于学生们对此次活动的内容知之甚少，两位科代表也不知道该让大家准备些什么。记得好像只是班长出面，提醒大家要积极一点。我也一样，只知道外教会到我们班上一节课，具体有哪些环节，也是一无所知。我所能做的也只有让大家积极展现。不过，我还是结合自己的经历和对英语学习的认识谈了自己的想法。

在外教到来的前一天，我跟孩子们进行交流。先是开玩笑地说：“大家学了这么久的英语，终于等到‘丢人现眼’的一天了。”下边被逗乐了，哈哈大笑。

我接着说：“其实啊，学习英语，最重要的一点就是不要怕丢人现眼，只有这样才能学得更好。”接着，我举了李阳的例子。李阳是我国很有名的英语口语技巧训练人，在国内外有很大的名气和争议。争议我们先不管，他在进行英语训练时，特别注重“说”的强化，在说的时候重视“三最”，这很值得我们学习。他提倡的“最大声、最快速、最清晰”训练法，让很多人克服英语口语的障碍，找到了英语学习的路子。我把“三最”说得较慢，希望能与他们有思维的碰撞，也希望他们反思自己的思维方式。

我说，这可是在外语静态学习方面不擅长的孩子的福音啊。如果你在写和记的方面不太擅长，那可以从说的方面入手。这不只是方法的改变，还是思维方式的改变。你每天在不同的场合，都用这“三最”训练法说英语，是一个什么样的状态，那会产生多大的能量，那会激发起多大的潜能？我们人对语言的学习，本来就是区别于别的动物的基本能力，现在我们只是把这种能力，用学英语的方式得以提高。我们人在很多方面都具有潜能，特别是文化学习上，只要有自信，认为自己能，那就能。之所以有的孩子学习能力好，那就在于其对自身有强烈的自信。据我的了解，在学习方面感到疲累的，往往不是那些花较多时间学习的孩子，而是那些学习吃力的孩子。这是一个恶性循环，越学不会，越感到学习的痛苦，而越痛苦就越学不会。

接着，我跟他们谈起我的一次经历。2011 年夏天，我得到了一次到北京参加学习的机会。学完后，我们出去逛。在鸟巢外面，我看到一位非常漂亮、气质优雅的外国女士在拍照留念。不过，由于没有伙伴，她只能拍一些景物。我和同行的朋友都想过去帮忙，但苦于语言不通，无法给那位国际友人提供帮助。当时我们都犹豫是否该伸出援手，因为有顾虑，如果生出一些误会，那就糟了。知道吗？现在我很后悔失掉了一次助人为乐的机会。假如当初懂得哪怕一点点外语，哪怕曾经与外国人交流过一次，可能我就不只是获得了帮助别人的快乐，还能交到一位朋友；反过来又可以获得更多用英语对话的机会。

我告诉孩子们，我们那时学习英语，就是为了考试；今天大家学习英语，更多的是为了交流。能懂会说成了基本的要求。现在的条件，比我们读书时好太多，国际间的交流更加频繁，社会规则也更加严格，以后外语不只是英语，还可能是德语、日语等，可能像现在我们对待电脑技能一样，打字、上网等一些基本操作不再是谋生的手段，而是作为现代人的必备技能。以后，如果能多懂得一些国际交流的基本技能，那会为将来的发展提供更为便利的条件。我希望咱们班的孩子，在英语学习方面都有一个更清醒、更高远的认识。如果眼光只放在当前的考试上，那路就会越走越窄；如果眼光能放长远些，那学起来就会越来越轻松。英语学习应该像吃饭那样，每天学、每天说，跟老师可以说，跟同学可以说，跟家长也可以说，跟外教更可以说。

当外教到来时，作为聪明人一定会抓住机会，让自己得到绝佳的训练。当然，在这个时候也可以选择退缩，反正这世界上总有人冲在前面，退缩的人大不了被淹没在其中而已。对于我来说，我非常愿意把孩子们培养成敢于向前冲的人。我之所以把这些说出来，目的是让大家明白，不论是学英语，还是学别的语言，都需要自己有信心，要付出自己的努力。只要有了这样的想法，把外在的压力化为内在的动力，自主地去完成，那就一定会有进步的。

当外教真正来了的时候，我们才知道心理上的准备确实是最重要的。那一天，我们围绕英语开展了一整天的活动，除了课堂上，还在课下进行交流。在课下的交流更具生活化，而语言本来就是为生活服务的。在此期间，我也很感慨。

我们班的外教课被安排在第三节课，上课的老师来自意大利，叫 Marco。我虽然不是英语老师，但作为班主任，也全程参与了听课。据我观察，Marco 的课堂设计，目的是让孩子们对意大利的历史和文化有一些了解，在此过程中对英语口语环境有一个立体的认知。

整堂课上，孩子们表现得很积极，课上很多交流的机会，孩子们基本把握住了。虽然英语的积累还不是很多，虽然还只是七年级的孩子，但他们说起英语来，还是有板有眼的。其实要在课堂上与老师交流，也没有想象中困难。这当然得益于我们教英语的刘老师在课堂上实施的基本是全英语教学，也特别重视平时的训练。只是，有些英语稍微差一点的孩子，可能会显得吃力些。

意大利的帅哥很多是出了名的，所以 Marco 老师一走进课堂，大家就一阵欢呼。只是一开始大家还不习惯用英语，显得有点拘谨，时间长一点，就自然多了。在简单的问候以后，他开始了讲课。通过 PPT，呈现他的家庭成员、他去过的地方、他认为有意思的风景，接着又给我们讲了意大利的历史、一些主要建筑等。作为语文老师，我都迫切希望自己懂英语，那会是一件多么美妙的事情。

对于 Marco 老师来说，英语也不是他的母语，但他却能流利地说出英语来，这本身就是一个很好的示范。这也激发了孩子们对英语学习的巨大兴趣。我敢说，只要愿意，只要有一点点英语积累，都可以与他进行交流和分享。

因为 Marco 老师的有效引导，绝大部分孩子都越来越主动地与他进行交流。

在第四节课时，我夸奖他们比很多班表现优秀：一是英语基础，相比之下，能听懂和理解的孩子比较多；二是胆识，即胆量和学识，由静蕾、成鑫、艺可等带头，让我们班的课堂没有冷场的现象；三是态度，这是一个新的发现，即使是英语基础较差的孩子，都听得异常认真，像小均、小玉等，在听课过程中，让我看到了英语学习的希望。另外一点是我没想到的，那就是热情。有很多同学去向老师要签名，作为此次活动的纪念。并且在上课结束后，还邀请老师一起照相作为留念。当然，也有个别同学对我说，整节课一句都没听懂。我想，一句也没听懂应该是夸张的，但由于注意力和学习习惯的原因，大部分没听懂是有可能的。这要引起重视。

很有意思的事发生在下午。

第四节课一下课，我便接到一个任务，要求我下午组织部分学生和外教老师进行篮球和足球的比赛。恰好我们班的篮球和足球都还不错。于是，我就把篮球活动首先安排在我们班。这对班上的篮球爱好者来说，激动中又带着不安。篮球可说是

试试与外教老师对抗

他们的最爱，可要与外教老师进行面对面的切磋，虽然是展现自己的机会，但我们班体育好的孩子，英语又不怎么样。这对他们来说，又是难题。中午时，我让小杰组织队员并准备好下午的活动。

时间到了，孩子们按时到达篮球场，除小杰外，还有絮儿、小粤等。上场前，当清楚地听到他们用有点羞涩的声音对老师说“Good afternoon”时，我非常激动。至少，他们勇敢地面对外国友人说出了第一声真正的外语，也弥补了课堂上不敢进行回答的遗憾。在场上时，不知道是否还有交流，但场下的孩子们一看到外教老师拿球，马上高呼“Come on”。热情之高，很是难见。

还有英语较好的孩子告诉我，中午时，几个篮球队员就坐不住了，反复问“面对外教老师时要说些什么”。也算抓住一个恶补英语的机会吧。这样的现实教育，远比我们费尽口舌好多了。孔子说的“学而时习”的“习”，就是实践的意思吧。有了这样的“习”，才能发现自己的不足；有了不足，再去努力。这种自发出来的能量，比我们“悉心”教育，延续的时间更长，保持得也更好。

即使到中考前，我们在盘点班级活动时，回忆此次活动，作为篮球队长的絮儿还写下这样的话：“我仿佛重回那天的球场，记忆犹新。非常感谢学校能给我们请来外教，也感谢外教的辛勤授课，尽管部分听不懂，但至今忘不了比赛时外教对我说的 Fighting。”

足球场上，孩子们也不示弱。我们班有亿科、焰彬、林伟三人首发，由于外教人数少，他们正好与 Marco 老师一队。意大利的足球很有名，普及得也好，从 Marco 老师娴熟的球技中，孩子们开了眼界。我想，在场上奔跑的人与场下观看的人，感受肯定不一样。老师要求他们的自主和孩子们生长出来的自主，效果也不一样。

现在，国家越来越没有强制性要求，外语要学得怎么样怎么样，但现实的发展，却使外语越来越渗透到我们的生活中。也许这样的一次活动，就能让外语的重要性在他们心里生根发芽，外语的作用和功能在他们的大脑中理解得更为透彻。

同样的，这次活动过后，我们也进行了总结，大家进行了如下反思：如果我们早一点知道上课老师的信息，就可以进行更充分的准备。比如，知道 Marco 老师是意大利人，那我们可以对意大利的风土人情预先进行一些了解，对不懂的或感兴趣的地方可以做出提问；知道下午可与他们进行篮球、足球交流，那要参加的孩子可以对这两项运动进行更多的语言积累，可以先熟练地用英语说出要跟老师交流的话，如“喜欢的明星”“练了多久的篮球”等；知道老师可以给大家签名，还可互换礼物，那我们先准备好全班的集体相，大家签好名送老师一张。

除了这些，我们还有另外的收获，那就是家长的感悟。对于大多数家长来说，与外国朋友交流过的非常少，很多家长也只是在读书时学过英语，有的甚至根本没学过英语。当知道孩子们有外教来上课后，他们也很激动。要知道，如果有一群可爱的家长，老师的很多工作都会事半功倍的。像乙凌妈妈就曾有过这样的留言：我完全能够感受到学校及老师们对孩子教育之重视，为了激发孩子们对英语学习的热情，鼓励孩子们学好这门功课，还特意邀请了外教进学校并走进课堂。我作为家长，还有什么理由不支持学校、不支持老师的管理呢？小易妈妈说：我们知道孩子在老师的带领和指引下，有更多方面的学习、探索，老师为孩子们的教育争取到 Marco 等老师的英语课，可想而知学校对孩子们的教育是多么重视，真让我发自内心地感激。为了让孩子们对英语产生巨大兴趣，让他们的英语有不一样的积累，老师为孩子所付出的，不能用语言表达出来。

◆◆◆◆◆探索感思◆◆◆◆◆

凡事预则立，不预则废。在组织班级活动的时候，如果我们往前思考一步“想想怎样让效果更好”，再往后思考一步“想想还可能面临什么问题”，相信这样效果会更好。

比如我们到一个地方旅游，很多人去了后，拍一张照，似乎就能证明自己到过那里。而有些人，则是细细去观赏景色，用心去感悟其中的美好。即使没有照相，也能在心里留下难以磨灭的印记。而怎样让学生的印记更深呢？那就是把他们的“自主性”调动出来。

“道理不如故事，故事不如活动，活动不如经历”，把活动化为学生的经历，让学生能深度参与，那绝对是一种美妙的体验。蒋自立老师曾说：“真正的教育是他我教育和自我教育的和谐统一。”我深以为然。

完美“泄密”

自小培初二转入我班后，麻烦就从未停止，让我彻底理解了“生命不息，折腾不止”的内涵。

他仿佛有使不完的劲，在教室里总是东踢一脚，西抓一把。一会儿把篮球当足球颠，一会儿拿扫把当吉他玩。这不，才来不久就破坏了好几样物品，除了进行赔偿，还得到一个外号——赔逗子（培逗子）。让人想不通的是，连黑板都能被他弄坏。最终，不但重新安装了黑板，他还被“特聘”为责任人，罚擦黑板三个月。于是，每次课间他都不情不愿地走上讲台，擦起黑板来。而我也一直在寻找对他的转化良方。

说句实话，小培属于多动型聪明学生，最大的缺点是静不下心，喜欢“逗毛惹祸”，大错不犯，小错不断；学习上能偷懒就决不努力，因此成绩一直属于中上水平。这样的学生，大道理都懂，就是管不住自己。

没想到，机会在一次偶然间出现了。

我有一个习惯，每次上完课都喜欢利用课间跟学生沟通，有时是聊天，有时是解疑，有时是讨论，有时是确定个别学生的情绪……无意中，我发现小培擦了黑板后，总爱装着不经意地整理讲桌，趁机翻看我的记录本。这个本子里有我对班级的一些重要记录，有的是写明单亲等特殊情况，有的是列举需要跟学生交流的问题，有的是登记学生犯的错误，有的是记载跟家长的交流……里面有不少内容，不适合学生知晓。未经允许翻看别人的本子，让我非常反感。本来我想呵斥他几句，让他以后不敢再犯，但又怕他抵赖，大家都下不来台。如果本子放在办公室，又不方便。

正当有些怅然时，突然想起一位朋友曾以故意“泄密”为契机，巧妙引导了班级风气转向积极良好的故事，顿时我也有了主意：既然他想看，那就让他看。

接下来，果断实施计划。但我知道，像小培这样智商很高的学生，不能做得太明显，否则可能引起他的怀疑。思前想后，打算先来个七分实三分虚，让“他看到的内容”真假掺杂，分辨不出我的“故意”。

首先，我另加了一个记录本，没有再零碎地记琐事，而是每个学生一页。不但如此，还把小培的记录页放在前面，让他能看到自己的。其次，从任课老师那里详细了解情况，分析他的强项和弱势，并询问其在课堂上的表现。最后，选取“恰当”的内容进行记录。

于是，他“不经意”就看到了这样的内容：“9 月 21 日。数学老师说，小培在课上提出的观点，让她高度赞赏，认为他表现出来的数学思维，有稳坐前三把‘交椅’的实力。”我在与其他同学交流时，瞄了一眼他的表情，他应该受到了很大的震撼。其实，在数学课上受到表扬确有其事，但离“高度赞赏”还差得远；“有稳坐前三把‘交椅’的实力”的真实情况是“有能力进入前三”。为了让他相信这些信息的真实性，我在末尾加了一条“黑板右上角没有擦干净”，这也是事实。

让成功从成功中来，反正他的数学成绩是几科中最好的，很容易产生自豪情绪。每个人都渴望被肯定，何况小培这种有点“小骄傲”的学生。先灌一点迷魂汤，撒点烟雾弹，还怕他不“中计”？

果然，小培在看到这些记录后，想方设法对“前三把‘交椅’”发起了冲击，也更想了解自己在老师心中的表现。最为关键的是他下课基本没像以前一样“活跃”了。

接下来，我请英语老师帮忙，对他最糟糕的英语进行抢救。我们还是决定先找出“赞美点”，再引导“突破”，在对他的英语知识进行诊断后，按点逐一进行攻克。于是，在记录本上，就有了这样的内容：“英语老师说，小培的现在进行时虽还未完全把握，但动词已知道加 ing 了，昨天有两个句子的变形是对的，看来已在进步。如果小培能把人称代词和 be 动词的用法分清楚，那这个知识点基本就能把握了。”“英语老师说，小培在课堂上的专注度，有了非常明显的提升，而且还第一次主动回答了问题。”“英语老师说，小培英语的进步非常明显，口语越来越好，之前很难发清的 /ɛl/ /əl/ 都标准了。”

那段时间，我正好在学习 SFBT（焦点解决短期治疗），就把里面的咨询技术变通了一下，以书面的形式进行。英语老师尽量发掘小培的闪光点，由我来进行记录，既可以让他感受到老师团队的关怀，也让他逐步建立起对英语学习的信心。

让人没想到的是，三个月黑板守护时间到期，小培不但没闹出大的动静，还主动申请继续任职，延长责任期限。真是有些哭笑不得，答应吧，我还得继续花费无数脑细胞；不答应吧，又怕前功尽毁。好吧，他都不嫌累，我还怕啥呢？作为老师，能找到突破点与学生斗智斗勇，不也是有趣而快乐的事吗？于是，这个完美的计划继续进行。

◆◆◆◆◆探索感思◆◆◆◆◆

近几年，我都在思考“班级教育创新”，其目的不是“创新”，而是“教育”。教育，往往聚焦于个体。如果没有把被动变为主动，让学生觉知自我，约束自己，觉醒过来，教育就不能真正发生。被动的东西，往往让人难受，如果不能从学生的被动方面打通一个出口，就会让班主任痛苦不堪。

很多老师都觉得，班级正常运行，学生们能做到明理、懂事，个个都有目标，人人都有干劲，那是一种理想状态，也是一种让人羡慕的教育。要达到这个状态，确实需要老师多花心思，有时会想很多办法来教育某个学生。过去我们听到的学生逆袭的故事，最终都是通过触动学生心灵，从而实现“自主发展”。但说句实话，走向纵深实践的情况并不太多。

利用班级日常生活资源创设体验活动，有效地激活了学生的主动性，让良好的情绪流动起来，让学生自尊、自信、乐观，并在现实中设立目标、控制冲动、主动探索并解决问题，那么可能有一种针对性的活动就可以了。这也有助于建立起个人心理自我免疫系统——抗挫力。

每一次磨砺都是一次升华。不管是像自我介绍时的害怕、挣扎，还是像暴走时的坚持、无畏，或者是这个故事中的“泄密”，我们所要做的就是给他们机会，把他们生命中沉睡的力量唤醒。当生命的潜能被激发出来，孩子才能找到真正的自我，才能朝着更高更远处一步步迈进。

第三编

拥有自我：感悟生命美好

电话里有条感恩的路

新的一届，我接手的班的孩子们为班级取名叫“起航一零”。进校不久，我便与孩子们商量，怎样把教室布置得漂亮一些，迎接学校的评比。

教师节在周末，和中秋节恰逢连在一起。小长假中，恰巧与一位在县城开花卉公司的朋友聊起了教室布置的话题，他慷慨地决定送我们班三株盆栽。虽然不太贵，但在我们那样的乡镇初中基本没哪个班有，放在教室也算高端大气上档次，感觉非常帅，我相信它们会给班级增添新的活力。

不过，转念一想，人家也没有理由凭空送咱们呀，虽说体现老板对教育的关心，也算给我面子，但也不能认为这是理所应当的。我想，既然是送咱们班的，应该由我的学生来表达一下感谢吧。这也是一个锻炼的机会。

我知道，现在的孩子以为身边的很多事都是理所当然的。就像自己丢的垃圾由清洁工人来扫，送自己上学是父母的责任……成长路上，他们少了对生活的体察和对世界的感恩之心。假如感恩缺席，又怎样培养出善良的学生呢？所以，我希望在一件件的小事中，引导他们找回感恩并深入内心。但谁来表达，怎样表达？让我陷入了思考。

盆栽在小长假的最后一天送来了，暂放在与教室一墙之隔的办公室。我一方面想在收假后给孩子们一个惊喜，另一方面又纠结怎样表达感恩。

把感恩放在行动上

新一周第一节是班会课，我终于想到怎样选一名孩子向赠送我们盆栽的朋友表达谢意了。开始打算把这个任务安排给班长，对于她来说，只需简单提示，相信她完全能胜任，也会省却很多麻烦。只是这样对其他孩子的感恩教育就会打折扣。我想何不借此机会对全班进行一次教育呢？也许他们“不懂”，是因为我们大人“没教”。那就把这件事作为班会课的主题吧。

走进教室，简单组织后，我故作神秘地说：“今天，胡老师要郑重地为大家请出我们的班花，希望大家能喜欢。”

孩子们觉得有趣，都在东张西望，猜想我究竟要选谁。小家伙们都认为我说的班花是指某位小美女呢。我不反对他们有自己的审美观，爱美之心，人皆有之嘛。之所以要先把盆栽搬来，是想让他们有一个直观的感受，能有话说。

我故意不理会他们的议论，顿了一顿，郑重安排：“下面，请靠前门的小京等几名力气大的男同学，把我办公桌前面的三株盆栽请到教室来吧。”孩子们听了，哈哈大笑。

三十秒钟不到，就搬来了。

我问：“大家喜欢这三株班花吗？”孩子们大叫：“喜——

欢——”确实，这几株盆栽一进教室，顿添葱茏之感，与教室的蓝白色调也很协调。

我学着毛主席在开国典礼上的语调：“现在——我宣布——我们班有班花了……”孩子们配合地热烈鼓掌。

然后我说：“既然是花，那就需要我们细心地呵护和照料，这可是个大问题哟！花儿要喝水，花儿怕被撞，怎么办？”

孩子们积极地举手，表示要来承担管理责任。我看小苇的手举得很高，她的家又很近，提议由她来照管。大家一致赞成。

在隆重地做完这些事后，孩子们对花的印象更深刻，也更亲切了。不过，我知道接下来才是重点环节。

我向孩子们介绍了花的来历，并抬眼望着教室前的班训大声说：“在我们的班训里，感恩是排在第一位的，但大家真的懂得感恩吗？”这时，教室里慢慢静了下来。也许这个疑问是一种提醒，我看有的孩子似乎在思考。我也露出思考的表情，继续说：“其实很多时候，没有人有义务为我们奉献，但他们却做了。就像这几株盆栽，老板本来是用来赚钱的，却无偿地送给了我们。当别人有恩于我们的时候，应该心存感激。虽然人家并不想要我们回报，但至少我们应该做点什么，这不只是一种礼貌，还是一种真正的感恩。如今正因为人与人之间越来越冷漠，所以人们才越来越不幸福。我想，每个人都愿意与懂得感恩的人相处吧？那么，大家说以什么形式来表达一下我们的感恩之心才好呢？”

有个孩子大声说：“写一封信。”还有说：“让班长去当面感谢。”我说：“写信固然好，不过有点慢，而且容易拖延；当面去嘛，又可能太唐突，也费时间，人家很忙呢。还有没有更好的办法呢？”

又有孩子说：“打电话。”

听到“打电话”几个字，下边一片赞同之声。虽然并非什么创意行为，但都觉得这个方法简便易行。我说：“跟胡老师想的一样，只是，由谁来打这个电话呢？”

下边有人回答：“班长。”这次又是一片赞同。这样的场景跟我的预想差不多。我知道在把感恩深入人心的过程中，是需要老师引导的，所以我说：“班长呢，确实能代表我们全班同学，但是，一遇到什么事都让班长来做，那班长是不是太累了呢？如果一有事就找班长，以后其他同学就会形成依赖，这也显得咱们其他同学无能。况且我们每个同学走出去，代表的都是‘起航一零’，而并不是只有班长啊。除了班长，就没想过由自己来承担一下吗？”

从我决定通过打电话来致谢起，就想好了怎样把教育意义引向全体学生，让每一个人都动起来，所以，我特意切断了让班长打电话的可能。假如这个电话由班长来打，可能就不会有人问“班长怎样说的”“得体吗”，那感恩的熏陶就达不到预期的效果。

孩子们都睁大眼睛望着我，于是我接着说：“你们才上初一，需要锻炼的东西很多。借此机会，胡老师想给大家提个建议，在我们遇到困难或所生活的集体需要有人挺身而出的时候，希望你们能首先想到的是‘我’，而不是‘他’或‘谁’。勇于站出来承担，就是有责任感的表现。”

听了我的话后，大家相互望了一眼，却没说话。我又说：

"今天老师想布置一个任务，就是由你自己来给我们这位老板打个电话。怎样说更恰当呢？那就先写下来吧。这次我们把写信与打电话结合起来，有所准备，就不那么害怕了。当然，全班每个人都打一个电话，这也是不可能的。怎么办呢？我建议这个任务合作完成，也就是说，每个组由一名同学来主持，其他的同学帮着分析和组织语言。同时我们还进行一个竞争，五分钟后每个组派一人来交流，哪个组说得最得体，我们就请哪个组来代表全班完成这个光荣而艰巨的任务。"

别看打电话是平常事，但真要在面对陌生人时从容应对，对孩子们来说仍然是个挑战，所以时间花得比预想的要多。不过，既然要做，就让他们思考充分再行动。大约十分钟后，每个小组都有一个孩子站起来说出了各自组所拟的话。在发言完毕后，我询问了每个组的意见，看哪个组最恰当。经过表决，大部分推荐了小淋他们组。于是她代表全班，向这位好心人表达了感谢。

其实一开始我抛出的话题，只是引导孩子们去思考，但这还不够，还需让他们真正觉醒。如果仅停留在口头，也不可能让感恩深入人心。可惜很多时候，我们都只停留在这一步，所以全班参与的过程，才是觉醒的过程。从觉醒到行动，对孩子的自主意识是一个质的改变。有了这样的改变，才会让孩子成长起来。从"知道应该打电话"到"我来打电话"，就是觉醒化为行动的过程，再经过思考"怎样打电话"，又强化了感恩意识。

也许，在很多年后，他们仍然记得，在这样的场合进行过这样的"打电话"准备，也就提高了他们的语言交际能力。

后来，为了把孩子们的感恩化为行动，我还布置过"春节问候短信”的任务，要求学生们在春节期间给老师发一条祝福短信。在新学期开学时，又郑重地把学生们的短信以“论剑”的方式进行评比，在轻松趣味中，让学生们对感恩有更多体会。

◆◆◆◆◆探索感恩◆◆◆◆◆

有人认为“熟悉的地方没有风景”，也有人认为“对于小事，不必挂怀”。就像打电话，确实是小事。但沈祖芸老师却给学校下了一个很有意思的定义。她说，学校的本质是“真实社会的缩影”。我们希望孩子走入社会是个怎样的人，那在学校里就应该做这样的培养。最关键的是，在学校里犯错，代价是最小的。

培养感恩之心看似小事，实则大事。我希望通过这次“电话”，让孩子们了解感恩、学习感恩、实践感恩。我相信，在这一通电话里，有一条通向感恩的路。

在这个过程中，教会学生怎样沟通很重要。总结起来，良好的沟通至少要做到以下几点：一是准确表达；二是换位思考；三是相互尊重；四是学会倾听；五是微笑、自信、主动。

就是这样从普通小事的一言一行中，老师用实际行动引导孩子们去践行“感恩”，从而让他们的生命中有一些温暖别人的场域。虽然有时只是一声问候、一句祝福，但这些行为的背后，是发自内心的深刻思考。

仔细想来，难道我们的学校教育只能教给学生应试和竞争吗？这样的盲目包办，会把学生训练成玻璃下的跳蚤，等需要跳跃时，早已失去了腾跃的本能和渴望。教育需要教给他们成长所需的不断观察、发现、辨认、判断和内化的能力。

而这些，即使亲如父母，也无法替代。“班级教育”本该是一个合情温暖、科学规范的词，我们不能只顾着“管”，而不去“理”。

这里的那个电话，由我去打，由班长去打都不是最好的。本来在班级教育中，我们本身已在想办法把道理变为故事，把故事变为活动，把活动变为经历。恰好这里有了一个非常好的情境，如果没去把握，就很让人遗憾了。

童年的交代

马上毕业了，小声一点，别惊动了未来

谈起童年，我们都有很多的感慨。那里是孩子们精神发育的开始，那里有许许多多美好、快乐、痛苦、幼稚、顽皮的故事。作为一名初中班主任，我们必须在七年级时残酷地让他们把童年停在那里，进入另一个叫“青春”的模式。

为了给他们一个隆重的纪念，学校组织开展了一次“告别童年”的“六一”活动。

我对他们说：“对于每个孩子来说，‘六一’往往是童年里重要的记忆节点。香山中学有一个传统，每年‘六一’，七年级都要进行一次文艺演出。胡老师常常进行一个设想，就是在我成长的路程中，如果在某个时刻，我做了某件事，得到了某次锻炼，那又将会是怎样的景象。我希望你们成长得比我们这代人更好。我也常常把现在你们的成长之路与我们那时的成长之路进行对比，希望能找到你们成长路上最该锻炼的东西。在人的一生中，‘主动’意识，往往决定着一个人的发展方向，甚至说关系着心理的健康。我知道，像我们班有不少孩子胆子比较小，因此我在很小心地维护和处理一些事，生怕对你们造成伤害。还记得我给你们聊过我初中时上台参加比赛不敢发言的囧事，客观上说，这件事一直到今天都影响着我（见《以我无言，拨你心弦》一文）。”

他们知道我的意思是让大家有一个心理准备，把这件事当作很严肃的事来做。我看大家基本听懂了，就继续说：“只要上过台的人都知道，上场前，心里可能会有紧张，大脑会空白，这是正常的。在从小到大的过程中，人会慢慢建立起自己的恐惧系统，这是人对外界刺激作出反应的必然结果。举个例子，一个 10 岁的孩子不会像 1 岁孩子一样，敢从五楼跳下去，因为 1 岁的孩子不懂恐惧，10 岁孩子已经懂了。可见恐惧是人出于自我保护的本能，但这种反应有时会扼杀掉一些正向的锻炼。如上台表演，会把自己暴露在大家的面前，甚至成为焦点，恐惧系统会默认这不利于自我保护，所以很多人在上台前有‘怕’的心理。而作为人，我们要发展，社会要进步，总需要有人站出来，怎么办呢？这就需要通过刻意的训练，让自己战胜恐惧。时间久了，就能让自己在台上和台下一样自如了。看来，锻炼就是历练，勇敢才能练出坚强。所以，我想问一问大家，愿意参加这次的‘六一’活动吗？”

有很多孩子举手表示愿意。我知道，这个班的孩子，大多生活在县城里，跟乡镇学校的学生不一样，很多从小就练习钢琴、二胡、舞蹈、主持、篮球、足球、绘画、毛笔字等，要找几个人上台进行精彩表演，应该不是难事。不过，经历了一学期多的相处，马上有孩子喊道：“少安毋躁，胡老师还有特别要求。”这一学期没白过呢，都懂得我的套路了！

一般这个时候，我都会微笑着说话：“既然‘六一’是大家的节日，我觉得，我们的节目应该体现出‘大家’来。”我特意把“大家”两个字说得很重。他们用迷惑的眼神望着我，表示不懂。我接着说：“现在我们班很多孩子都满14岁了，正在迈入青年的行列，这次活动是大家以儿童的名义过的最后一个儿童节，我希望所有人都参加进来，让这次活动成为从童年到青年的里程碑，也对自己的童年有一个交代。”

我很高兴孩子们没有以学习任务那么重，排练既费时又费力来推辞，而是都兴奋异常，觉得这样的活动有意思。

但真正明白后，很多人很快就发现，难度非常大。整个活动不是我们班的舞台，而是全年级28个班的舞台，排练一个6分钟左右的节目不难，难的是全班近60人都要参加。

况且人员的组织是个大问题。我们都知道，在集体活动中如果没人组织，节目肯定练不好，如果组织的人多了，节目同样练不好，关键是每个人都要锁定自己的角色。

有了之前活动积累的经验和近一年的历练，班委们很快明白，需要他们站出来了。在讨论初步设想时，其他孩子也配合地给予建议。不过对他们来说，这比以往的挑战都大。

开始他们认为，最简单的就是排练合唱，刚有这样的建议，就被否决了，原因有二：一是合唱很单调，肯定在彩排时就被毙了；二是显示不出我们班学生的特色。班委也觉得，如果真这样应付，自己也没得到锻炼。我们不是冲着某个奖励去的，关键的是让班级达到一个认识的高度：用自己的能力，把事情做到最好，即“做最好的自己，学最好的别人”，要有敢于拼搏的心态。即使在活动中，有很多的缺点，有很多的不足，有很多的遗憾，也一定要去历练，一定要去积累。

于是又进入漫长的讨论，最主要的障碍是每个人会的各不相同，更多人没有文艺方面的基础，怎样协调统一是个大问题。

虽然没有头绪，但班委们还是决定先做一件事，对班上同学的文艺特长进行统计。

我知道，这个过程是必需的。对于七年级的孩子来讲，他们可能更愿意“被安排”，而不是“创造”任务。这是典型的从体力困境向智力（心灵、精神、思维、道德）困境过渡。因为需要自己去创造，因为接触的事情越来越多，因为需要处理的事情越来越多，产生的困惑也越来越多。这就是从童年时期体力方面的困境到精神方面的困境的转变。这就像小时候，面对别人夸奖自己漂亮，可能只是高兴；如果现在别人夸奖自己漂亮，可能会想得更多，如“别人是不是真的喜欢我”“夸奖我的目的是什么”等。很明显在这次活动过程中，孩子们在这方面经受的煎熬，比以往都多。

班委为这次“六一”活动筹备和策划了很久，从亚玲到巨扬再到成鑫，历经了三个当值班长（梦翔班实行班长值日制度，每学年初选出六个班长，负责班级的日常事务；同时，每人又有两个周的主要当值时间，轮流循环）。值得欣慰的是每个班长都非常尽心，特别是前两任，并没有认为表演的时间不在自己任上就消极对待。

第一个方案，还是很快就出来了。虽然每个人都能上台，但大部分同学是啦啦队的角色，做几个非常简单的动作；表演的内容主要是歌舞。这种把观众搬上台的方法，基本算是按我的要求完成的。等拿到班上讨论的时候，少数人赞成，大部分人反对。反对的原因除表演的人少以外，还因为观众在台上，挡住了视线。这不符合舞台的要求。有个孩子说得直白："让台下的观众看我们的背，甚至是屁股，太不雅观了。"

怎么办呢？得继续想办法。

因为有了这个被否决的方案，接下来还真找到了思路，那就是把节目进行组合。每个类别的节目，只表演最精彩的部分。这样第二个方案出台了。节目多样化的问题和表演人数少的问题得到了解决。

于是班委着手排练。先分小组排，再合起来排。小组有朗诵、唱歌、跳舞、器乐，每个组先磨合和熟练。要知道，在每天放学或其他课余时间留下来排练并不是一件容易的事，但他们愣是克服了困难。不久，每个组就都有了一个雏形。

可刚排练不久，班委告诉我，问题又来了。这不像是一个节目，而是几个节目，不同的组就像不同的班级在表演一样。确实，这几样放在一起，倒真的有些冲突。

怎么办？那就再完善，形成第三个方案。

其实，在看了第二个方案后，我就有一个想法，不过没直接告诉他们，只是进行了提醒："这几个方面的节目，需要一条线索。找到能够贯穿的线，那就可以组成一个节目了。有两种贯穿的方式比较常用：一是音乐，二是主题。"听到我的建议，他们直呼"好主意"。

班委先是思考了几种方式，但都显得突兀，没能很好地解决。于是决定把这个问题放到班上。人多力量大，但这确实有点伤脑筋。

怎么办呢？班长把学校发的方案再次念给大家听。也许是事有凑巧，方案中有这样一句——各班主任要高度重视，精心组织学生参加本次活动。真是有如神助，主题就这样出现了，那就是——组织。

以“组织节目”为主题，既新颖又有意义，而且他们决定把班级的表演就定为《选节目》。可以说，有了这个创意，基本就有了一半的成功。梦翔班能够 PK 掉强劲的对手，跻身总决赛行列，这个创意起了决定性的作用。

5 月 25 日，“六一”正式表演的前几天，学校对所有班级的节目进行了预审，对我们节目的创意给予了高度肯定。我也没想到，既能让尽量多的孩子上场，又把节目的效果表演到最好，还能进入决赛，真是一个惊喜。

在预审通过时，除了为成绩高兴，也发现了不少问题。有一些地方存在失误，这还好解决。关键是有几个孩子表现得不太积极。他们有的认为，排练的时间影响了学习；还有的因为自己胆子有点小，不愿意展现自己。仔细想来，要让所有的孩子都投入班级活动中，确实有一些难度。班委除了做他们的工作，还让我找他们谈心。因为接下来将是重新来过的绝好机会，他们想把握住。

于是，我找来这几个孩子，先与他们谈自己成长中的收获，我说：“在成长路上，在一些关键的时刻，胡老师都是一个积极主动的人。可能一开始没有经验，什么都不会，也遭到怀疑，甚至是打击讽刺，这些都没关系，关键是要去做，要去争取。如果有主动的意愿，就一定会去思考：‘我正在做什么？我该怎么做？做了以后会怎样？’这样就能慢慢积累到做事的经验，这些经验将变成人生的财富。肚子要吃东西才饱，胆子要吓才大。每个时期做好该做的事，就是对自己最好的交代。”

接着又为他们分析学生时代与人的成长的关系，我告诉他们：“每个人从童年到青年，就是你们现在这个时期，都会表现出相应的特点，只是因为身处其中，不容易发现罢了。比如，从知识人到文化人的转变。对于童年期的你们，更多的是以知识积累为主，在你们的意识里，知识比其他的都重要。到了初中，你们会慢慢发现，对人生、对道理的感悟，已经不同于小学。对文化内涵的理解和体会，逐渐深入你们的生命中。一些人慢慢意识到精神的强大、道德的高尚比知识丰富更让人敬仰。做一个实在的文化人，会让自己慢慢优雅起来。即使现在还没有转变过来，也是正常的，毕竟还有一个缓冲认识期嘛。”这时，小羽轻声告诉我，主要是来自家长的压力太大，从小就是这样，面对家长都常感到害怕。听了我的话以后，觉得自己确实没做好。还有两个孩子也说情况类似。我说：“从内心里，你想不想抓住这次机会？”他们又都说想。

这时小成说：“除了压力大，还因为自己从幼儿园起，就没上过台。每当看到别人在台上很潇洒，自己却从来不敢有此想法。我知道这是一种自卑，但没完全克服。好在进入初中被迫上过两次台，有了一点点好转。”

听了他们的话，我没有进行评论，而只是说了一点感悟：

"进入初中，还有一个特点，是更需要朋友。这也是成长发展的必然。这个问题如果没处理好，慢慢地人会变得越来越内向甚至自闭。童年里，陪伴自己的人往往与自己的亲缘关系比较近；到了初中，这种依赖会向外扩展。随着在学校生活时间的增加，与自己有共同语言的人，更多地变为自己的同龄人。这是我们本身的需要，只要在可控制范围内，不用刻意去防范。胡老师希望你们都有谈得来的小伙伴，并在相互的陪伴中，发展得越来越好。如果这次活动因你们而让班级利益受损，可能对你们以后在班上的发展有些不利。对于同学们而言，都不愿意与那些显得冷淡的人交往，更别说做朋友了。虽然我们班在相互关心方面还算做得好，但假如次数多了，他们也就只是礼节性地与你们相处，那将是一种不太美妙的体验。你们希望在这样的环境中生活吗？"他们说"不想"。我问："接下来该怎么办，想通了吗？"

在这件事上，小可显得很老成。因为她敏锐地认识到，虽然班委做了这几个同学的思想工作，但效果可能不好，所以必须让班主任出面。我相信，通过这件事，她在看人方面，一定有自己的收获。一方面她敏锐地意识到这几个同学的问题；另一方面又没有拖，更没有来告状，而是让我来做工作，这也算是一种大气吧。

这几个孩子果然都有了变化。小源本是一名胆子很小的女生，但我们欣喜地看到她主动地参加了舞蹈，并敢于站在队伍的最前面，真是对自己的一次"豪气的战胜"，我特意呼吁大家为她鼓掌。我们还看到，小蕊、小雪等在选择音乐和舞蹈风格时，给了很多好的建议。这些告别童年时的故事，一定会深深烙进他们的人生轨迹中。我也相信他们会在这个过程中，总结到很多的方法，如果以后再组织这样的活动，经历就会内化为经验。

这次活动中最辛苦的是小扬。他值日的时候是排练最紧张，也是事务最多的时候。幸好，在大家把节目的形式确定后，很多孩子都主动地分担，如：小萨负责舞蹈，小扬和楷娃负责朗诵，小可、小涵、小雪负责歌曲，小蕾、小余和小杰负责杂艺。

接下来，我想为大家叙述一下这个得到广泛认可的《选节目》。

整个流程，都用音乐来控制，音乐在自行选择后进行了精心的编制，控制在6分钟，不多不少。一开始，有上课打铃的"嘟——嘟——"声，随着声响，孩子们像进入教室一样入场并各就各位，渲染出班会课前的氛围。他们把入场设计得既生活化，又具有艺术性，既像平时进教室，又有刻意的创造，比如，某两个孩子扶着肩进场。

接着班长小扬手拿稿子，大声向大家宣布："这节课，我们要选出参加'六一'表演的节目。"下边大声"嘿——"表达欢欣鼓舞。朗诵组自信地迈到台前，随着音乐大声朗诵《让我怎样感谢你》。朗诵完毕，歌唱组发出挑战，音乐起，一首英文歌曲蹦出音响。歌唱刚结束，舞蹈组迫不及待地穿插进来，随着音乐的律动，一曲劲霸十足的街舞展现在大家面前。舞蹈结束，是大家都没想到的杂艺表演。随着基本的节奏，小蕾跑动而出，二胡声起，不是婉转风，而是跃动感很强的《赛马》，极具喜剧效果。另一群同学开始了颠足球、拍篮球、翻筋斗、劈叉等，甚至用食指来转书都出现了。虽然人员众多，却绝不杂乱。值得一提的是，每个小组表演时，其他组不是在死等，而是露出或欣赏或不服的表情，有的上前像见明星一般握个手、拥抱一下，有的变魔术般献一束花，有的三三两两聚在一起假装点评……

有过舞台表演经历的人都知道，像这样多的人上台，很多地方都需要注意，甚至每一个细节都要思考周全并反复排练，像话筒架、乐器预放的位置，走动的次序，组与组之间服装的区别等。既不能冲突，又要有所区分；既要清晰地让台下的观众看懂，又要展示出舞台的艺术性。孩子们真的花了很多心思。

因为我外出学习，所以决赛我也是看的录像。在班主任没在的情况下，还能有这样精彩的表现，确实让我欣慰。

我本来的打算，是让他们所有人在初中都有一次登台表演的机会，因为去的人多，可能节目的质量就不高，被刷掉也是情理之中的事。没想到，居然还有这样一个惊喜。

至少我的心里面，已认为孩子们在这个特殊的转变时期，给自己的童年画上了一个圆满的句号，不管多少年后，他们都会认为对自己的童年，有一个美好的交代。

◆◆◆◆◆探索感思◆◆◆◆◆

这次活动后，小蕾的妈妈有一段这样的留言："童年是孩子们以后美好的回忆，是一段正在远去的故事。孩子们以后回忆起来将会觉得美好、难忘。上了初中，孩子们将会迎来一个重要的转型期，从儿童成长为青年，也许有的孩子就会彷徨、迷茫，有的孩子会逃避、拒绝，有的孩子会坦然面对，但不管怎么样，这些表现都是正常的、可理解的。经历过这一过程，他们才会渐渐长大。梦翔班的孩子们，请记住你们初中生活中的点点滴滴，它们是你们成长过程中的重要见证。”

仔细想来，老师的教育生活，就像一场潜心的悟道。相信每教一届都会有不一样的收获，更有不一样的积淀。每一次的积累都是为了下一次更好地出发。在这个过程中，有一个东西慢慢成为我的习惯，那就是“自主”。这是我尝试接触多种教育理念，试验多种方法后的选择。它从 2008 年开始闯进了我的教育生命，再也没有被撵走。

2017 年 6 月 30 日，我在县城带的第二届学生凯怡，刚参加完初高中衔接教育回来，就发了一条信息给我：“我发现‘自主’真的太重要了，胡老教的东西很有帮助，非常感谢胡老三年的教育！”

虽然培养学生自主意识的方法不是万能的，有时甚至像这个活动一样慢慢磨才能出来，但却让他们呈现了更多的可能。我希望自主的活法，能伴随他们一生。所以，每次看到凯怡这样的留言，都带给我欣喜和安慰。因为我知道：这样的懂得，意味着真正的成长。

由此我们可以想见，在开展活动时，没给学生发挥自身力量的机会，那将是一种怎样的禁锢。在孩子的自主发展过程中，我们应该多点耐心。假如他们犯了错误，只要想着这是他们成长中必需的经历，他们还没有学会做一个拥有自己的人，那我们的心态就会平和许多、理智许多。哪有学生会不犯错误的呢？

墓碑无言，生命有话

一　居然选了这样一个地方

暑假里的一天，楷娃（梦翔班班长之一）打来电话，说班委正在组织一个活动，想约同学们去一个地方，希望我参加。虽然已过中考，但孩子们的活动，我肯定支持。况且从初二开始，很多活动都不用我操心了，他们已习惯了先完善方案并向大家说明后再进行活动。只不过我还是提醒，由于天太热，一定要注意防暑。他说，时间不很长，就在城边上，路很好，又不远，而且已跟他父亲商量好随时接应。

这个活动不算冒险。出于好奇，我还是问了活动的地点，在凤凰山。

亏得能想出这么一个去处。

凤凰山，在县城的北边，是公墓所在地，从火葬场径直往山上走，只有三四百米。

二　为何要去

人有一个奇怪的特点，离得太近和太远的事物，往往被忽略，远的如某个国家、某位大师，近的如生命、自由。

生命教育，是学生自主发展中不可能绕过去的话题，也是班级教育中应该创造性处理的问题。在孩子很小的时候，可能都产生过对生命的疑问：什么叫生命？什么叫死？既然人都要死，为何又要生？这些几乎都是关于人生的终极问题，也没有多少家长能很好地给孩子解释清楚。

默默走过

随着慢慢长大，孩子可能会思考“什么是生命质量”“什么是热爱生命”等，我们同样难以给孩子满意的答案。

除了生命，另外两个词也非常抽象：健康、自由。这两个词同样离我们非常近，近到无法进行透彻的解读。

作为老师，即使为此召开过班会，但要让一群十四五岁的孩子去琢磨它、感悟它，所探析的层次也非常有限。

不过，有几个地方可以让他们去体会并引发他们进行思考：医院重症监护室、监狱（或看守所）、火葬场。当在医院看到那些离死亡很近的病人，在监狱看到那些被限制行动的人，在火葬场看到人的彻底消亡，能让人对健康、自由、生命产生触动。

这三个地方，我都想过带他们去。只是由于身在乡镇或小县城，医院不大且没有重症室，看守所又离得远，火葬场不适合去的人多，这一直是我的遗憾。

不过，我曾把这个想法与梦翔班的孩子们交流过，他们也深表认同。后来，他们才想到了这样一个去处。

三　人生归处

约定的日子，天气很热，我按计划的时间到达集合地点。

到达时，能来的孩子基本已到齐。看到我，很是兴奋。一群孩子站在路边，正用微笑欢迎我呢。中考过后，有两个月没看到我了。八月里火热的天气，并没有让他们减少对班级活动的热情和对班级的依恋。班委组织活动，仍得到大多数孩子的响应，有几个孩子还在QQ群里发表遗憾，由于特殊原因不能来参加。这也让我感到欣慰，不管怎么说，梦翔班并没因为毕业而彻底解散，它永远是每个人心的归宿。即使毕业，它也会是团结的象征、凝聚的符号，这就是班级的价值意义。同时，也能看出之前的班级活动，让他们的规则意识、安全意识、参与的心态都有了很好的调适。像这样的活动，他们很清楚自己的界限，所以也能很轻松地参加。

到达后，我跟大家打过招呼。很快，他们也像从前活动那样，排好队列，准备出发。我是挺感动的，不管在什么时候，作为集体活动，每个人都应该遵守一定的规矩，扮演好自己的角色。这是作为团队应体现的基本素质。不用我去提醒，也不用谁大声呼叫，一切都自然地表现出来，这算是“梦翔精神”吧。

接着，我们出发。

从大路边往山上走，不几步就是火葬场，但只能从外面看一眼，不过整体熏黑的色调已让人感到凄然。太阳很大，笼罩着整个世界，而整个建筑却独特地显出冷来。本来叽叽喳喳的人群一下子静穆了很多。曾有从这里送走亲人经历的孩子，便向同学谈起待在这里的经历和感受。

有几个孩子与我走得很近，他们问我来过没有。于是我跟他们谈起了第一次来这里的感受。那时，火葬场才修建不久，里面的设施和人手都不够。一个与我同时参加工作的同事的母亲，才五十来岁就因病去世，我们便到这里守夜。对阿姨的去世，大家都非常悲伤。当年还在兴文最偏远的毓秀苗族乡工作时，他们的家是我们周末回家途中必经的休息地。我们一同参加工作的十多个人，都把他们家当成了驿站，在那里吃过很多次饭。所以，我们一群人对阿姨都像对母亲一般亲切。

在守了一整夜后，我们亲自把她用车推去火化的炉子旁。那时是凌晨六点左右，我们沿着灵堂旁边的通道往后走。大家推得很认真，都没说话，只听到车轮摩擦的“吱吱”声。爬上一个小坡，转过一个弯，经过一个门，就到了火化准备室。里面放着一台安着传送带和几个按钮的机器，其余空无一物。即使我们有十多个人，里面也显得毫无生气。

当我们把车推进去后，工作人员把阿姨放到传送带上，头对着一个小窗口。不一会儿，机器开始工作，看着阿姨被慢慢地传送进去，想到她就这样慢慢消失，最后变成一捧灰，眼泪不由得慢慢往下滑，心情万分沉重。不只是看到亲人远去，不只是想到那就是人的归宿、想到“逝者已矣”“生离死别”，更有对人最终归宿和结局的感悟，像忽然明白了许多。

四　那里是公墓

孩子们边听我叙述，边往前走，路一转，看到了半山腰上的公墓，一排一排的。除了一间工作用房，其余没有人家，只有高高低低掩映的矮松，与山上的树林和左右的群山呼应着。

沿着一条不太宽的路步行，往山上走，大约 15 分钟便到达了。

虽然还隔了一段距离，但已能看到公墓排列得较为整齐。因为地势不平，就设计成一垄一垄的，像梯田一般。要进行观察，需要横着走过去，再折回来。于是我们从小路走了上去。这时看得更为清楚了。每座墓都不大，完全不像单独修建的石头坟墓的样子。远处看到的矮松或柏树，就是栽在墓前的。

这公墓我是来过的，因为一个朋友去世，来给他上坟。只是那时人多，很喧闹，没见过如此安静的时候。大家就这样慢慢地走着，我也不知道他们为何选择这样的地方。也许，是班长想让大家感受一下这样的静穆，让大家体会这种阴阳相隔的氛围。

我们就这样慢慢地边走边看。没走几步，就有孩子对墓碑上的字感到疑惑。这时，大家也便都望向一块块的墓碑。确实，每一块都写着不一样的内容，还不只是姓名。

我也发现了，只是没说话。我觉得应该让他们去研究和探索一番，况且，有些地方我也不太明白。

静蕾首先发问："那块墓碑上写有'陈公国栋之墓'，而另一块写的是'王公讳柏刚墓'。第二块碑少了'之'字可以理解，'公'我也知道是指男性，那'讳'是什么意思呢？"一生回答："'讳'的意思是避讳，有'不敢说'的意思。我猜第一块墓碑，可能不是他后人立的，或者他根本没有后人，所以直接把他的名字写出来。第二块上可以看出，墓碑是他的两个女儿立的，根据传统习俗，她们不能直接说出父亲的名字，所以加了一个'讳'字。而前一块碑上，找不到立碑人的名字，这可能是某个公益人士或组织立的，所以没写'讳'字。"

他们可能觉得还不太确定，所以询问我的理解。我说："这个推测很有道理，'讳'字在古代确实是'有顾忌，不说话'的意思，避讳的做法是很普遍的现象。比如，遇到君主或尊长，不能直呼其名；后代在取名的时候，不用祖辈们的名字；做臣子的，如果名字跟皇帝或先辈相同的，换个名字也很常见。最著名的是司马迁的《史记》里找不到一个'谈'字，就因为他的父亲叫'司马谈'，遇到起有'谈'字作名的人，也改成了别的字。即使我们今天使用的成语，也有这个意思，像'直言不讳''讳莫如深'等。不过，关于这个字，在古代还有一个词，只有两个字，那就是'名讳'，它就指人的姓名，不过生前叫'名'，死后叫'讳'。'讳'字一般是对死去尊长或贤者的称呼。我觉得在名字前加这个字，应该表示尊敬的称呼。"不过，这个理解他们也不太满意，说要回去查一下资料。我承认，对传统文化，我确实知之甚少。作为一名语文老师，我为这样不确定的回答感到惭愧。

除此之外，还有关于"考""妣"的疑问，但很快被解答了。我们暂时搁下某些问题，继续绕着走。

五　墓碑无言

每一块墓碑，似乎都能让人读出某个人的一生来。孩子们也有对人生的一些探讨。比如，当看到有的墓碑上写的是"胞姐某某之墓""舅父某某之墓""胞叔某某之墓"时，当看到有的夫妻双墓，一人的名字已涂上颜色（去世），另一人还是自然之笔（活着）时，在这个让人感受生与死最近的地方，自然让人感慨唏嘘。

周国平说："我们每一个人的确都是无依无靠的孤儿，偶然地来到世上，又必然地离去。"这里，就是人生的必然。所以也有孩子说出了萨特垂暮之年的感叹："生活给了我想要的东西，同时它又让我认识到这没多大意思。不过你有什么办法呢？"也有孩子用泰戈尔的"生如夏花之绚烂，死如秋叶之静美"进行反驳。

我知道，他们在思考着人生的某个终极问题，那早在孩提时代问过的问题："什么是生命？"不过，今天重新审视的时候，心中的感受，自然与往日不同。我告诉了他们周国平的名言和作者的解说（大意），说小一点，没有人能替你生病、活着、老去，最终死亡；说大一点，如果我们想到一起暂时居住在这颗星球上的任何人，包括我们的亲人，都是宇宙中的孤儿，我们心中就会产生一种大悲悯，由此而生出一种博大的爱心。我相信，爱心最深厚的基础是在这种大悲悯之中，而不是在别的地方。即使是子女对父母，其中最刻骨铭心的因素也不是受了养育之后的感恩，而是无法阻挡父母老去的绝望，在这种绝望之中，父母就成了无人能够保护的孤儿。而这一切，都发生在你的眼前。

有孩子已经理解我说的意思了，那就是"懂得爱""懂得珍惜""懂得生命"。

就这样走走停停，不觉到了一个我熟悉的位置，那里长眠着我的一位好朋友。我给他们回忆了一些往事。那时，我非常喜欢音乐，常常与一些朋友弹吉他玩。12 年前的一个初夏，我们在一个朋友教书的村小聚会，还喝了点酒，围绕音乐谈了很多。不知是谁提议干脆成立一个乐队，这样更好玩。也许因为年少轻狂，才不知天高地厚，这个提议得到大家的一致赞同。也正是因为年轻，才更容易无所畏惧。我们不只克服了资金困难，还有其他难题。之前大家都玩吉他，所以还要有人改换其他乐器，我就改练了架子鼓。风里来，雨里去，我们玩了两年，虽花光了所有的积蓄，但也建立了非常深厚的感情。后来，因为一些变故，乐队解散，我也再没碰过乐器。不过我们的感情仍在。我的这位朋友，人非常好，耿直憨厚，唯一的缺点就是爱喝酒。最终，他也死于喝酒。他最后一次喝酒，因为喝得太多，回家后刚要睡觉，却不小心摔倒在地，再也没能起来。对一般人来说，摔到地上，爬起来就是。但对一个喝醉酒的人来说，摔下去，就不想起来了。因为头平躺在地上，醉酒后的呕吐物堵塞了呼吸道，最终窒息而死。其实，他只吐了一点点，可这已足够把他杀死。世界上最悲哀的事之一，就是白发人送黑发人。我的这位朋友，因父亲早先去世，现在他也走了，他的母亲承受着最亲之人离去的巨大打击，整个人都被击垮，现在很多事情都记不起了。他倒好，这样洒脱地走了，又没留下一男半女，那个丧夫失子、孤苦的老母亲将生活在怎样的痛苦中啊！当听说他喝酒醉死的消息时，我说的第一句话是：太不孝了。今年正月初三，我们来看他，见到阿姨衰老得让人心痛。所以我觉得，人之为人，不只是为自己活的。

有孩子感叹：“每当听到大街上那些飙车的声音，我就心惊肉跳，真担心下一刻人就摔死在路上。现在想想，如果他死了，自己倒看不到，但是他的家庭会有着怎样的悲痛啊！”

我知道他们对生命，有了更多的感慨。在紧挨着朋友的地方，右边墓碑上写着“爱子某某墓”，左边是“胞姐某某墓”。

这些文字从来没让他们感受过如此的触目惊心。对我来说，又何尝不是这样。

随着七弯八转，我们又走到一块特别的墓碑前。这里也是一个跟我同龄的人，不过他是一位警察，在一次出勤时意外殉职。他的墓前放着一些已枯萎的花。看着墓碑上他年轻的照片，孩子们猜想着他有过怎样的故事。

大家就这样慢慢走着，在这个火热的天气里，一群人以这样的方式执行着心中的祭奠。不是节日，也不是纪念日，只为寻找和印证心中对生命的定义。

♦♦♦♦♦探索感思♦♦♦♦♦

当我们把教育的重心指向学校、家庭和社会时，教育的出发点与归宿已经错位了。因为其中最重要的一部分被我们忽略了，那就是“孩子的自我教育和自主发展”。当前教育体制下，多数孩子的时间和成长路径都由外界（特别是家长和学校）来安排和支配，孩子只能在“以生为本”的旗帜下被强迫，被替代，被推着行走。

如果我们给学生提供的是自我觉知的场域，就会发现其实那些老生常谈的道理，会变得鲜活起来。每个人都是活一辈子，区别不在于有的长有的短，而在于每个人的生命宽度不一样。而这个宽度，往往在于对生命的感悟。

这种感悟，又会助推学生对生命的体察。很喜欢陶行知先生“生活即教育”的理念。当我们从生活中打捞出足以触动学生的事物，对生命的感悟才会真正发生，对世间万物才会真正悲悯。一幅耕作之画，一段枯黄之枝，一片飘落之叶……都可能以它们独特的方式，引领着学生去感悟生命的真谛。

他们开始学着真正用悲悯的眼光去看待世间万物，无论是那些弱小的生命，还是那些遭受不幸的人们。他们开始懂得对生命的珍惜，懂得生命中的疼痛与关心，并用实际行动去传递爱与温暖。

有一种力量叫团队

也许是分班时的运气，男子篮球一直是梦翔班的强项，强大到全年级 28 个班中找不到对手。其实我知道，一是因为队长絮儿从小学起就系统地进行过篮球训练，球队有核心队员；二是因为他们有身高优势，几大主力牛高马大；三是班级篮球文化推广自由；四是别的班太弱。整个赛事，从小组角逐到决赛都是全胜，自然得了冠军。作为一名喜欢打篮球的班主任，我却发现学生们没有真正领会篮球的精神。他们不会分析赢球的原因，只是骄傲于赢球的结果。

为了灭掉他们身上那种趾高气扬的态度，引导他们理解篮球、感受团队的力量，真是颇费了一番力气，甚至还用上了“超级武器”。

这次比赛，跟班级参加的其他活动一样，在组织方面我基本不去操心，特别是男队，有很多孩子都喜欢这项运动。如果一个人喜欢一项运动并能在比赛中得到认可，那是很多人都愿意参加的，而且体育委员在这方面也有这个能力。

女队在组队时稍微有些曲折，但她们很快就让我看到了惊喜。一开始，报名的人不多，女生都以自己不会打、没练过为理由，不想去“丢脸”。后来，班长几句话，就让大家转变了观念：第一，我们球技不好，别的班也不会好，大家都在同一条起跑线上；第二，我们比别的班团结；第三，我们有两个比较高的女生，很显然，在篮球运动中身高会有优势；第四，我们班的啦啦队在组织活动时更有经验；第五，结果不重要，关键在于过程，只要能体现我们梦翔班的风采……

就这样，把大家说动了。小青、雪雅首先积极报名。这是梦翔班的进步：一是当班级有困难的时候，需要有人主动站出来承担；二是参加这样的活动，确实能得到一些乐趣。要知道，不是每个人都会有这样的经历。从这一点上说，这是班级中“向善”力量增加的表现。相比之下，男生练习篮球的人更多，报名很火爆。还在小组赛时，上场打过球的已超过 15 人。

在赛场上，像篮球这样的运动，最能体现出团队的力量。

没想到的是，执行力更好的却是女队。为了在比赛中发挥更好，她们在放学后主动留下来训练。没有人教，就请教球场上的老师；没有后勤服务，连水都没有，她们就自己买。虽然女队最终没能在小组赛中出线，但那不是输给战术，而是输给实力。每打完一场，她们就集中在一起，进行讨论、反思和请教。在第一场取胜和第二场输球后都及时进行了总结。她们给我最深的印象，是在场上更体现出团结协作，更注重个人的角色定位。即使输球，也输得可圈可点。

怪不得叫团队比赛

我觉得，“角色”这一概念相当重要，特别在现代社会。不管是不是打球，只要在一个团队中，里面的每个成员都应该有自己的角色。有些角色可能很风光，有些角色可能注定默默无闻；有些角色发挥核心作用，有些角色发挥辅助功能。团队的属性注定了有些角色更被人关注，有些角色易被人忽视。就像一辆车，外观是人所关注的焦点，而像底盘和一些小部件就常常被多数人忽略。更多的时候，人们只注意车轮的形状，并不关心车轮上的螺丝，于是，螺丝就注定只能默默无闻。但谁又能否认螺丝的作用呢？如果没有螺丝，那就是一堆金属部件，正因为有了它，才有一辆完整的车。这就是团队的作用。乔丹很伟大，但在他伟大的背后，还有皮蓬、罗德曼，没有这样的队友，乔丹不可能这样辉煌。特别是罗德曼，得分很少，因为他清楚，自己该做的是什么事。

女队之所以让我感动，是因为她们在整个过程中，执行力更好，每个人的角色定位更加清楚。谁发球，谁推进，谁投篮都是明明白白的。对于刚学习篮球的学生来说，其实很难做到。不难想象，如果每个人都想投篮，每个人都想进球，那就会形成人人进攻、无人防守的局面。这样的结果可想而知。我们班的女队能在第一场就赢了一个强队，跟这种协作精神有着莫大的关系。相反，很多时候男子汉们还显得小气些。听到我表扬女队，有的还不服，有的则不屑一顾。

很明显，男队的优势在于身高，这个优势在打弱队的时候，可以凭借个人能力，甚至可以像表演一般就取得胜利。别的班主任都希望本班赢球，但在这样一种状态下，我还是想让他们输一场。可惜，小组赛中我们的对手都较弱。这更让我担心，因为进入淘汰赛，就没有输的机会了。

从第一场起，我便强制性地给他们定了一个要求：要发挥团队的作用。在第一、二节大比分赢球后，还把主力换下来观察。在第三节时，我更是让替补先上场，让主力继续分析。替补队员们打得有声有色。这时，主力们有些迫不及待了，他们怕分差过大，我就是不让他们上场。其实，我是知道在淘汰赛到来之前，需要训练主力的，我只是想磨他们一下。只是他们完全没理解我的苦心，即使理解了，也自以为是。等把主力队员换上场时，立刻成了个人表演，得到球就单打。

可以说，从小组赛打到淘汰赛，没有一场球真正发挥出团队的力量，没有一场球让协同能力得到锻炼。主力队员们每个都有一定的技术，也有上篮能力，每场球观众都较多，这也助长了他们独自表演的虚荣。

我知道，不要说遇到强队，只需遇到在这次比赛中，得到真正锻炼的班级，就很容易把他们打翻。

如果赢球只是唯一追求，那体育活动也就失去了它本来的魅力。我们需要一次彻底的反省，幸好有这样的机会，可以让我们得到思考。对于篮球赛，我们拭目以待；对于其他方面，我们更可以，也更应该拭目以待。我希望孩子们得到比赛之外的收获。我愿意给他们时间，为他们创造机会。

我想要训练他们的“静气”，别那么浮躁。因为最该做的是让学生们在过程中成长，这也该是超越球赛的收获。结果没有过程重要。我以为他们会止步于淘汰赛。没想到事情并不如我所想，整个比赛完全找不到能克制五个主力的队伍。有的队球技好，但身材矮；有的队人很高，但球技差。就这样，男队得到了年级冠军。

在总结会时，我也“顺应民意”，祝贺和表扬了大家的奉献。我假装为自己强调“团队意识”而感到“失策”。这下，像小均等被我在打球时教训的表演派，就更是一副自得的表情。他们的眼神好像在说：“幸好没听胡老的。”看样子，年级第一就等于天下第一了。

这一次，我不动声色地等他们嚣张，以理服人最重要。既然是以骄傲示人，那就等他们骄傲到顶峰，我再搬出最终的“核武器”，给予他们致命一击，否则药的烈度不够，效果难免不好。

过了几天，我联系了年级的教师球队后，告诉孩子们：“听说我们班男篮得了年级冠军，我们年级爱好篮球的老师们想跟大家打一场比赛。他们说‘与高手过招，其乐无穷’。”

听到这个消息，他们一下子兴奋起来。不过，有个孩子很警觉，问了一句：“罗老师要上不？”我们年级教体育的罗老师，身材高大，球技娴熟，是县队的主力。如果有他在场，他们是没有自信的。我说：“不但罗老师不上，体育老师都不会上。”这下，就有人接话了，“我们一定赢”“其他老师都不凶”等。确实，他们也跟部分老师打过球，但都是半场，三人一组的，可能身高和体力都不如他们。

我没理他们，又平静地补充了一句：“老师们说，你们是学生，就让你们 20 分吧。”这下，他们彻底不干了，感觉受到蔑视，受到蔑视就是侮辱嘛。这下，除了主力，连旁观者都觉得老师们肯定没那个实力，他们可看过这群“牛”冲来撞去的场景。

我仍没理他们，接着说：“我没想到大家能这样从容应战，胡老师就不泼冷水了。我也觉得，让 20 分不太合适，所以，我个人单方面调整一下让的分数，那就让 30 分吧。”这样的反话正说，无疑又补了一刀，结果是群情激愤啊。

我要的，就是这样的效果。

比赛开始，孩子们确实表现了难得的冲劲。这不但关乎输赢，更关乎脸面啊。他们激情四射，首先就进了第一个球，信心倍增。

可惜，老师们很快找到了破解的要诀，运用“三二”联防，他们就连续几个回合攻不进去。等絮儿好不容易再有一个远投时，比分已经 16 ∶ 4 了。

慢慢地，教师队越打越顺手，两个挡拆，就过人上篮了。等他们知道防突破时，两位体力好、速度快的老师，又冲又突，再回传，反而又连续失三分。这群孩子浮躁的心理越来越明显，他们也越来越不相信队友。老师们借力打力，配合巧妙。反过来，学生们得到球后带到前场，很快又被包夹，投又不中，进攻又没机会，只能超远距离出手。

比分越拉越大，60 多比 20 多。

最后一节，我为他们叫了暂停，把他们叫到身边，详细地为他们分析了老师队的弱点和突破口。最重要的是为他们设计了针对老师队的进攻策略。我告诉他们，最有效的一招是在拿球队员被包夹前，队友要主动上前挡人，挡人要快、要准，挡人后马上撤走，而拿球队员要以最快的速度把球传给挡拆队员，不要想着自己投。假如拿球队员进攻，又会被轴心队员和防守队员夹击。挡拆队员，要注意策应和跑空当。最后我还给他们打气：现在你们的优势是体力和速度，抓住了就是机会。

在结束前的几分钟，他们才终于稳住了局势，找到了一点感觉。可惜，败局已定。最终教师队以 71 ： 40 胜。

比赛后，这群“牛”人正视起来，进行了认真的总结。大家分析，输球和最后一节稳住比赛的原因都是因为“团队协作”精神。之前没有协作，才输得这样惨；之后稳住局势，是因为打出了团队的力量。这是一次很大的教训。

很快，小均就交给我一篇他写的作文，是对整个篮球比赛的反思。文中有这样的话：“一开始，胡老师教我们要有团队意识，我们都不以为意。特别是在得到冠军后，我们都以为，篮球就是高个子的天下。等与老师队的比赛结束时，我们才明白自己有多么愚蠢。其实我们不是不懂得，而是太骄傲了。虽然输了比赛，但我们却懂得了更多的东西，这才是我们最大的收获。”

我也相信，有了这样的经历，孩子们对团队的理解，一定比之前深刻得多。对怎样完成团队角色的定位，也有更多的感悟。

◆◆◆◆◆探索感思◆◆◆◆◆

此次事件，让我对孩子们形成这种“英雄主义”的原因进行了自我剖析。源于“自恋”的需求，人都渴望更多地“被关注”。在现实生活中，我们常看到有些老师一直在给学生灌输“成功”理论——人生只有成功和失败，所以必须成功。“干掉熊猫，你就是国宝”“人们的心中，最容易记得冠军的名字”，如此等等。班上的学生也会跟着像打了鸡血一般不停地冲冲冲。不过，现在的学生不说大城市的，就是小县城的学生，要不了多久，就会厌恶这种高压下的生活状态。这样“你死我活”式的追求，总让人感到别扭。

那种强迫学生必须追求成功的观念，与学生主动追求成功的效果完全不一样。开始时，我就觉得学生们在活动中忽略了一些东西。当我们没有教给孩子现在最需要的是健康成长，并感知当前读书经历的真正意义，当我们把结果性的功利目标强加给孩子，还要驱赶他们在名利场上拼搏时，我们有理由担心，在未来的某一年或是某一天，这种错误，野蛮剥夺的恶果将使孩子付出怎样的代价。这种代价，就是学生会以自我为中心。

所以我常常有这样的困惑，在学生的读书时期，老师究竟应该让他们树立怎样的人生观？这直接关系到他们对人、对物、对己的态度，直接关系到他们经历成功、失败、喜悦、挫折时的反应。也就是说，哪些东西才是我们最该追求的？

记得王君老师在《一路修行做班主任》的开篇，就谈了自己的班主任成长之路。从刚参加工作的“样样追求第一”，到后来放平心态向“珍惜结果，注重过程”的转变。懂得这些后才发现，更美的风景在追逐的路上。但最让我思索的，不是她有过怎样的成功，不是如何放下身段，而是促使她这样拼、这样注重结果的原因，那就是读书时期的经历，让她必须对生活全力以赴、必须追求好的结果。

很显然今天的教育环境，与王君老师读书时的环境不可同日而语，但有一些价值上的追求、人生的思考应该有相同之处。就像这群孩子，一直想的就是赢球、赢球、赢球。

周国平老师说幸福比优秀重要，说得真好。只是怎样引导学生生活在追求幸福的路上呢？我也是在研究“自主发展”过程中才进一步明白。什么是真正的幸福？那就是认真对待生活的过程。有很多人梦想和实践着从成都骑自行车到西藏，恰恰是为了享受沿途的美景、苦难。最让人感动的一句话——拉萨不在西藏，在路上。不过要让现在21世纪的学生们明白这一点会有些困难。因此必须要让他们经历一些事，才会有认识、反思、成长。

于是我才创造机会，让孩子们从球赛中学会配合，学会找到自己的角色。这个过程是成长的过程。做好该做的事并享受这个过程，才能真正体会到其中的幸福。这也是对人生负责。这个过程伴随着一样非常重要的东西——反思。也许在成长的过程中会有些孤独，觉得自己不被重视，但人在孤独中才学会爱自己，然后才懂得和理解，这样才能完成对生命的超越。这也是人生中最该追求的东西。

孩子们正处在叛逆期，需要有一定的经历，才能在叛逆中觉醒或顿悟。人不是劝醒的，是痛醒的。觉醒了，就走向主动。我一直倡导的教育氛围，就是能熏陶孩子自主成长的氛围。让孩子随时对话自己，做一个有自己灵魂的人。

“人有两个敌人：一个在外边，包括天灾人祸、不良制度、错误舆论以及来自他人的不义等。一个在里边，是自己心中的贪欲、怨恨等。如果被里边的敌人打败了，你就彻底失败了，在外边的敌人面前也完全丧失了战斗力。相反，如果你能战胜里边的敌人，大多数外边的敌人就都不能真正把你打败。”周国平说：“我将永远困惑，也将永远寻找。困惑是我的诚实，寻找是我的勇敢。”

要从挫折中走出来，一般包括两个环节：一是自我安慰，二是自我反思。冷静，不放弃，不自卑。挫折的积极影响在于它对强者来说，能成为垫脚石；它的消极影响，在于对弱者来说，是绊脚石。

在这个活动中，我虽然刻意制造了挫折，但又尽量让学生们的骄傲情绪平安着陆，让他们不至于被击垮，才恰到好处地促进了他们的反思。

伤口是光照进的地方

近些年，我接过三个特别糟糕的班级，都是“临危受命”，一次比一次难。虽然每次带毕业班都感觉像脱掉一层皮，但我也因此更加理解了“因材施教”的奥义，总结起来有十六个字：爱为基点，尊重“看见”；结合实际，以巧破之。就像那年秋季学期，我调到现在工作的县城初中后，没有按惯例教初一，而是接了一个没人愿意接的九年级七班。

快毕业了，孩子们自己布置好教室后，听班长讲活动规则

一　谁都渴望“被看见”

第一次走进七班，我就想到一个成语：名不虚传。

路过别的班，学生们都规规矩矩地认真看书学习。而这个班呢？就像某些电影里的场景，学生们分成好几堆随意地散布在教室里，正畅聊着游戏、网络、各种见闻和自己的“英雄事迹”。有的坐在课桌上，腿像荡秋千一样晃荡；有的一只脚踩在别人的凳子上，状态悠闲；有的一只手抓着别人的肩膀，另一只手在空中比画，正兴奋地描述……女生不多，有的在涂唇膏，有的在玩随身物品，有的在追打男生……喧哗声此起彼伏，似乎整幢楼都是他们的地盘。只有三四个学生正常坐着，但目光呆滞，在这样的环境中，他们很另类。

之前听说我被分到九年级，有朋友悄悄地好心告诫：无论如何，千万不要接七班。原因是这个班在全校都“赫赫有名”：从初一开始，几乎学校发生的所有“大事”都跟他们有关联。抽烟、上网那是小事，谈恋爱、打架、骑摩托飙车、横行霸道、气哭老师是日常，似乎除了好事，无所不干。全年级二十多个班，最差、最调皮的都往这个班赶。还有一个学生，初二时在校外打架，被人家放话要“弄死”他，最后被迫转学。第一任班主任只当了一个月，因压力太大而放弃；其余班主任都没超过一年。自从七班成立以来，只有一位老师没换过，就是教数学的德育主任。班上有几个特殊学生，存在智力、听力、视力等问题，还有一个白化病患者，可谓是“老弱病残”齐全。据说，还有个别学生跟校外“吃白粉”的混在一起。听到这些，我心里发毛，祈愿着我一个新老师，应该不会蹚这样的浑水。

然而很不幸，我成了他们的第五任班主任。对于这样的安排，我完全没有“翻盘”的信心，只得硬着头皮上阵，不停思索如何突破。

接手前，我趁暑期政治学习的时间对班级进行了比较详细的了解，专门向教过该班的老师，特别是原班主任详细了解这个班的情况。毫无意外，他们都对我表示深切的同情，外加一番罄竹难书的罪责倾诉。我耐心聆听并想方设法询问这个班的优点和曾经发生的重大事件。

好吧，鼓起勇气走进教室。对于我的出现不但没有制止混乱，反而迎来几道挑衅的眼神，我有心理准备。确实，换老师对这个班来说就是家常便饭。

我强制性地面露微笑，以一种看透世事的眼光来回巡视，以气场施加压迫感。大约三十秒后，有个女生似乎注意到我的存在，向着全班尖叫了一声："不要闹，老师来了！"

教室里瞬间安静，我知道，必须借着这个空当切入，如果我在三秒内没有引起他们的注意，吵闹声会再次从各个角落蔓延。于是，我转身在黑板上写了六个大字——无兄弟，不篮球（电视广告语）。也许是我没按常理出牌，他们突然有些新鲜感，只有极少数人还继续讲话，但声音小了很多。

我趁此镇定地大声介绍："各位帅哥美女好，我是大家的第五任老班，江湖人称胡老师……"有几个背向讲台的学生开始转过头来。我接着说："听说上期我们班的男子篮球经过艰苦的鏖战，终于夺得了冠军，厉害啊！全年级二十多个班，取得这样的成绩，真了不起。"听到这个话题，男篮队员们瞬间来劲，似乎又想起当时夺冠的场景："就是啊！就是啊！"我借机让话题共振："其实，我也喜欢篮球，黑板上这六个字的广告词说得非常好，道出了篮球的奥秘。那么，有没有谁跟胡老师分享一下，你们哪一场打得最艰难，又是怎样取胜的呢？"

一个男生骄傲地站起来说："打某班那场最难，他们速度快，差点防不住。”我说：“你叫小林，是打后卫吧？”他点点头，神情有些吃惊，不知道我是怎样知道他的。我又抬眼望着班上的最高个，身高超过一米九的中锋小杰，道出自己的理解：“嗯，我能想象当时的场景。但我发现我们的优势其实很明显啊，可以用联防破掉对方的进攻，用身高控制篮板，在我们自己的节奏内打，就不会被动了吧？”小林惊奇地回答：“对啊，我们就是这样才赢的。不过，当时没其他老师来给我们指导，还是我们自己调整过来的。”说完还调侃一句：“早知道你来当我们的教练就好了。”我也调侃道：“上期我还没到咱们学校呢，但没遗憾，这不我们的缘分才来嘛……我猜你们也是这样赢的，就像广告语中‘兄弟’一词，就是团结、配合、默契、感情的结合。懂得这些，自然容易赢了。”

不觉间，教室里的氛围轻松起来，他们挑衅的神情基本没有了。其实我知道，男篮冠军是他们唯一拿得出手的成绩。而在来之前，我已准确知道班委和球队的组成，看过了照片。

也许是觉得有共同话题，教室里基本安静下来了，都转头望着我，坐在课桌上的学生也回到凳子上。我也满怀真诚地跟他们聊起来：“在来之前，我对大家进行过深入的了解。有一些老师告诉我，咱们班的学生特别热心，在过去的时间里，帮着学校做过很多事。每次大型活动都帮着抬东西，有些家伙很重的；旗杆拉绳断了，帮着放倒后重新安装；三楼窗外的蜂巢隐患是你们去除的；这学期新买的课桌也是你们搬运的。让我没想到的是，还有同学帮忙修过水龙头呢。听说，咱们班不管男生女生，只要看到老师们抬着电子琴或拿着实验器材，都会跑过去帮忙。不知道是不是真的？”不少学生冲我点头，眼里放出激动的光。他们没想到，过去因为成绩不好，老师盯，家长骂，表现不好，既挨批评，又受处分，受过多少白眼啊，居然有人帮着说好话。

这里，我用转述的语气列出他们做的一件件好事，接着假装询问，表面看是向他们求证，实际是增强他们的代入感和自信心。其实，了解这些事情很费时间，因为真正为他们说好话的老师非常少，真实的情况是，很多同事表示宁愿课时不够也不接这个班。但我清楚，之前很多老师对他们的评价都是抽象出来的笼统感受，他们告诉我的不是事实，而是情绪。

苏霍姆林斯基说："没有也不可能有抽象的学生。"他们身上已经被贴上的很多标签都是对事实的概括，既不能代表全班，也不能代表未来。因此我需要把证明他们优点的事情挖掘出来，还必须具体有细节，才能还原场景，往正向暗示。每个人都渴望"被看见"，而这也是我切入班级的机会。

二　带着"本真"相遇

随着教室里"混乱"的气息慢慢变淡，我把话题岔开："虽然有很多老师给你们说好话，但也有很多老师劝我不要接手咱们班，说你们是优点突出，缺点明显。意思嘛，你懂的。不过我从篮球比赛和助人为乐的事情中，推测出咱们的班级精神里蕴藏着勇于拼搏、善良朴素的品德。而我跟你们有同样的性格，所以我答应了学校的安排。对于我来说，也有着很多艰难的经历。如果可能，我想用 PPT 为各位介绍一下自己。"

接着，我打开班上的电脑，准备分享。可前后左右找了一遍，都没看到鼠标。我问："有谁可以帮我打开 U 盘里的 PPT

吗？”没有人回答。就在他们露出遗憾表情时，我用键盘成功打开了相应文件。好几个学生忍不住发出“哇——高手”的声音。

趁他们都集中注意力，我缓缓讲述自己的经历。从最开始因在偏远村小“一师一校”的孤独，想离开学校四处漂泊，到最后因家访深受触动决定留下来好好教书，告诉他们人生在世，总要承担一点责任才对得起这副躯体。从一个人夜里摸黑走两公里多荒沟的惊悚，到孤夜里用吉他自我安慰的无奈。从第一次赛课的灰头土脸，到不怕失败、不断总结，哪怕头破血流也没有放弃，终于冲出学区、冲出全县、冲出全市，告诉他们总有一些岁月，应该烙上奋斗的印记。最点燃激情的是在播放了一段录像后，他们对我居然有过自己的乐队，还是架子鼓手感到不可思议。

在自我介绍的结尾，讲了我在之前的学校因接全年级最差的班，竟被评为全县优秀班主任的故事，展示了学生给我的留言，讲了几个当初被别的老师断言“绝不可能出人头地”的学生发展得很好的例子，告诉他们，世界以痛吻我，也要报之以歌。

在这中间下课铃拉了两次，他们都劝我“继续讲完”。世界上最远的距离，是心与心的隔膜，因为没有人愿意被漠视。我讲自己的经历，其实是以本真与他们相遇，既表达自己有着不错的承受力，又让自己的故事成为逆袭的范本，给他们一些触动。我相信每个人的心底都有一些不甘心，都有一些火焰，都有一些柔软的东西，那里存放着最初的“善”。自己也需拿出真诚，才配得上别人的本真。

三　以长远的眼光审视当前

对于这样的班级，不可能通过一次交流就解决所有难题。很快，他们暴露的毛病越来越多。通过分析，我决定从“上课不迟到”入手。

我连续蹲守他们上课，并且制定一条连坐惩罚规矩——上课铃声响后，以最后一个进教室的学生为准，耽误的时间在三分钟以内的，全班陪着在下课后补上，在三分钟以上的，全班陪着放学后补上。这群活跃分子最不愿被占用课余时间，在惩罚两次后，就没有故意迟到现象了。后来，这一规矩还适用于上课捣乱。同样的，因有人故意捣乱而耽误的时间，就在下课或放学后补上。当然，在惩罚的时候，我全程陪同。后来教数学的德育主任感慨：“课堂纪律变得这样好，简直是个奇迹。”

而奇迹还在继续。

开学不久，学校要进行黑板报评比。对于这项工作，我是有些经验的。但当我对他们说“我打算让咱们班冲一等奖”时，教室里“轰”地开锅，就像听到最好笑的笑话，有学生阴阳怪气地说：“倒数第一还差不多。”我心里有些生气，但转念一想，心生一计，就微笑着对他们说：“那你们敢来打个赌吗？我只需要三个同学跟我一队，你们其他人一队。如果我输了，我请大家吃糖；如果你们输了，每个人答应我一个要求。”冲动是魔鬼，他们想都没想就答应了。

等评比的结果出来，我们班果然得了一等奖，他们虽然高兴，但也很是担忧。我趁此召开班会。从黑板报的构思、草图到获奖时的定稿，把整个经过详细地进行了介绍，特别渲染了三个同学的转变：从开始的茫然、煎熬到最后找到方法和变得自信，一一道来。同时揭露我有底气赢的原因："坦白地说，跟你们打赌，我并不是没经过大脑，恰恰相反，这是意料之中的结果。首先，我看过全年级上一期的板报，了解竞争对手的水平；其次，我有丰富的指导经验；最后，也是最关键的一点，我发现了咱们班有拿得出手的写字和画画的高手。大家知道吗，胡老师最开心的，不只是得了一等奖，还有在这个过程中看到小露、小杰和小群找到了战胜自我的勇气和决心。正应了那句话，世间不是缺少美，而是缺少发现的眼睛。相信你的身上，肯定也有很多没被发现的潜能。"这些话中，我弱化了自己的付出和作用，强调了奇迹背后需要付出。最后，我一字一顿地宣布："你——们——输——了！"

一想到每个人都要答应我一个要求，他们有些头大，露出不情愿的神情，怕我挖的坑太大。为了配合气氛，我深沉地说："大家别忘了，我们是有赌注的，愿赌服输，这是常识。"看到有几个学生苦笑着摇了摇头，我故意顿了顿，用更平静的语气说："我在想啊，要让大家履行一个什么要求呢？恰好，前两天班长与我偶然聊起一件事，大家读了八年多的书，竟从来没有去春游、秋游过。所以我决定，下周六带大家去野炊，但每个组要把做得最好吃的菜分一份给老师，到时由老师来评出冠军，给予奖励。这便是我的要求。"可能是剧情太过反转，他们一脸蒙相，教室里出奇地静。过了好几秒，又突然像开闸泄洪一般振奋起来。

接下来便是分组制定方案，设计详细流程，磨了好几次。至于"吃什么"我没管，只是花了一节课的时间非常郑重地跟学生签订安全责任书：一式两份，双方签字，握手确认承诺。

秋游的过程非常顺利。活动过后，他们第一次心甘情愿地交了周记。小勇感慨："用一个大的活动庆祝取得的成绩，我还是第一次经历。本来看到我们班黑板报获奖的过程就很感动，这在之前是从不敢想的。看来，只要努力，就会创造奇迹。"小玲还在感动中："当确定了能去秋游的消息时，我和小洁都哭了。以前只在课本里读过的故事，居然发生在我们身上，到现在都还不敢相信是真的！怪不得大家越来越喜欢胡老师，他总带给我们惊喜。"班长小秀很有成就感："黑板报得一等奖，我们去秋游，胡老师居然把两件事联系到了一起。一开始我很担心班上那几条'虫'闹幺蛾子，因为以前的活动从来不让人省心，没想到这次居然这样懂事。还有小鸿的厨艺真的太好了，看来是在为学厨师做准备呢。这是长大的节奏吗？"我知道，相比其他班的学生，他们无法用文字准确表达出心里的感受，但我却读出了里面的真诚。

这是一个在无数否定中长大的群体，他们的玩世不恭很多只是表象，由于精力无处释放，让他们的优点完全被遮住了。这样班级的学生，还有一个特点是动手能力强，但缺少施展的平台。如果我们把"成绩"作为评价的唯一标准，他们肯定被贬得一无是处，而当我们从人的发展来进行衡量时，他们则会带来更多的可能和惊喜。

"强按鸡头不啄米"，这样的学生，从来不怕强制要求，反正即使遵守了也得不到肯定，不如破罐子破摔。如果当时我以赌约为由进行要挟，迫使他们遵守各项纪律、迫使他们不得犯错，即使有效果，时间也不会长久。从帮助黑板报获奖到把惩罚变为奖励，让学生们积蓄的“逆意”没有了着力点，既让他们放下对我的戒备，也让我在他们心里有些高深感。事实也证明，尊重的效果比胁迫好，这是长远之策。

在那一年时间里，我用过很多方法：以“进步笔记”记录每个学生成长中好的表现，帮助他们放大自己的优点并随时进行鼓励。针对发现的问题对症下药，营造“即使成绩不好也可找点事做”的班级氛围，比如允许听不懂数学、英语的学生在课堂上练字；指导网瘾少年学习视频软件，制作毕业视频；与篮球爱好者们切磋技艺，训练战术。开展“奇迹修炼”系列班会课，从交流“想看到的奇迹”到“想象奇迹实现时的场景”，到“走出实现奇迹的一小步是什么”，到“怎样实现这一小步”，到“实现小目标后自己的变化”，把外部评价引向内部评价，把外部动机转化为内部动机，一步一步往正向发展。还利用周末进行家访，关心他们的成长环境。

那些饱含心血的时间和精力，换来了学生的信任。在所有人的共同努力下，这个班直到毕业再没被学校处理过一次。有孩子给我留了这样的话：“胡老师，感谢您像阳光抚平了我们的伤口。如果您能从初一就教我们，那多好啊！”看到这句话，我久久无语。

◆◆◆◆◆探索感思◆◆◆◆◆

失败真的是成功之母吗？对于这群学生来说，已经受过无数次创伤，也许只有用成功才能让他们看到希望。我曾化用一句名言来安慰他们，“不犯错误的学生不是好学生”，以鼓励他们把试错、犯错、知错、识错、纠错看作成长的必需经历。

说句实话，很多问题班级的学生往往存在着很多问题，而且很多学生没想过怎样解决。这让中途接班的老师不得不进行“抢救式治疗”。比如有的学生因为是留守儿童，养成的一些坏习惯很难改正。这时如果又表现出来，我们就得进行矫正。而最好的办法，就是让孩子先反省，再矫正。

作为老师，要承接和化解学生的焦虑。对于很多学生来说，他们的生命力在没有被看见、被发现、被回应、被转化的时候，就容易转化成具有破坏性的黑色生命力，因此他们需要被容纳。

相对成年人来说，学生大都显得弱小。对于成绩差、表现不那么好的学生，我们在与他们的交往中，虽然表现得很友善，但在潜意识里往往是冷漠的。他们虽然不说，但却能感受得到，因此在行动上变得消极、被动、封闭，甚至是沉睡。这份沉睡，是为了保护自己，因为他们缺少动力。这时，我们的真诚就非常重要。

武志红说，有时候我们为他人做事的动力远远大于为自己做事的动力，为了别人的期待，为了不让别人失望。学生更是如此。对于那些成绩不那么好的学生来说，鼓励在他们的世界里是稀缺的。但对于他们来说，老师是权威人士，如果给予鼓励，带来的影响也是巨大的。我们要学着多去鼓励他们，即使是硬着头皮，即使觉得他们不值得如此，也许在进行鼓励的时候，改变也可能发生。况且这又何尝不是在鼓励自己呢？这种鼓励可以成就他们，同时也成就我们自己。

成功从成功中来

一颗种子，如果它不想萌发，即使有再好的环境，也不可能长出来。人的成长也一样，因此老师能做的，不是评判“种子”的好坏，而是引导他们生出萌发的意愿。

小 Y 逆袭的故事，让我进一步明白了这个道理。

中考前的最后一次月考，小 Y 语文只得了 59 分，从班级 50 名下滑到了 52 名，总分也“成功”地摘取了全班倒数第一。(即使他看不到具体排名，也应该想到这是一个很糟糕的成绩。)

看着他从初一时班级中间水平，一步步下滑到谷底，我的心很痛。

不过后来他却成功逆袭，取得了超出所有人预期的成绩。对他转变过程的引导，让我再次反思：看似山穷水尽的境地，并非就是绝路。我们应足够相信孩子，这样才能找到突围的出口。

也许他正畅想着未来

对于他的成绩下降，我有些预感。因为上课时他真的不在状态。面对一降再降的成绩，我也是一次次火起。在半期还下降时，我已经快忍不住了。

最终，道理说了很多，小 Y

依然故我。我彻底陷入了“发现问题—分析问题—解决不了问题”的怪圈。

前方可有出路？

如果是其他孩子，我的愧疚感不会这样强烈，因为从某种意义上说，我和小Y的渊源要追溯到他出生前的好几年。

师范毕业那年，我被命运安排到兴文县最偏远的毓秀苗族乡的迎村村小，过上“一师一校”的生活，教两个年级。

工作的苦还好，生活的困境才是巨大的障碍。

我的住所是一座黑漆漆的地主家的老祠堂，房屋的横梁上写着“咸丰六年”。祠堂像一个四合院，每天走出宿舍，面对的除了空旷的祠堂正厅，就是中间一个十多平方米的天井。想着我的生活将被箍死在这里，真的生无可恋。

学校四周的氛围也足够恐怖。祠堂虽然已经清空，但散播着一些惊悚的传说，足够在夜晚让人难安。学校门口还有不少修建于清朝的坟墓，外加一个意外死亡之人的坟堆。稍有风吹草动，便觉毛骨悚然。住在那里备感生命卑微、造化弄人。

没有可依靠的地方，生活中的一切都需要我一个人承担。面对吃、住等问题，对一个刚成年的师范毕业生来说，绝对是巨大的挑战。

好在苗乡人淳朴善良，他们的照顾慰藉着一颗绝望的心。特别是穿过坟堆几十米外的一户人家，他们非常热情，像亲人一样给我关心：用水在他们家提，吃菜在他们地里摘，冬至等日子聚餐要请我去，杀年猪要送我一块肉……

印象最深的，是铺床的事。由于之前那里的老师都是代课教师，学校很多年没人住过。开学不久，中心校送来一张空床，什么都没有。怎么睡？如果“床笆簀”都没有，还是只有打地铺。

那家老头子得知情况后，二话没说，拿着刀就去砍了一根楠竹，刮干净，用锯子裁齐，再剖开，嗒嗒嗒弄得很光滑（不带刺），把整张床都铺满。睡几个人都不用担心承不起。

这样的事情有很多。山乡人就是那样自带温暖。

而那个老头子，就是小 Y 的爷爷。

事情已经过去多年，几时梦回，总会念着他们对我的好。

但我只是一个小老师，对他们的困难也无能为力。而现在，小 Y 恰巧就在我的班上，如果他连高中都考不上，就少了走出山区的机会，我的心里将会愧疚万分。

说这些，我只是想说，面对小 Y 考倒数第一，除了责任驱使我去帮助他，还有一份偿还不了的情意。

不过，理想中的春天总是比现实中美丽。无论我想了多少办法，都无济于事。从温言细语到厉声呵斥，效果越来越不好。我无法叫醒一个装睡的人。迫不得已，我跟他父亲商量，先去报一个职高的名，至少毕业后还有书可读。

也许是冥冥中注定，当我以为再也无法可想的时候，我再次想到了运用一种简单、易于上手的应用心理学技术——焦点解决。

怀着死马当成活马医的态度，我想做最后的努力。因为对于小 Y 来说，中考只有一个多月了。

试试吧。

我们都知道，学习行为的发生，是学生自己的事情。如果他的大脑里不想进行学习活动，再好的老师都没办法。

因此，我所做的并不是给小Y提建议和要求，而是给他“引导”，从他身上找到突破的资源。有一种高尚的说法——这个过程是点燃生命激情，唤醒沉睡力量。

所运用的方法，远比我之前的那些简单，如果可能，我想把“焦点解决”介绍给朋友们。不过因为我学得很肤浅，阐释得不够全面，衷心希望有更多伙伴一起交流，给我指正。

同时，要特别感谢何教授带领的宜宾市“双益工程”强大的导师团队和“心阅读”团队，他们在我学习的路上给予我太多鼓励和指导，让我坚定地相信：即使再艰难，也要相信孩子。

经过所有老师的帮助，特别是他自己的努力，在中考语文难度变大的情况下，小Y的语文成绩从59分考到113分，其他科也有不同程度的进步，总分超过“省级示范高中”兴文二中分数线40多分。要知道，从职高到兴文二中，还跨越了一个市级示范高中的级别。我觉得很牛了。

在后来看小Y回顾这段逆袭之路时，他有三句话让我印象深刻：一是“那一刻我就想改变”，二是“多亏了胡老给我的建议”（这里的建议，其实是交流），三是老师们“没有因为倒数第一就放弃我”。

也许，这种方法在当时的情况下刚好适合小Y，因此他得以转变。当我把这些进行回忆和复盘时，我不知道这些能否真正改变小Y的人生，但我知道至少应该总结一点经验。

我们之间的交流，从一个简单的问题开始：

师：初中毕业后，你想过读哪个学校吗？（这是初三学生必须面对的问题。对于小Y来说，困境是考不上高中，不是他选学校，而是学校选他。）

小Y：想考兴文二中。（想了想补充）能考普高都要得。

师：（真诚地）不错，有目标，还有上进心。（这里，已经开始了“焦点解决”的运用。这种给予他肯定的话，技术上叫“赞美”。）

师：想象一下，考上以后你是什么样子？（对于渴望发生的事，我们常常有憧憬。这个叫“奇迹问句”。）

小Y：高兴。……

（按以前的交流套路，是先问他“面对现在的成绩，你有何感想？”“我觉得你现在麻烦很大，这一科怎样，那一科怎样……”“你晓得怎样摆脱不？”这样的潜台词是“我比你强”“你应该听我的”，感觉这是打着“负责”幌子的自恋。）

师：为了考上，你觉得哪些方面可以提升一下？（试着让他自己去分析和发现。）

小Y：语文这科的作文、古诗词默写还可以提高点……

师：能分别说说提升到什么程度吗？（设立目标。）

小Y：语文的基础知识可以得12分……

师：以前有过基础知识考得很好的时候吗？是多少分呢？怎样做到的？

小Y：有过。最多时是十三四分。基础知识的拼音题，每个都有考点，有些记不住的，就分析是否存在考点陷阱……（找到“例外”的存在，也是建立信心。）

师：听你的意思，其实就是一个一个知识点进行解决，对吗？要对基础知识进一步把握，你觉得还可以做点什么？（尽量具体化，针对问题本身。）

小Y：是的。像病句题，先归纳错误的类型，再去排除。（不管其他，先找到当前能做到的“一小步”。）

（按以前交流的习惯，这些东西，常常是由我来给学生讲，结果效果并不好。有时学生根本没理解我说的东西，更别说去做到了。）

师：你为提升而努力的时候，是一种什么样的状态呢？（这其实是“假设问句”。让学生想象一下事情将发生时的状态。）

小Y：上课能听进去，做完每天的作业，不玩手机……

师：处于这样的努力状态，自己会有怎样的感受？

小Y：充实。……

师：这种好的学习状态，在以前有过吗？

小Y：有过。初一刚进校时。（当时小Y的成绩处在班级中上水平。）

师：沉浸在这种好的学习状态时，你是怎样学习的？

小Y：（回想当时的状态）……

师：你觉得哪些人会最先看到你的努力？（这是“关系问句”。所有人都希望“被看见”，而自己希望的人，往往就是关心自己的人，让努力在关系中展开。）

小Y：老师。还有几个好朋友……

（这种交流看似节奏很慢，实际上却不断地触发孩子去回忆过往“成功的经验”，寻找到自身已有的资源。）

师：如果以1分到10分来说，10表示非常好的学习状态，那么现在的你可以打几分呢？（“评量问句”。就是给状态打分，为下一个问题做铺垫。)

小 Y:(思考后给自己打分，好像是 4 分。)……

师：你觉得通过努力，做到前面预想的那些事时，你可以给自己的状态打几分?

小 Y:8 分。

师：要提高这几分，还需要在哪些方面进行改变呢? (不断解构“一小步”。)

小 Y:……(进一步具体化之前的预想。)

师：在你薄弱学科上，最了解你的同学会为你提出哪些建议?

小 Y:(思考后才回答)……

(以后的交流，就从他是否达成前次预定的目标开始。)

“从上次聊过后到现在，你的进步有哪些呢? ”

“你是如何让这样的进步发生的? ”

……

(小 Y 现已高中毕业，本文记录经小 Y 同意。)

◆◆◆◆◆探索感思◆◆◆◆◆

学生有问题不等于问题学生，孩子有问题不等于问题孩子。就如爱比克泰德说的：人不是被事情本身所困扰，而是被其对事情的看法所困扰。

有一本书里，有这样一句话：复杂问题不需要复杂的解决办法；符合学生的世界观，就能减少抗拒，增进合作。

以上用到的大体就是“焦点解决”的对话方式，因为理解不够，可能很多地方我用得还不太好。

“目标、例外、一小步”是三大核心构架，“提问、倾听、回应”是三大技术。看起来是不是很简单呢？以前我也这样认为，等我们团队真正向焦点解决出发后，才发现要运用得当，还有很长的路要走。

很多时候，我们都自认为了解学生，其实，真正了解他们的是他们自己。

在《儿童的一百种语言》一书的开篇就有瑞吉欧幼儿教育创始人马拉古奇的一首小诗：“孩子有一百种语言，一百双手，一百个想法……”这里的“一百”并不是具体的数字“100”，它意味着无限多。该书作者卡洛琳说：“我们没有必要让孩子明白所谓成年人认知当中的影子，而是让孩子以自己的认知水平去将他们对影子的理解逐步清晰。”

这似乎一下子就让人找到心灵的皈依，学生世界的多姿多彩让我们不再迷惑。瑞吉欧的老师们，就在“倾听”孩子们这“一百种语言”中走进了他们的内心世界，做到了真正的理解孩子，尊重孩子。“真正理解”“真正尊重”，静下心来感受，我被深深触动着。对于学生来说，大人无疑是他们的权威，但很多时候，我们没有履行好这一角色，而更多地指向于“控制”，所谓的“探索”也往往由我们导演，而不是由他们主导。